經營顧問叢書 ③②⑧

U0034848

如何撰寫商業計劃書（增訂二版）

陳永翊　編著

憲業企管顧問有限公司　發行

《如何撰寫商業計劃書》〈增訂二版〉

序　言

　　眾多成功創業者的經驗證明，制訂一份出色的商業計劃書對於公司發展壯大起著至關重要的作用。

　　本書就是針對創業者，協助撰寫〈商業計劃書〉，以便說服投資者，採納投資方案。

　　如果你初創企業，正在為創業集資掙紮求存；或者是考慮企業要擴張壯大，正為此尋求可靠的資金來源，這本《商業計劃書》是您不可或缺的工具書。

　　一份考慮詳盡的商業計劃書，是企業擁有良好融資能力的重要條件之一。商業計劃書不只是用來申請投資資金，並指導未來的行動規劃，是企業的戰略計劃書。

　　業界對商業計劃書的認知一直存有錯誤認知，或是不屑一顧，認為其純粹只是一個文書檔案，形式而已；或是將其看得神秘之極，以為撰寫一份格式規整、樣式完美的商業計劃書就能使投資者趨之若鶩。

　　更多的人能夠正確認知商業計劃書的作用，卻疑惑於不知如何撰寫，因而只流於追求文字的華麗完美，對於如何撰寫仍然一頭霧水，不得要領，沒有重點，散漫如沙，結果自然無法吸引投資者的目光。

　　寫作一份好的商業計劃書，不僅要求擁有一定的商業計劃書寫作經驗，同時還應通曉管理、行銷、策劃、財務、融資、銷售等方面的

廣博知識。

如果您是一位創業者，渴望說服投資者，這本書會告訴您如何撰寫商業計劃書，會使投資者相信為您的專案投資，肯定賺錢。

如果您是因為公司的快速發展急需注入資本，這本書會指導您將公司的廣闊市場前景和潛力充分展現給投資者，讓他們看了您的商業計劃書就會投資您的專案，獲利更大，風險更小。

投資者們常被無數的各種型式商業計劃書所淹沒，因此只有那些符合投資界要求的出色的商業計劃書，才有可能引起投資者的注意並讓他們進一步考慮或洽談你的融資需求。

鑑於快速發展的創業形勢，急需一本能夠正確指導如何撰寫商業計劃書的工具，我們撰寫這本《如何撰寫商業計劃書》是作者在〈創業學院〉教授〈撰寫商業計劃書〉的課程所用講義，授課以實用為主，本書獲得大學院校作為授課教材，創業投資機構列為企業人必用圖書。2018 年 2 月累積授課經驗與學員反應，再度修正內容，更符合企業界人仕之需求。

本書依照商業計劃書的架構，加以解說，相關重點處均附實務案例，讀者必能瞭解其重點，讓您的商業計劃書在格式上更規整、更完美、更有說服力，也讓您更能緊扣市場和產品來寫，更能吸引投資者的目光，獲得客戶的好評。

這本書不僅能幫助你說服投資公司為你的商業計畫案投資，助你滿載而歸，更能幫助你為自己的商業旅程寫好旅行指南。

2018 年 2 月

《如何撰寫商業計劃書》〈增訂二版〉

目　錄

第 1 章

商業計劃書的意義

一、商業計劃書是什麼

　　商業計劃書是一家公司對自己的描述，包括其現實的經營狀況和未來的發展目標，是編寫者在一廂情願、自我包裝、自我感覺的情況下，對公司的畫像。商業計劃書透過介紹公司業務、財務狀況、市場分析、管理團隊、發展規劃等方面的內容，讓閱讀者瞭解公司的現實與未來，以及公司如何實現夢想。

　　閱讀者通常透過商業計劃書對公司進行初步瞭解，然後決定是不是跟公司和創業者進入到下一個環節，例如融資、合作等。

　　商業計劃書不只是用來申請風險投資的，它同時是為了預測企業的成長率，並指導你作好未來的行動規劃，是企業戰略計劃書。

　　每家公司都需要商業計劃書。你需要商業計劃書指導你的業務的進程和發展，確定公司的長期戰略，指引和幫助你實現公司的目標和使命。

　　你需要讓你的員工閱讀商業計劃書，讓他們知道，你打算把公司

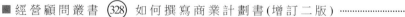

做成什麼樣。你如何去實現這個目標,你要用美好的「大餅」去激勵他們,並指引他們做好每一天的工作。

你需要把商業計劃書給潛在的投資人、債權人看,讓他們相信公司的潛力,並說服他們投資,幫助公司發展壯大。

二、商業計劃書是商業指南和行動大綱

好的商業計劃書是企業家的好幫手,好的商業計劃書可以為客戶創造價值、為投資商提供回報、為企業運行的發展策略提供指導,有了好的商業計劃書還可以幫助真正瞭解自己的企業,把主要精力集中到有關企業發展的關鍵環節。商業計劃書的作用已經毋庸置疑,優秀的商業計劃書是達到成功頂點的必備條件,因此,學習製作優秀的商業計劃書已經成為越來越多企業的「必修課程」。

商業計劃書(Business Plan),是公司、企業或項目單位為了達到招商融資和其他發展目標的目的,在經過前期對項目科學地調研、分析、搜集與整理有關資料的基礎上,根據一定的格式和內容的具體要求而編輯整理的一個向讀者全面展示公司和項目目前狀況、未來發展潛力的書面材料。

商業計劃書並不是只憑熱情的衝動,而是一種理性的行為。因此,做一個較為完善的計劃是非常有意義的。不論是創辦一家 Internet 公司,還是創辦一家服裝店,良好的商業計劃都是企業成功的重要一步。

一項比較完善的商業計劃,可以成為商業指南或行動大綱。商業計劃書的制定與商業本身一樣,是一個複雜的系統工程,它既是尋找投資的必備材料,也是企業對自身的現狀及未來發展戰略全面思索和重新定位的過程。商業計劃書應能反映對項目的認識及取得成功的把握,它應突出的核心競爭力;最低限度反映如何創造自己的競爭優勢,

如何在市場中脫穎而出，如何爭取較大的市場比率，如何發展和擴張，種種「如何」是構成商業計劃書的說服力。若只有遠景目標、期望而忽略「如何」，則商業計劃書便成為「宣傳口號」而已。

　　商業計劃書的制定本質上是企業對自身經營情況和能力的綜合總結和展望，是企業全方位戰略定位和戰術執行能力的體現。它可以更好地幫助你分析目標客戶，規劃市場範疇，形成定價策略，並對競爭性的環境做出界定，在其中開展業務以求成功。商業計劃書的制定保證了這些方面的考慮能夠協調一致。

　　許多美國人習慣在創辦企業之前，花上幾個月，甚至一兩年時間寫出厚厚的幾百頁的商業計劃書，把創辦企業的每一個環節都一清二楚。當正式成立企業時，商業計劃書就會成為他們行動的指南，他們會完全按照商業計劃書裏所寫的步驟行動。商業計劃書也會變成事業執行書，如果在行動中想到什麼新的主意，遇到什麼新的情況，馬上會被補充到商業計劃書中去。

三、商業計劃書可以把你推上成功頂峰

　　好的商業計劃書就是企業家和希望成為企業家的創業者的好幫手。好的商業計劃書可以使你通過正常管道獲得必要的資金，用以創立新的企業或者擴大現有企業。有了好的商業計劃書還可以使你真正瞭解自己的企業，能夠把主要精力集中到有關企業發展的關鍵環節，並且可以省錢省力省時間高效率地解決企業發展所遇到的有關企業的財務、市場、日常運作等等各種問題。好的商業計劃書是你達到成功頂點的必備條件。

　　商業計劃書是一份全方位的項目計劃，它從企業內部的人員、制度、管理，以及企業的產品、行銷、市場等各個方面對即將展開的商

業項目進行可行性分析。商業計劃是企業融資成功的重要因素之一。商業計劃還可以使你有計劃地開展商業活動，增加成功的概率。特別是對於創業者來說，是不可缺少的。

也就是說，商業計劃書是對企業或者擬建立企業進行宣傳和包裝的文件，它向風險投資商、銀行、客戶和供應商宣傳企業及其經營方式；同時，又為企業未來的經營管理提供必要的分析基礎和衡量標準。

商業計劃是商業計劃書的一種，是包括企業籌資、融資等活動在內的，企業戰略謀劃與執行等一切經營活動的藍圖與指南，是行動綱領和執行方案，也是企業管理團隊和企業本身給風險投資方的第一印象。在實際操作中，其主要意圖是遞交給投資人，以便於他們能對企業或項目做出評判，從而使企業獲得融資。商業計劃書，實質上就是創業融資計劃書。

當你處於創業階段，或者準備開展一項新事業活動時，會面臨各種各樣的問題，被大量繁雜的工作所困擾。這時你就需要一份完備的商業計劃。商業計劃可以從以下幾個方面為你提供幫助。

1. 商業計劃書是獲得風險投資的敲門磚

美國一位著名風險投資家曾說過：「創業企業邀人投資或加盟，如同向離過婚的女人求婚，而不像和女孩子初戀。雙方各有打算，僅靠空頭許諾是無濟於事的。」對於正在尋求資金的創業企業來說，商業計劃書就是企業的電話通話卡片。商業計劃書的好壞，往往決定了投資交易的成敗。

風險投資公司審查評估申請項目程序的第一關是項目計劃書。要順利獲得風險資本的投入，避免在形式審查時就被篩選出局，一份規範完整的商業計劃書是必不可少的，這是獲得風險投資的敲門磚，僅憑專利證書或科技成果鑑定證書是不可能獲得風險投資的。

風險投資商在與需要資金的管理人員接觸中，為什麼要求企業首

先呈交一份商業計劃書？為什麼不能直接通電話或者面談？這是因為風險投資行業是個十分嚴謹的行業，風險投資人通常都是在審閱完商業計劃書之後，覺得有必要進一步瞭解企業的情況時才會與企業人員見面。因為只有在瞭解了企業的產品、管理策略、市場規劃、盈利預測等之後，投資人才知道產品是否符合他們的興趣，從而決定是否有必要進一步商討合作的可能性。而且，風險投資商看過計劃書後，面談更有針對性，避免浪費時間。所以說商業計劃書是融資的試金石，計劃書寫得好，企業有吸引力，融資才會有希望。

2. 更進一步認識項目，增大創業成功率

對初創企業來說，提交商業計劃書的重要性不僅體現在它是決定能否與風險投資商面談的通行證，而是創業企業對自己再認識的過程。一個醞釀中的項目，往往很模糊。通過制訂商業計劃書，把正反理由都書寫下來，然後再逐條推敲。創業企業家這樣就能對這一項目有更清晰的認識。可以這樣說，商業計劃書首先是把計劃中要創立的企業推銷給創業企業家自己。

一位風險投資家說：「如果你想踏踏實實地做一份工作的話，寫一份商業計劃能迫使你進行系統的思考。有些創意可能聽起來很棒，但是當你把所有的細節和數據寫下來的時候，自己就崩潰了。」在寫商業計劃書的過程中，會對產品、市場、財務、管理團隊等進行進一步的分析和調查，能及早發現問題，進行事前控制，去掉一些不可行的項目，進一步完善可行的項目，增大創業成功率。

商業計劃書對已建的創業企業來說，可以為企業的發展定下比較具體的方向和重點，從而使員工瞭解企業的經營目標，並激勵他們為共同的目標而努力。

商業計劃書不只是用來申請投資資金，它同時是為了預測企業的成長率，並指導未來的行動規劃，是企業的戰略計劃書。

你需要商業計劃書指導你的業務的進程和發展，確定公司的長期戰略，指引和幫助你實現公司的目標和使命。

你需要讓你的員工閱讀商業計劃書，讓他們知道，你打算把公司做成什麼樣。你如何去實現這個目標，你要用美好的「大餅」去激勵他們，並指引他們做好每一天的工作。

你需要把商業計劃書給潛在的投資人、債權人看，讓他們相信公司的潛力，並說服他們投資，幫助公司發展壯大。

商業計劃書是一家公司對自己的描述，包括其現實的經營狀況和未來的發展目標，是編寫者在一廂情願、自我包裝、自我感覺的情況下，對公司的畫像。商業計劃書透過介紹公司業務、財務狀況、市場分析、管理團隊、發展規劃等方面的內容，讓閱讀者瞭解公司的現實與未來，以及公司如何實現夢想。

四、利用商業計劃書獲得投資

一個企業如何獲得風險資金呢？儘管風險投資為中小企業的快速發展開闢了一條可行的融資管道，但是在實際操作中，對於大多數中小企業來說要獲得風險投資的支援並不是一件容易的事情，往往會需要經過一系列嚴格的評估程序，如果要讓風險投資家相信企業和它的管理團隊，那麼總共涉及三個步驟。第一步，企業必須制定自己的目標並符合風險資本家的期望。第二步，企業和管理團隊要撰寫商業計劃書，以說服風險投資家認為這個投資是明智的選擇。最後，企業要將此計劃書提交給潛在的投資者，並進行談判協商。而這其中投資機構最為看重的就是公司所提交的商業計劃書。

對於企業而言，撰寫商業計劃書的目的可能有很多種，但具體來看，一份成功的商業計劃書所能起到的作用主要包括以下幾點：

1. 好的商業計劃書，能夠幫助企業獲得風險資金的支援。創辦企業需要資金，但為什麼要這麼多的錢？什麼理由讓風險投資人覺得值得為此注入資金？這些對於投資人來說最為敏感的問題都需要通過商業計劃書來說明。

一個調查證實，擁有商業計劃書的企業平均比沒有商業計劃書的企業融資成功率高出 100%。

2. 好的商業計劃書，是創業企業走向成功的起點，也是用來指引創業企業走向成功的一個地圖。商業計劃書是為了展望商業前景，整合利用資源，尋找機會而對企業未來所做的展望。商業計劃書不僅僅是用來申請風險基金，它還是根據企業的成長率預測對未來所做的行動規劃，是指導企業運行的發展策略。

3. 好的商業計劃書，能強迫創業者認真思考其商業目標。商業計劃書不是僅提供給投資者看的，更是給創業者自己看的。在編制商業計劃書的過程中，創業者需要將整個計劃進行反復的考慮，由初步的一個很模糊的概念，逐漸整理成為一個有理有據的商業計劃，在商業計劃書的制定過程中，為了讓風險投資者能夠正確認識到項目的優點，創業者也在反復進行項目優缺點的對比和思考，這樣，商業計劃書的書寫過程，實際也是創業者進一步認識創業項目的過程。也只有創業者本身對項目有了清楚的認識才有可能向投資者做出清晰的說明，才有可能獲得投資者在資金上的支援，換句話說，商業計劃書只有把計劃中要創立的企業先推銷給創業者自己，才有可能成功地推銷給投資者。

五、商業計劃書的「三不要」、「四關鍵」

1. 優秀商業計劃書的「三不要」

商業計劃書的基本目的是為投資者提供評判能否融資的一項投資說明和分析文件。大部份的融資方都明白商業計劃書是寫給潛在投資對象的，所以，希望這個文件「賣相」好看。但是，往往又都走錯了方向。融資人和投資人之間總是存在一條「溝」，這是為什麼商業計劃書不容易打動投資人的一個客觀限制。

投資人成年累月地與融資項目和機構打交道，第一步就是透過計劃書來進行篩選。只有那些有的放矢、符合投資人閱讀模式和習慣的商業計劃書才有可能獲得投資人進一步考察的興趣。優秀的商業計劃書製作其實很藝術，也存在 3 個「不要」。

(1)分析行業，不要兜圈子

在投資界有一句話，「沒有夕陽的行業，只有沒希望的企業」。一個行業好不好，要看它的規模大不大，進入門檻高不高，競爭充不充分等因素，最好的行業壁壘高，競爭充分而又利潤高，其他競爭者不易抄襲。但是如果投資人不考慮進入某些行業的時候，即使項目再好，都不可能得到投資者的青睞。

風險投資者一般都有自己關注的行業和感興趣的領域。融資者在選擇投資者的時候，一定要先對投資者所在的領域進行瞭解，但是行業分析並不是決定是否投資的唯一考慮因素。融資方自己寫商業計劃書的最大毛病是把各方面都描畫得十分美好，完美到了足以引起投資者警惕的程度，因此兜圈子是非常不明智的做法。

商業計劃書中最常見的兜圈子的做法是，融資方總是「無意」中犯了用大的行業來代替細分行業，或者用其他地區代替本地區等假借

概念的錯誤。例如，用整個遊戲軟體行業的分析代替手機遊戲行業，用一線城市房地產資料代替本地房地產發展分析、用服裝制衣行業的分析代替制服行業等。由於細分市場的資料不容易收集到，在做調查的時候也經常被一些錯誤的信息干擾，而整體行業或者發達地區的規模數據要比子行業或其他地區大很多，也易於收集到，所以往往在市場調研的時候，用整個市場的資料來說明細分市場的情況，結果給投資人的印象很不好，而且這部份內容一般是放在計劃書比較靠前的位置，投資人在無法找到自己所需要的可信行業分析數據時，很可能因為手中項目太多而放棄繼續讀下去。

商業計劃書無法代替投資人進行盡職調查和獨立研究，因此，在行業分析時，一定要從可替代性、進入門檻、競爭性和市場規模 4 個方面對行業進行分析，數據要真實有效。

(2)分析競爭對手，不要顧左右而言他

知己知彼，百戰不殆；不知彼而知己，一勝一負；不知彼不知己，每戰必敗。商場如戰場。在商業計劃書裏，對於競爭對手分析的忽略或語焉不詳顯然不是「知己知彼」的表現，至少是「不知彼」，甚至是「不知己」。

企業在任何領域經營必然遇到競爭者，那怕是全新的商業模式，也將會遭遇對手的挑戰。投資人的收益不僅與被投資方是否做得好有關，也與其競爭對手的強弱變化緊密聯繫。

對競爭對手的分析，每一項都應該有其針對性。然而融資方在製作商業計劃書時，存在迴避或不願意正視競爭對手的傾向，輕描淡寫地處理市場競爭分析，不僅容易誤導了投資方，也導致自己對競爭對手的瞭解不徹底。還有的企業在對競爭對手進行分析的時候，往往把所能掌握的競爭對手的信息都羅列出來，但之後便沒有了下文。如何有的放矢地對待已有的競爭者，提出有效防範未來競爭者進人的對

策，是確保投資方利益、降低投資風險的必要環節。

要明確對競爭對手分析的目的是什麼。按照戰略管理的觀點，對競爭對手進行分析是為了找出本企業與競爭對手相比存在的優勢和劣勢，以及競爭對手給本企業帶來的機遇和威脅，從而為企業制定戰略提供依據。所以對於競爭對手的信息也要有一個選擇過程，善於剔除無用的信息，避免工作的盲目性和無效率。

(3)預測未來收益，不要畫大餅

商業計劃書的收益預測部份往往是「水分」最大的地方。融資方自己做的收益預測往往離實際情況很遠，預測高估程度超過已有該行業經歷的企業。但是無論融資方出於何種目的「摻水」，投資方總希望能把多餘的水分擠掉。在對風險與收益方面進行預測的時候，可以針對 SWOT 中的 Weakness 加以分析，關鍵點是幫助自己尋找有沒有致命的弱點，幫投資人分析整個執行過程中可能出現的意外，然後提早做好預警措施。要做好靈敏度分析，不要都是在一種理想狀態下編制商業計劃書，要考慮到那些不理想的狀況，並準備好對策。另外，現金流表要做詳細，不要按年計量，最好按月計量。

製作商業計劃書，其實是一門藝術。商業計劃書的藝術性，主要體現在能夠在最節省的篇幅裏，用最簡練的文字和數據，讓風險投資者認同企業的項目、贏利模式、管理團隊、增長潛力、投資回報等，並對項目團隊產生信任感，從而恰到好處地實現融資目的。從這個意義上來講，過短或者太長的商業計劃書都不會達到滿意的效果。

商業計劃書的藝術性還體現在，商業計劃書的完成過程其實就是對企業成長過程的規劃，而不僅僅是一份分析報告。商業路上充滿艱辛，任何的商業項目都有風險，在制定商業計劃書的過程，其實就是對企業潛在問題和已存在問題的再認識、再思考過程。風險投資者首先需要看到的是一份誠實的計劃書，項目本身發展階段的不完善是客

觀和普遍存在的，更重要的是提出所面臨困難的解決辦法。這樣一項融資中至關重要的工作，最好是在有經驗的融資機構的輔導下完成，既可避免融資方的盲點和偏失，又可借助專業顧問的力量完善商業和贏利模式，而且更容易打動投資方，並可以與投資銀行的融資活動順利對接，少走彎路，提高項目融資成功率。

一份優秀的商業計劃書是打動投資者對項目融資的「敲門磚」，在製作商業計劃書的時候，一定要儘量避免以上的 3 個偏失，製作出一份含金量高的商業計劃書。

2.商業計劃書應重視的「四個關鍵」

創辦企業的第一件要事就是設計商業計劃書，一份強有力的商業計劃書是吸引投資家的關鍵所在。因此，製作一份簡練而有說服力的商業計劃書，是邁入成功融資的第一步。產業風險投資公司對商業計劃書的基本要求集中在 4 個方面：商業模式、管理團隊、市場空間和競爭態勢，這是必須高度關注的 4 個關鍵問題。

(1)要有獨到的商業模式

當今企業的競爭已經從產品層面的競爭上升到商業模式層面的競爭。商業模式決定企業市場價值的實現，好的商業模式就是創造好的企業價值。獨到的商業模式必須緊貼市場、以客戶為本，滿足需求，特別是個性化需求和整體解決方案，為客戶創造獨到的價值，只有為客戶創造了好的價值，才能從中分享價值，從而實現豐厚的企業價值。

良好的商業模式也決定了企業項目的成功與否。找到屬於自己的商業模式，依靠什麼來吸引用戶、依靠什麼來賺錢，這都是在商業計劃書裏可以探討的。當然，商業模式並不是一成不變，適時的調整，才能打造屬於自己獨特的商業模式。

(2)要有可拓展的市場空間

市場是企業的根本，市場空間的大小，決定企業的發展空間和可

持續經營。拓展戰略是多角度、多層次的一種延展戰略。市場拓展戰略的選擇依賴於市場本身的特徵、各個市場的聯繫、市場競爭狀況以及企業所具備的實力等條件，所以，企業在選擇目標市場拓展戰略時應作深入細緻全面的分析。產業項目的市場要具有可拓展性，可以從低端市場向中端、高端市場拓展，也可以從國內市場向國際市場拓展，還可以從本行市場向相關行業市場拓展。總之，市場的可拓展性對企業的發展至關重要。對於那些市場增長率和相對市場佔有率都高的企業，由於增長迅速，企業必須投入鉅資以支援其發展。

(3)要有互補的管理團隊

企業管理團隊是企業的核心，管理團隊的競爭力決定企業的競爭力。常言道「以人為本」，人是最重要、最根本的，起著決定性的因素，人才也是企業發展的關鍵和決定性的因素，專業技術人才更是推動企業發展，增強後勁的關鍵。其實每個人都有自己的優點，作為管理者不但要善於發現人才，還要善用人才，你要知道什麼人適合在什麼位置上更能發揮潛能和優勢，不能錯用，同時如何吸引和留住人才是企業管理者應該關注的重點問題。

另外，在團隊成員中有不同專業的人員，有懂經營的，有懂技術的，有懂財務的，有懂市場的各種人員；又有不同性格的人員，有善於戰略謀劃的，有精於管理執行的，有對外公關的。而團隊的結構就成為決定管理團隊的關鍵因素，團隊的組成不應是單一的，而是多元的、互補的，所以團隊的領導者，必須是具備比較全面的管理素質，帶領一幫人發揮整體能力的帥才。投資是投入，互補的管理團隊是投資者的決定性選擇。

(4)要有壁壘的競爭態勢

市場競爭是不可避免的，但競爭壁壘決定著競爭的態勢。企業在選擇商業項目時，必須考慮提高競爭壁壘，以形成相對好的發展環境。

當代市場競爭越發貼近於客戶需求，客戶需求的大規模快速改變使企業家對競爭壁壘的認識也逐漸發生改變。競爭涉及很多方面如技術壁壘、資源壁壘等，但最核心的在於客戶體驗的競爭壁壘。只有為客戶、用戶創造價值得到最大化才是尊重客戶核心價值，而尊重核心價值才是建立核心競爭力的目標，客戶核心價值才是企業的根本目標。透過提高市場進入壁壘，以獲得持久的競爭能力。

　　以上是企業必須高度關注的一份商業計劃書的 4 個關鍵。把握好這 4 點關鍵之處，撰寫商業計劃書時就會更容易明確目的，抓住要點，這樣的商業計劃書更能夠吸引投資者的眼球。

六、換位思考：以投資人思路看計劃書

1. 投資人為什麼要看商業計劃書

　　商業計劃書就是你的自白書。在別人沒有看到你的真面目之前，你總要給別人一個正確瞭解你的途徑。商業計劃書就是相親之前的那張照片，你需要根據你的目的，配合「介紹人」的講述，有針對性地表現你的優點（或者說，你想讓對方記住的你認為有用的東西）。

　　投資人最想知道的不是你將來能做多大的事業，而是你如何把別人兜裏的錢掏出來變成你的。如果你能做到這點，甚至讓投資人看到你把別人的錢掏出來後，對方還幫你數，那就最好不過了。這時候，投資人會認為你在得到投資後，「掏錢」的本事有可能大長，這樣分一勺羹的機會就大多了，說不定分一杯羹也未嘗不可。

　　但是，你如何實現這些，或者說你憑什麼實現，你有機會實現嗎？這也是投資人想要知道的。

　　你在做什麼？你想做什麼？你過去是如何做的？你為實現這個目標作了多少努力，走了多少彎路？是不是僅僅停留在夢想階段？介紹

公司業務的時候，要把這些說清楚。

你如何計算收入？你如何回款？你是用回款計算收入，還是用銷售額計算收入？你投入了多少錢？這些錢是本金，還是收入？如果是本金，它們來自於何方？你啥時候有收入？你有利潤了嗎？你是如何計算利潤的？你是怎麼花錢的？在未來的日子裏，你將如何花錢？你在什麼時候能夠讓投資人拿走 N 倍於投資的錢？在描述財務狀況時，要把這些問題一一列明。

誰會買你的產品，誰不會買你的產品，為什麼？誰會賣你的產品，誰不會賣你的產品，為什麼？你的產品解決了什麼問題？你需要管道嗎，或者說你的管道在那裏？你的產品憑什麼比別人的強，強在那裏？在別人攻擊你的產品時，你如何屹立不倒？你的產品憑什麼能賣出去，或者說憑什麼有人買？在市場分析時，要說清楚這些問題。

你的團隊很厲害，憑什麼？他們強在那裏？他們都做過什麼？他們各自優勢在那裏，各自劣勢在那裏？他們各自的優勢組合在一起是好還是壞？他們各自的劣勢組合在一起是好還是壞？或者說，他們各自的優劣交互組合將產生巨大的力量，而你將如何激發、駕馭？你的團隊將是鐵板一塊，還是不堪一擊？你是依靠精神，還是依靠利益，將他們變成鐵血軍團？你怎麼保證你的團隊不是虎狼之師，即你的團隊不去欺詐消費者？在講解團隊的時候，要好好研究這些。

你的產品在持續改進的情況下，能存活多久？在什麼時候，你的產品將進入壯年期？在什麼情況下，你的產品將無人問津？無人問津的時候，你咋辦？是置之死地而後生，還是另闢蹊徑？你怎麼讓你的產品品質越來越強？你的產品如何攻城掠地？你是一舉一動影響整個行業，還是追著別人屁股跑？你是像麥當勞、肯德基那樣打著一起打進 500 強，還是像中石化、中石油那樣打進 500 大？在研究你的發展規劃時，要把這些問題逐一說明。當然，你事實上需要回答的問題不

止這些。你也許會說，有那麼多問題要問嗎，這麼複雜。當然要問，因為這都是投資人要知道的，這也是投資人看商業計劃書的原因。簡單來說，投資人看你的商業計劃書，主要是想看你的過去與未來，現在的以後再看。

(1)瞭解你的過去

你的經歷中那些是有利於你獲得投資的？投資人想知道的，首先是你過去的經歷，看你是清白的還是劣跡斑斑的。在未曾謀面的前提下，你怎麼跟投資人說？不說好的，也不說壞的，而是說有用的。那些有利於你獲得投資的經歷就是有用的。編造的經歷沒用，那是幫你自縊的。在你的過去中，你如何計算收入，以及如何回款，是你必須要明確表達的最重要的一點。

過去的就是歷史，而你是否會因為歷史原因帶來麻煩或幸運，是投資人最關心的問題之一，所以，你和你的團隊、項目的過去，必須要交代清楚，尤其是與錢和人有關的事情。請注意，這裏說的不僅僅是告之投資人，其重點在於坦白。對於一些你擔心投資人知道的事情，不要試圖隱瞞，很多事情是隱瞞不住的，紙包不住火，說出來，一起研究對策。

也許你認為不利的因素，在投資人眼裏卻是有利可圖的本錢。投資人與你的區別就在於：對同一個問題，投資人能看出花來，而你卻只看到花骨朵。

你個人的過去，你團隊成員的過去、你公司業務、財務、市場、產品、發展、融資的過去，都是你的過去，不要漏掉了。

(2)推斷你的未來

你可能會把目標定得過高，卻在執行中發現心有餘而力不足。你和你的團隊可能想展翅翱翔，但很可能還沒有高飛，就跌落在深溝。很多時候，你平地起跳，自以為是在空中高飛，卻不知道其實正在加

速栽向溝底。這一切，都會是投資人拒絕你的理由，也是投資人判斷你的未來的基本依據。

你和你的團隊正在追求的，可能是商業本身，而不是實現一個市場目標；你和你的團隊可能在追求名聲，而不是市場；你和你的團隊可能在追求個人利益，而不是市場價值；你和你的團隊可能在追求財富支配權，而不是市場控制權。在這些情況下，在你給投資人看商業計劃書的時候，投資人就會發現，你不過在浪費他們的時間而已——你其實沒有未來。

投資人推斷出來的未來，與你所描述的預期總是有較大區別。你描述的預期只是投資人作判斷的參照物；你描述這個參照物所使用的全部依據，同樣是投資人推斷的依據。投資人根據你的假設，來推斷你的未來。如果投資人的推斷結果與你不同，就證明你用的思維不是投資思維。保值並增值是投資思維，只考慮保值就不是投資思維。例如，你投資買了一套房子，你一定希望再賣出去時，價格比現在高很多，即大幅增值；投資人在決定向你投資的時候，也是這樣想的。

寫商業計劃書的時候，你必須優先考慮增值，要充分描述你的每個環節是如何配合整體目標來增值的。保值在這裏已經成為必須，是一個基本前提。如果不能滿足保值，就談不到融資，投資人根本就不會與你糾纏。

如果你有清晰的發展思路，增值思路早已經被你確定下來了，投資思維已經在你的腦子裏生根，在這種思維下的未來才可能成為光明的未來。這時候，投資人才會把你的商業計劃書列入「可聯絡」範疇。

2.投資人看什麼

(1)看你的真實目的

你是否只是為自己賺些財富，之後頤養天年？你是不是真的想把事業做好，然後讓投資人分一杯羹，抑或是把錢忽悠到手，然後閃人？

這些都能從你的商業計劃書判斷出來，千萬不要懷疑這一點。投資人之所以能夠成為投資人，就是他有辦法看到你的內心深處，洞穿你的靈魂。不同的思維會有不同的行為方式，不同的目的會有不同的舉動，你的真實目的會在你的思維引導下悄悄地綻放在你的商業計劃書中。其實，投資人在看你的商業計劃書時，就如同看你本人在投資人面前表演一樣。

(2)看你說的是不是真實的謊言

行騙的事情，你千萬別去想，即使有膽子也別在投資人面前幹，因為每個投資人都能在一秒內分辨出誰是騙子。最終，除了自己，你誰也騙不到。你要非常清楚自己做的事到底靠譜不靠譜，永遠記住：真實的謊言一律不靠譜。投資人將所有理論上行得通，實際上卻遙遙無期的事情一律判斷為不靠譜。每個地球人給你一分錢，你就能賺到很多錢。這是非常有誘惑力的項目，也很真實，然而你卻沒有可靠的付諸於實現的路子，這就是真實的謊言。那個轟轟烈烈賣月球土地的月球大使館，可以說是無本萬利，但所做的事情就是真實的謊言。

(3)看你能解決什麼問題

看你能解決什麼問題，是「解決」而不是「發現」。如果不能解決問題，就意味著你的發現毫無實際價值，不會有人為你的發現付費。因為你不是以發現為主的探險隊，而是以救助為主的救援隊，救消費者於水火之中，你才能獲得立足之地。你解決的問題越急切、越棘手，你的勝算越大。倘若與此同時，你解決問題的速度也非常快，那麼你的勝利將變得非常輕鬆，那麼接下來整個世界都將為你歡呼，投資人也將為你驕傲。

(4)看你的方向是不是非常清晰

如果方向錯了，跑得越遠越危險。當然，大部份公司的方向不會錯，但卻往往不夠清晰。而方向不清晰的主要原因是方向太大，大到

成了一個範疇。方向演繹成了大概方位，跟沒有方向差不多。方向的表述應當是「東偏北 15°方向」，而不應當是「東方」。例如，你做一個 B2C 的網站，你的方向最準確的表達應當是「電子商務」，而不應該是「Internet」；再例如，你開一家類似於肯德基的餐廳，你的方向最準確的表達應當是「速食」，絕不該表達為「餐飲」。

(5)看你的團隊是不是有腦子

千萬不要張嘴就說你的團隊多麼有魄力，「有魄力」的人很容易「發脾氣」，一發脾氣就容易把事情搞砸，魄力經常披上脾氣的外衣出現。你可以說你的團隊有合作精神，有戰鬥力。不要太多地使用描述方式，而要簡潔明瞭地使用陳述方式，舉例子勝過繪聲繪色的描述，清晰地陳述「1、2、3」勝過模棱兩可的漂亮話。一個團隊最重要的是要有腦子、有創意、有實幹精神，要誠懇。這一點，投資人從你團隊成員做過的事情中，經過簡單的調查，可以很容易地判斷出來。

(6)看你會不會花錢

從投資的角度來講，花錢比賺錢更重要。投資的本意就是花出去一元錢，拿回來一大堆錢。所以，你的商業計劃書裏千萬別表述「會賺錢就行了」之類的思維，這會讓投資人認為你在耍小聰明。投資人一般認為，不會把錢花到刀刃上，就很難賺到錢，更不要說收回投資了。如果你花 1 元錢賺回 1 元錢，這不叫會花錢，這叫省著花；而如果你花 10 元錢賺回 21 元錢，這叫會花錢，投入產出比高。投資人從那裏看？從你花錢的歷史，從你開業之前到當前的投入與產出，以及所產生的變化中，任何投資人都能很輕鬆地計算出個大概。

(7)看你的利益思維

這裏的重點在於你是不是關心自己的利益！為啥？不關心自己利益的人就不會關心別人的利益，當然就不可能去關心投資人的利益。更何況，這時候投資人正在考慮是不是要和你穿一條褲子。關於利益，

還有一點需要提醒：你是否關心消費者的利益，把消費者放在商業模式中的那一環，也是投資人極為關心的。因為這是你賴以生存的根本，同樣是投資人賴以生存的根本。

(8)看你怎麼把別人的錢變成你的

錢在那裏？如何從 A 到 B？這中間經過幾個步驟？每個步驟的變數有多大？如何控制變數？經過層層損耗，錢到你這裏時，還剩多少？如何再循環？這既是商業模式，也是實現商業模式的手段。你既要把模式說清楚，也要把手段說清楚。即使你想保密，也要讓投資人弄清楚基本模式。如果你有能力表述清楚而又不失機密之處，那就再好不過了，投資人會對你刮目相看。最好的情況是：像哥德巴赫猜想那樣來說你的商業模式，把演算法也告訴投資人。在這種情況下，投資人一定會約你聊聊，你的機會隨之比別人大了許多。

 案例　投資人叮嚀你如何撰寫<商業計劃書>

作為投資人，我對專案的投資判斷有三條：愛不釋手、家喻戶曉、口碑傳播。你可以沒有盈利，甚至沒有收入，但必須認真對待你的產品和使用者。

課堂上，安全寶創始人馬傑為黑馬學員講了一堂「如何寫好一份商業計畫書？」的課程。不僅是親身經驗總結，還貼心地做了一份商業計畫書的範本，拿去就能用！

如何寫一份商業計畫書？其實，商業計畫書本身沒有定式，我看到的最精簡的一個版本只有 5 頁，矽谷的一個創業者，他靠那 5 頁 PPT 已經成功的融到並且創立了多家公司。但我覺得他成功的關鍵是在於他已經成功的做了很多家公司了。他用 5 頁 PPT 就能搞

定，其實它的長度不重要，關鍵是裡面有哪些我們需要關注的點。

為什麼要寫商業計畫書？籌集你的夢想準備金？但我覺得還不止，它還是推廣自己夢想的一個工具。非常非常重要的一點，是整理自己的思路。我們在腦子裡想的時候，大概就這樣，但落筆寫下來的時候你會發現難得多。最典型的就是我們自己的核心競爭力在哪裡，真的寫寫看，我覺得是很難寫清楚的。逼著自己用幾個簡單的點寫清楚的時候，你已經在強迫自己在整理思路了。

商業計畫書我覺得最主要的核心問題，不是我們要告訴投資人我這個東西如何做收益，是告訴他我會如何控制風險。所謂風險投資人他根本不投風險，他是要投沒有風險的項目，所以你要告訴他這個項目如何沒有風險。有三個關健：

第一，商業計畫書這件事情一定要重視，要創始人自己寫，反正我是沒有見過哪個別人代筆寫出來的商業計畫書能獲得成功的。

第二，這個事情一定是個反覆運算的過程，一直寫、一直交流，被人批判，被自己的小夥伴批判，回來接著改，這個過程其實是個特別好的思路的整理過程。

第三，要誠實，永遠不說假話。當然，如果你有選擇性的說一些話，我覺得也是可以採取的策略，我覺得一定不說假話。

第一頁　首先講清我們要做什麼

用最簡單的話說明白我們的產品或者服務，要做什麼事情，要幫助用戶解決什麼問題，最好是現在市場上沒有被滿足的需求。

你跟他聊整個事情你得有個基礎，他得知道你大概在做什麼。但我覺得不要在這個地方深入進去，最好就像通常所說的電梯推銷，你能不能在 1 分鐘之內把這個問題簡單扼要的說清楚，然後快速進入下面的正題。因為，這個地方一展開，有好多我們希望的事情就做不到了。

在投資談判裡面，我認為最重要的一個戰略叫不戰而屈人之兵。什麼叫不戰而屈人之兵呢？

你知道他想問你什麼問題，你先告訴他答案。如果等到他問你的時候，你們就得展開討論了。你也知道，投資人總是比較牛的，他還掌握著非常多的資料，他講一些東西挑戰你，有的東西很難駁斥。所以最好是說整個策略先想到他會問什麼問題，他最關心什麼問題，我們把這個問題提出來也許是消滅一個問題最快的方法。

第二頁　說我們是誰

介紹團隊我認為一定要放在前面，盡可能最前面的地方。有的時候給我一頁PPT，從頭翻到尾就為了找團隊那一頁，因為徐小平他們是典型以投人為導向的。所有投資機構都是非常看重團隊的，越是早期專案越看重團隊，你何必讓他等著呢？他在等著的時候，也沒法專心聽你說的話。

這裡頭是在主動回答一個問題，為什麼是你們這幾個人做這個事情？我們跟他講的是我們團隊如何如何牛逼，心裡想的是回答他這個問題。為什麼是我們？就是要說清楚我們有什麼樣的經驗、積累是獨特的，是對做這件事情非常有用的。

從人數上來講，反正這是個統計資料，兩個人成功率最高。創始人，我感覺投資人還是比較喜歡行銷+技術搭配的，因為現在這個年代技術創業是主流，但缺行銷，他們心裡也很清楚，光是一個技術狂人是做不成一家好的公司的，所以就這麼個搭配。

我強調一點，我覺得要講遠見，投資人特別喜歡講這個英文單詞 Vision。我們不要覺得他們是假洋鬼子，遠見他們特別看重。就是下面這句話，不想做一個10億級公司的創業者不是好企業家。他要的是幾倍，甚至幾十倍的回報，這絕對不是一個沒有遠見的企業家能做的出來的。只有少數的企業家可以做出有這樣數十倍，或者

他們等待那一生中一次的數千倍回報的機會。雖然我們都知道成功機率很低，但我們一定要給他這樣的夢想。我們既然是在展示我們的夢想和情懷，就一定要告訴他，我們就是下一個不管是約伯斯還是誰，但我們就是想做一家最牛逼的公司，做一個有遠見/Vision 的人。

第三頁　市場分析

市場分析是必須的東西，講幾個細節，一個是引用權威的市場規模分析，我們講的每個數字，有出處、有依據就很好。如果我們做的是個新興市場，沒有權威的報告可以直達結果，那你一定要引用非常權威的基礎資料，用非常保守的推算方法推算，你的保守其實也在說明你是個多麼安全的人。

市場增長速度很重要。比如我做的安全市場就挺小的，我做的時候就只有一百億，剛剛到他們心理門檻的底線。但我告訴他這條曲線可能會豎著走的，大家也會比較興奮。

市場是否成熟？這就是我們在心裡回答他，我們為什麼現在做這件事情？因為大家都聽說過這句話，領先市場一步的都死了，領先市場半步的都很好。

第四頁　我們有什麼樣的核心競爭力？

核心競爭力這件事情其實非常關鍵，但我覺得又非常難解決。我覺得所謂的核心競爭力，就是我們如何區別於他人。在所有的投資公司投資經理中間，也有一句話，叫做創意不值錢。我接觸過很多年輕的創業者，特別是年輕的小創業者，他跟你講一個想法的時候不肯說出來，或者說一半還得留一半。這是個自我安全保護，但事實上投資公司每天見無數的說法，其實他們相信本身你的這個想法根本不是關鍵，剛才我說了團隊是關鍵，團隊最後落實下來是什麼呢。

　　我們有什麼樣的核心競爭力？在早期你要說服投資人的是，我們有什麼樣跟別人不一樣的，不管是技術、市場還是什麼樣的特質，使得我們能快速的把市場搶下來。

　　那怎麼找自己的核心競爭力？我覺得確實挺難，確實是每個創業者要非常嚴格的來拷問自己，為什麼我們這個團隊可以來做這件事情，我們在自己的領域是不是有非常多的積累。

　　就算最後沒有辦法拿出一個完整的說法，你也至少把所有的可能性都仔細的考慮過了，投資人一定會不停地在這個問題上挑戰你。如果你每個方面都仔細的想過了，至少你覺得這件事情是嚴肅認真而且深入思考過的。

第五頁　商業模式

　　其實整個事情裡面最核心的是上一頁的核心競爭力。商業模式這個東西，越簡單的模式越好。一個複雜的模式，每多一步，中間就多一個會失敗的點，把這些失敗因素融合在一起，最後失敗的機率就會大很多，所以投資人一定不投一個複雜的商業模式。

　　像我做安全，我跟他說商業模式是什麼？收費，這個模式就夠簡單，我們用戶基數夠大，每個人少收點兒，也能收上來。

　　當然，光是這樣還弱了一點，你還要給他想像空間。我有一個商業模式三段論：眼前怎麼活下來，中期怎麼掙錢，第三段很簡單，但一定要有第三段，就是未來怎麼能到 10 億美金級公司，我們既有眼前的現實，中期的努力，長遠的遠景。

第六頁　收入

　　收入，要做一個非常細緻的測算表。收入投資人心裡其實也知道。但是如果很有把握未來在一個月、兩個月、三個月真的能做到什麼樣的收入和點，那這是另外一個話題，對沒有經驗的人這些數字是完全估不准的。我覺得很重要的一點是要算我們花什麼錢，花

在什麼地方。你要花出去的錢是非常有道理的，而且這個東西是在做一個伏筆，因為早期初創公司估多少錢啊？沒有太多的道理，所以第一看公司花多少錢，為你奠定你能要多少錢。

跟他講講目前的進展，公司情況、團隊、產品、營收、路線圖，我覺得這是必要的一頁，但其實重要的在剛才都講過了。

第七頁　競爭分析

競爭分析，我覺得這還是比較重要的一件事情，沒有仔細考慮過競爭的人肯定不是個成熟的創業者。如果有人跟進，我們的壁壘是什麼？如果你剛才已經在護城河那個地方講的很清楚了，這個東西就沒有太大的必要了。

BAT 的幾個大老闆都說過，我們公司離倒閉只有幾個月，這個話說的有點誇張，雖然不是幾個月快倒閉，但兩三年可能就倒閉了。

所以，如果沒有微信就登不上移動互聯網這波浪潮，大家可以想想，如果沒有微信騰訊將是非常非常危險的。我們自己要有這個風險感和警惕，我們做的一個很牛逼的生意，自己是不是明天就不復存在了。

大部分時候我們是求著投資人給我們錢，所以我們要做一個投資人比較容易接受的方案。在種子期、天使期，一般都是稀釋 10% 左右，換回一筆錢。每個投資機構都有他最容易給出錢的設計，你非要跟他談他設計的上限，投資經理回去也很難處理這個事兒。

關於融資我的觀察，一方面是自己的融資能力。非常重要的東西是形勢比人強，當時你在什麼樣融資的大環境中，絕對強過你自己這個項目和自己的能力。換個角度說，這也是一種能力，能不能去把握融資行業的起伏。還有，在現在這個階段，重要的一點是，能拿錢的時候，趕快拿。

第 2 章

如何產生一份好的商業計劃書

一、商業計劃書的基本要求

1. 簡潔

一份《商業計劃書》最長不要超過 50 頁，寫商業計劃書的目的是為了獲取風險投資者的投資，而非閒聊。因此，在開始寫作商業計劃書時，應該避免一些與主題無關的內容，要開門見山地直接切入主題。要知道風險投資者沒有很多時間來閱讀一些對他來說是沒有意義的東西。這一點對於很多初次創業者來說，在其寫作商業計劃書時是應當格外注意的。

2. 完整

要全面披露與投資有關的信息。因為按照證券法等相關法律，創業企業必須以書面形式披露與企業業務有關的全部重要信息。如果披露不完全，當投資失敗時，風險投資人就有權收回其全部投資並起訴企業家。

3.條理清晰

語言通暢易懂，意思表述精確。

投資矽谷老闆們的成功有目共睹，而他們經常掛在嘴邊的問題，其實跟生意人的問題是一樣的：產品是什麼？消費對象是誰？成本是多少？而看似複雜的商業計劃書，只要把住脈絡，其中包括的無非還是企業(不論是傳統企業還是高科技企業)經營中要回答的幾個關鍵問題，即產品是什麼？消費對象是誰？經銷管道在那裏？誰來賣？顧客群有多大？設計與製作成本是多少？售價多少？何時可損益平衡？在撰寫商業計劃書之前，若無法扼要地就這幾個問題說出你的想法，要向別人解釋清楚恐怕很困難。

因此，一份好的商業計劃書，要使人讀後對下列問題非常清楚：公司的商業機會，創立公司所需要的資源，把握這一機會的進程，風險和預期回報。

商業計劃書不是學術論文，它可能面對的是非技術背景，但對計劃書有興趣的人，例如可能的團隊成員，可能的投資人和合作夥伴、供應商、顧客、政府機構等。因此，一份好的商業計劃書應該寫得讓人明白，避免使用過多的專業辭彙，聚焦於特定的策略、目標、計劃和行動。商業計劃書的篇幅要適當：太短，容易讓人不相信項目會成功；太長，則會被認為太囉嗦，表達不清楚。

商業計劃書要呈現競爭優勢與投資利益。商業計劃不僅要將資料完整陳列出來，更重要的是整份計劃書要呈現出具體的競爭優勢，並明確指出投資者的利益所在。而且要顯示經營者創造利潤的強烈企圖，而不僅是謀求企業發展而已。

商業計劃書要呈現經營能力。要儘量展現經營團隊的事業經營能力與豐富的經驗背景，並顯示對於該產業、市場、產品、技術以及未來營運策略已有完全的準備。

商業計劃書要有市場導向。明白利潤是來自於市場的需求，沒有依據明確的市場分析所撰寫的商業計劃書將會是空泛的。因此商業計劃書應以市場導向的觀點來撰寫。

商業計劃書要前後一致。整份商業計劃書前後基本假設或預測要相互呼應，也就是前後邏輯合理。例如，財務預測必須根據市場分析與技術分析所得結果，進行各種報表的規劃。

商業計劃書要符合實際。一切數字要儘量客觀、實際，切勿憑主觀意願估計。通常創業家容易高估市場潛力或報酬，而低估經營成本。在商業計劃書中，創業家應儘量列出客觀的可供參考的數據與文獻資料。

二、商業計劃書的撰寫原則

撰寫商業計劃書，要遵循「6C」原則。

第一個 C 是 CONCEPT，即概念。指在計劃書裏邊，要寫得讓別人可以很快地知道要賣的是什麼。

第二個 C 是 CUSTOMERS，即客戶。有了賣的東西以後，接下來是要賣給誰，誰是顧客 CUSTOMERS。顧客的範圍在那裏要很明確，例如說認為所有的女人都是顧客，那麼五十歲以上的女人也能用嗎？五歲以下的也是客戶嗎？適合的年齡層在那裏要界定清楚。

第三個 C 是 COMPETITORS，即競爭者。東西有沒有人賣過？如果有人賣過是在那裏？有沒有其他的東西可以取代？這些跟競爭者關係是直接的還是間接的？

第四個 C 是 CAPABILITIES，即能力。要賣的東西自己會不會、懂不懂？例如開餐館，如果師傅不做了找不到人，自己會不會炒菜？如果沒有這個能力，至少合夥人要會做，再不然也要有鑑賞的能力，否

則最好是不要做。

第五個 C 是 CAPITAL，即資本。資本可能是現金也可以是資產，是可以換成現金的東西。那麼資本在那裏、有多少，自有的部份有多少，可以借貸的有多少，要很清楚。

第六個 C 是 CONTINUATION，即永續經營。當事業做得不錯時，將來的計劃是什麼？

任何時候只要掌握這 6 個「C」，就可以隨時檢查、隨時做更正，不怕遺漏什麼。

三、商業計劃書的完成過程

首先，應該組織一個寫作智囊團，僅僅依靠創業者的個人的力量是很難做到盡善盡美的。

在寫作商業計劃書的過程中，你還需要一個有很強戰鬥力的智囊團的幫助來彌補個人的不足。尋求有豐富經驗的律師、會計師、專業諮詢家的幫助是非常必要的。他們的建議有時能讓你的商業計劃書看上去更加完美。商業計劃書的最終目的是為了獲得投資，因此，計劃的設計應當從投資者的角度來考慮，但很多時候卻並非如此。很多公司會不自覺地偏向產品觀念。你現在需要做的是把計劃做給可能的讀者——投資者看，而不是你自己。

從重要性程度來看，投資者最重視的是創業公司本身及其管理隊伍，其次是公司如何打開市場。而當公司沒有拿出一個樣品或產品，還在研製之中時，產品本身並不顯得多麼的重要。

時間是最為關鍵的，創業者接下來應該建立一個合適的時間表來安排和完成計劃與計劃附錄。商業計劃書的完成需要較多的時間，而且對於大多數創業者來說，還涉及到困難的學習過程。我們下面介紹

完成商業計劃書的具體步驟，大致而言可以從以下幾個方面來循序漸進地進行。

1. 商業計劃構想細化

對自己將要開創的事業給予細緻的思考，並制定細化的構思，確定明確的時間進度表和工作進程。

2. 客戶調查

與至少 3 個本產品或服務的潛在客戶建立聯繫。其中至少有一個是你將選做自己銷售管道的客戶。準備一份 1～2 頁的客戶調查綱要。

提供一份用過的調查和調查方法的描述。保證獲取了足夠大量的信息，包括潛在客戶的數量、他們願意支付的價錢、產品或服務對於客戶的價值。

還應當收集定性的信息，如購買週期，對於購買決策者來說可能導致他們拒絕本產品或服務的可能障礙，你的產品為什麼能夠在你的目標用戶和客戶的應用環境之中起作用。

3. 文檔製作

在文檔中主要突出以下內容。

(1)市場、目標和戰略

這是商業計劃的一個主要部份。它應當建立在你所進行的客戶調查和競爭者調查的基礎之上。交一份 3～5 頁的文件，量化市場機會、如何把握這個機會、細化爭取目標收入的戰略。附上一些市場預測、客戶證明、調查數據、從各種出版物上剪下來的材料、產品描述或者市場行銷材料。

(2)實施

針對新公司的運作，那些是你達到目標最關鍵的成功因素，你如何在你的商業計劃中反映出這些優勢，並且在所有建立這家公司的重要方面體現這些優勢。

例如，你如何尋找僱員，需要什麼樣的人，如何開發你的產品，建立一隻銷售隊伍，建立分銷夥伴關係，選擇合適的地址，創造正面的輿論，保護知識產權以及生產產品，在過程中關鍵的風險是什麼，公司如何在長時間裏大量生產。

簡而言之，詳細描述這家公司從今天到兩年後、五年後，以及將來的運作方式。仔細進行財務估算，以透徹把握這家公司如何從收入、銷售量、客戶以及其他推動因素上取得長足發展。在這個過程中，你將全面把握公司的營業狀況。

(3)團隊

準備 2～3 頁的小結，說明公司成員具備在創造這家公司中所需的能力，並說明公司發展過程中所需的主要人員的分工情況。人們常說風險投資家們其實並不是在向 Idea 投資，而是向「人」投資。用單獨的一部份說明公司中每個成員在公司中所擁有的資產。如果你需要外來資金，用一段話說明你們將出讓多少所有權以換取資金。

(4)財務

一份對公司的完整財務分析(包括對公司的價值評估)必須保證所有的可能性都考慮到了。財務分析要量化本公司的收入目標和公司戰略。要求你詳細而精確地考慮實現公司運作所需的資金。

四、自我評估：評估你自己的商業計劃書

很多人在想找投資的時候才開始寫商業計劃書，結果是他們在功利心的驅使下往往找不到錢。他們往往會被投資人問得張口結舌，然後鎩羽而歸，既鬧了笑話，又嚴重打擊了自己的自信心。商業計劃書最佳的寫作時間是在你開始商業之前。倘若你那時候沒有寫，那就從現在開始寫，一步步完善，等到你需要找投資的時候它肯定已經趨於

完善了。

如果你寫商業計劃書只是為了獲得投資，就會寫得很累，也很難達到目的。

商業計劃書是你的介質，不是砝碼，別在商業計劃書上賭，要賭就賭真功夫。商業計劃書與其說是幫你獲得投資的工具，不如說是為你贏得幫助的請柬，是你融資成功的前提。

融資，融資，到底什麼是融資？太多人把融資當成了「融入資本」，把投資只看作「投入資本」。事實上，融資不僅僅是獲得投資，更多的是指「融入資源」，貨幣投資是一部份，更重要的是你業務所需的各種資源，例如免費的宣傳協助。投資人可以為你提供的管理、業務拓展模式等資源，都是你可以融入自身的外來支援和協助，只要有就趕緊收入囊中。

讓商業計劃書實現自我幫助的功能，應當是第一目的。透過商業計劃書的寫作，你一定會發現自身的不足之處。在對發展進行一步一步規劃的過程中，在對市場與產品進行分析、計算的過程中，你會很清晰地看到：原來自己在幹這麼一件偉大的，有潛力、有「錢途」的事情，或者發現自己幹的事情根本就玩不下去。這時候，你要麼欣喜若狂，要麼黯然神傷。

無論是發現好的還是壞的，都是好事一樁：商業計劃書發揮了真實的作用，讓你看清了自己，給了你一個內外兼修的機會。好的方面繼續保持，不好的趕緊彌補。

(1)整理你的思路

你各個方面的思路，都會毫無保留地展現在你的商業計劃書中。商業計劃書所體現的是你的整體思路，不是限於某個節點的局部思維。每個節點的思路組合之後形成的整體邏輯關係，必須是合理的、經得起推敲的一個可循環模型。任何一個節點不能契合，整個模型就

會坍塌。在商業計劃書中，你的商業模式一定要在管理、運作、財務、市場、產品、融資等支援之下形成一個類生態系統，必須是經過實踐考驗的。

商業計劃書的第一個作用就是幫你整理思路。先說管理，你是透過高壓控制手段來「管」人，還是透過理順關係來「理」人；你的高壓控制手段局限於利益，還是個人的理由，或者其他的；你如何分配利益；你是把管理僅僅當成對人的事務，還是把所有事務都當成管理的任務；你的運作成體系嗎，能實現良性運作嗎；你將如何讓運作實現體系化；你的目標市場怎麼來的；你的產品是僅僅停留在概念階段嗎；產品出來了，有用戶嗎；你的產品是一個缺乏市場承諾的產品嗎；你如何看待融資；等等，以上問題都會在你寫商業計劃書的時候逐漸清晰。就像寫一份徵婚啟事，如果你對另一半缺乏想像，那麼你根本寫不出來。其實，無論怎麼寫，也不論什麼樣的思路，都必須要有真東西，寫商業計劃書的時候水分不要太多。

整理思路的過程，要從對自己、對團隊、對項目進行整體剖析開始，這是一個上台階的過程。

(2)看清你的方向

思路整理好了，方向就容易看清了。你的方向是企業若干方向的集合，管理、運作、財務、市場、產品、融資以及商業模式的方向都是方向，只有這些方向遵循企業的整體目標，你才有可能在事業的道路上一直走到人人稱羨的巔峰。

方向又分為大方向與小方向。大方向是一個範疇，是大致的意識方向；小方向是具體方向，不是單指「小」，而是指最明確的指向，也可以稱為細分，顧客、市場、產品等的細分。要想確定真正符合目標要求的究竟是那些方向很困難。對於理想的方向，每一個企業、每一位投資人會給出不同的答案。各個企業在思路上和業態上都不一樣，

有些企業需要規模化的方向，而有的企業則需要一個集中的方向。

　　商業計劃書有關方向的表述應該包括下面幾個要害之處：處理關鍵問題、銷售手段、財務統籌、策略思考、面對管理變革、領導團隊前進的能力與方法。在以上各個環節中，你必須確定出最優先要做的事情，然後思考如何重點突破，有那些點的改變能使企業發生巨大變化。你能集中精力抓住方向問題的要害之處，投資人才會洗耳恭聽。

　　例如，在過去你同時遇到銷售停滯、創始人反目這兩件事，你優先要做那一件事情？如果你的方向不清晰，你可能會優先處理兩件事中的任何一件事，更有可能同時處理。事實上，如果你有正確的方向，你就會找出這兩件事出現的根源，尤其是同時出現的根源，你會從第三件事開始處理。這些都會在商業計劃書裏體現，例如在你描述發展規劃和財務預測的段落。

　　方向不是直接寫出來的，而是在商業計劃書中體現出來的，有強化的方向感，就有強化的目標。你能走到那裏？「想」與「能」還是有很大區別的，現實與未來不可能如你所想。表述清晰、思路明確的方向，才會讓模式逐漸清晰，這是商業計劃書的第二個作用。

　　(3)編寫格式是否規範，是否包含足夠信息。

　　是否對項目可能面臨的各種風險因素及項目的可行性進行全面系統深入的研究。

　　數據的真實性和分析的邏輯性。要評估商業計劃書中採用的數據是否真實可靠，市場分析預測結果是否令人信服，財務分析的方法是否恰當，結論是否可信，各種邏輯推理是否合理。

　　(4)建立融資目標

　　現在要回到你最關心的問題了，商業計劃書的融資作用。在弄明白思路、方向之後，你需要確定自己需要的資源，然後才能去考慮融資問題。按照人力、物力、財力劃分出階段性目標，把今天、明天分

別最需要的一一列明，一次不要張口太大。這就好比是向同事借錢，1000 元可能不好借，500 元相對就容易得多。

接下來是建立融資目標：需要融入什麼樣的資源；以貨幣投資為主，還是以整體融入資源為主；什麼時候需要錢，不同階段的需求數量；什麼時候需要資源，不同階段需求的不同資源及其量化目標；什麼時候拿到第一筆投資；什麼時候獲取第一種資源；怎麼達到融資目標；獲得融資後，如何給投資人回報。

假如你透過商業計劃書對上述所有問題進行了解答，並且成功實現了融資目標，那麼你這時候的感覺又是什麼樣的呢？就融資目標作為商業計劃書的寫作原因而言，你目前還只是處在想法階段，還沒有真正進入到商業計劃書的實施階段。想法階段與實施階段的最大區別就是在於有無「讀者」的互動性參與，尤其是傳統行業尋求投資的類型。

對於專業的投資人來說，他們最為關注的還是你獲得投資後未來發展的潛力，以及能夠帶來的利潤。所以，你必須在擬訂融資目標後，讓投資人看到他們想看到的。

心得欄

第 **3** 章

商業計劃書的內容

一份商業計劃書的內容，至少包括：計劃摘要、主體、附錄三部份。

執行摘要是你寫的最後一部份內容，但卻是讀者首先要看的內容。它是商業計劃書中最核心的內容——濃縮的精華，越短越好。有一個通俗的說法，執行摘要就是純粹的乾貨，就像是從礦石中提煉出的鈾。

一、商業計劃書的第一部份：計劃摘要

執行摘要十分重要，絕對不能缺少。投資人不可能把所有到手的商業計劃書都逐個仔細研究。一般來說，投資人看完摘要也就作了是否要看完你的商業計劃書的決定。

簡潔其實是一種強大的力量，如果真正明白自己在於什麼，只要具有強烈而持久的願望，越是簡潔的語言就越能準確表達你的意圖。所以，字數並不是執行摘要的第一要素，你需要琢磨的是讀者在看你

- 45 -

的商業計劃書時會考慮的問題。

執行摘要的基本要求可以簡稱為「三個必須」：

⑴必須要突出重點、亮點。儘量簡明、生動，講清楚不同之處和成功之處，只涵蓋計劃的要點，以求一目了然，以便讀者能在最短的時間內評審計劃並做出判斷。

⑵必須控制量的大小。投資人閱讀執行摘要的時間非常短，很少有超過十分鐘的，你必須用清晰、簡潔的語言和較強的邏輯性控制其容量大小，以求讓投資人在短時間內能夠充分理解你的計劃。

⑶必須使投資人相信肯定賺錢。把讀者吸引住，讓投資人感覺你有創業家的潛質，渴望得到更多的信息，迫不及待去看其餘部份。

雖然執行摘要十分重要，但並非一定要包含商業計劃書的每一個方面，說關鍵的即可。在執行摘要裏面，你必須提及願景和使命、管理團隊、商業模式、產品及市場、行業與競爭、發展規劃和融資需求等，當然也絕對不能忘記告訴投資人他們能得到什麼樣的回報。至於公司概況、財務分析等內容，提及即可。

一份具有綜合性並且經過精心策劃的商業計劃是使公司走向成功的不可或缺的條件。不同行業的商業計劃書形式有所不同，但是，從總的結構方面來看，所有的商業計劃書都應該包括計劃摘要、主體和附錄 3 個部份。其中，商業計劃書的第一部份就是計劃摘要。

摘要是對整個計劃書最高度的概括。計劃摘要用最精練的語言，濃縮了商業計劃書的精華，以最有吸引力和衝擊力的方式突出重點，主要是用來激起投資者的興趣，以求一目了然，以便投資者能在 3～5 分鐘時間內評審計劃並做出初步判斷。計劃摘要是引路人，把投資者引入文章的主體。摘要部份包括：

⑴簡單介紹公司情況：主要介紹公司的一些基本情況，以及註冊情況，歷史情況、發展策略、財務情況、產品或服務的基本情況等。

⑵宗旨和目標：簡要介紹公司市場目標和財務目標。

⑶目前股權結構：簡要說明公司的股權集中度和股權構成。

⑷已投入的資金及用途：介紹一下公司主要資本的運用情況。

⑸主要產品或服務介紹：描述公司的產品或服務的特殊性及目標客戶。

⑹市場概況和行銷策略：簡述公司面向的主要市場和行銷的主要策略。

⑺業務部門及業績：對公司主要部門結構進行大致描述。

⑻核心經營團隊：描述主要的團隊成員。

⑼優勢說明：闡明公司的優勢所在。

⑽增資需求：說明公司為實現目標需要的資金數額。

⑾融資方案：介紹公司要採取籌措資金的方式。

⑿財務分析：確定這部份是真實的反映了公司現在的財務狀況，包括現金情況和贏利狀況。主要介紹企業財務管理的基本情況。現在正在運行的企業需要提供過去 3 年的財務報表、現金流量表、損益平衡表等，還要介紹申請資金的用途，投資者如何收回投資，什麼時間收回投資，大約有多少報酬率等情況。

摘要是整個商業計劃書的「鳳頭」，是對整個計劃書的最高度的概括。好的摘要能夠回答「這是什麼產品」「由誰來製造」「為什麼人們會買」等問題。摘要還要回答「你要賣什麼，賣給誰」等問題。因此摘要的重點是講清楚產品的主要特點、市場情況、銷售隊伍情況、廣告運用、銷售技巧等。摘要還要說明產品的成本、成本構成、產品構成部份的可靠性和穩定性，以及產品的實際售價等問題。

摘要部份，是整個商業計劃書的精華所在，也是打動投資人的關鍵環節，絕不可粗心馬虎，簡單糊弄。許多投資人就是在看了商業計劃書概要部份之後才決定是否要看全文的。從某種程度上說，投資者

是否中意你的項目,主要取決於摘要部份,可以說沒有好的摘要,就沒有投資。

在摘要部份,需要向投資者重點傳達以下信息:

⑴你的基本經營想法是正確的,是合乎邏輯的。

⑵你的經營計劃是有科學根據的和充分準備的。

⑶你有能力管理好這個企業,你有一個堅強的領導團隊和執行隊伍。

⑷你清楚地知道進入市場的最佳時機,並且預料到什麼時候適當地退出市場。

⑸你有符合實際的財務計劃。

⑹投資者肯定能得到回報。

如果你能簡潔清楚地把這些內容闡述明白,投資者一定會有興趣讀完你的商業計劃書,高興地把錢投入你的項目。

二、商業計劃書的第二部份:主體

商業計劃書的第二部份即主體部份,是整個商業計劃書的核心。在主體部份,向投資者總體概述了企業的各方面情況,展示他們要知道的所有內容。主體部份的功能是最終說服投資者,使他們充分相信項目是一個值得投資的好項目,以及和其帶領的團隊是有能力讓他們的投資產生最佳的投資回報。主體部份的內容要詳實,在有限的篇幅之內充分展示要說的全部內容,讓投資者知道他想知道的全部東西。主體部份按照順序一般包括以下幾個方面:

(1)公司介紹

主要介紹公司的一些基本情況,如公司的名稱、位址、聯繫方式、宗旨等,以及公司的發展策略、財務情況、產品或服務的基本情況、

管理閉隊、各部門職能等。

(2)項目產品或服務介紹

主要介紹項目的基本情況、企業主要設施和設備、生產技術情況、生產力和生產率的基本情況，以及品質控制、庫存管理、售後服務、研究和發展等內容。

(3)行業分析

主要介紹產品或服務的市場情況，包括目標市場、在市場競爭中的位置、競爭對手的情況、目標客戶購買力、未來市場的發展趨勢等。具體可以從市場結構與劃分、目標市場的設定、產品消費群體、產品所處市場發展階段、市場趨勢預測和市場機會、行業政策這幾個方面闡釋。

(4)項目競爭分析

主要介紹企業所歸屬的產業領域的基本情況，如行業結構分析、競爭者市場佔有率、主要競爭對手情況、潛在競爭對手情況和市場變化分析、公司產品競爭優勢等以及企業在整個產業或行業中的地位，企業的競爭對手的相關情況等。

(5)項目市場行銷計劃

主要介紹企業的發展目標、市場行銷策略、發展計劃、實施步驟、銷售結構、整體行銷戰略的制定以及風險因素的分析等。具體可以從行銷方式、銷售政策的制定、銷售管道、主要業務關係狀況、銷售隊伍情況及銷售福利分配政策、促銷和市場滲透、產品價格、市場開發規劃和銷售目標等方面介紹。

(6)企業的管理介紹

主要介紹公司的管理理念、管理結構、管理方式、主要管理人員的基本情況等。

(7)項目投資說明

主要介紹企業在投資過程中相關說明，包括資金的需求、使用以及投資的形式，如資金需求說明、資金使用計劃及進度、投資形式、資本結構、回報、償還計劃、資本原負債結構說明、投資抵押、投資擔保、吸納投資後股權結構、股權成本、投資者介入公司管理之程度說明等。

(8)項目投資報酬與退出

主要告訴投資者如何收回投資，什麼時間收回投資，大約有多少報酬率等情況。如股票上市、股權轉讓、股權回購、股利。

(9)項目風險分析

主要介紹本項目將來會遇到的各種風險，如資源風險、市場不確定性風險、生產不確定性風險、成本控制風險、研發風險、競爭風險、政策風險、財政風險、管理風險、破產風險等，以及應對這些風險的具體措施。

(10)經營預測分析

增資後 5 年內公司銷售數量、銷售額、毛利率、成長率、投資報酬率預估及計算依據。

(11)項目財務分析

主要對未來 5 年的營業收入成本進行估算，計算製作銷售估算表、成本估算表、損益表、現金流量表、計算盈虧平衡點、投資回收期、投資報酬率等。

一份成熟的商業計劃書不但能夠描述出公司的成長歷史，展現出未來的成長方向和願景，還將量化出潛在贏利能力。這都需要對自己公司有一個通盤的瞭解，對所有存在的問題都有所思考，對可能存在的隱患做好預案，並能夠提出行之有效的工作計劃。商業計劃書的第二部份就是展示企業各個方面情況的一個平台。對自己的企業越瞭

解，也就能以最快的速度，抓住投資者的眼球，有效融資。

三、商業計劃書的第三部份：附錄

　　附錄經常作為商業計劃書的補充說明部份。由於篇幅的限制，有些內容不宜在主題部份過多的描述．附錄的功能就是提供更多的、更詳細的補充空間，完成主題部份中言猶未盡的內容或需要提供參考數據的內容，供投資者閱讀時參考。每份商業計劃書在附錄中都有大量的財務預測，作為執行計劃和財務計劃中有關財務的總結。附錄的內容主要有：

　　(1)附件

- ・營業執照影印本。
- ・董事會名單及簡歷。
- ・主要經營團隊名單及簡歷。
- ・專業術語說明。
- ・專利證書、生產許可證、鑑定證書等。
- ・注冊商標。
- ・企業形象設計、宣傳數據(標誌設計、說明書、出版物、包裝說明等)。
- ・簡報及報導。
- ・場地租用證明。
- ・技術流程圖。
- ・產品市場成長預測圖。

　　(2)附表

- ・主要產品目錄。
- ・主要客戶名單。

· 主要供應商及經銷商名單。

· 主要設備清單。

· 主場調查表。

· 預估分析表。

· 各種財務報表及財務預估表。

一般來講，商業計劃書的內容格式都有一定的規格，大同小異，但幾個重點方面還是要多加斟酌：

· 產品獨特之處，特別是該項目的進入壁壘。

· 贏利模式，即客戶為何必須購買你的產品，增長潛力有多大。

· 市場分析，一定要給投資者清晰的目標顧客概念，潛力分析要有理有據。

· 公司戰略與產品競爭策略，這也是投資者關心的焦點問題。

· 近期和中期資金使用計劃。

· 行銷模式的有效性。

心得欄 _____

第 **4** 章

商業計劃書的寫作要點

　　很多人在想找投資的時候才開始寫商業計劃書，結果是他們在功利心的驅使下往往找不到錢。他們往往會被投資人問得張口結舌，然後鎩羽而歸，既鬧了笑話，又嚴重打擊了自己的自信心。商業計劃書最佳的寫作時間是在你開始創業之前。倘若你那時候沒有寫，那就從現在開始寫，一步步完善，等到你需要找投資的時候它肯定已經趨於完善了。

　　商業計劃書是你的介質，不是砝碼，別在商業計劃書上賭，要賭就賭真功夫。商業計劃書與其說是幫你獲得投資的工具，不如說是為你贏得幫助的請柬，是你融資成功的前提。

一、為什麼要寫商業計劃書

　　融資，融資，到底什麼是融資？太多人把融資當成了「融入資本」，把投資只看作「投入資本」。事實上，融資不僅僅是獲得投資，更多的是指「融入資源」，貨幣投資是一部份，更重要的是你業務所需的各種

資源,例如免費的宣傳協助。投資人可以為你提供的管理、業務拓展模式等資源,都是你可以融入自身的外來支援和協助,只要有就趕緊收入囊中。

讓商業計劃書實現自我幫助的功能,應當是第一目的。透過商業計劃書的寫作,你一定會發現自身的不足之處。在對發展進行一步一步規劃的過程中,在對市場與產品進行分析、計算的過程中,你會很清晰地看到:原來自己在幹這麼一件偉大的,有潛力、有「錢途」的事情,或者發現自己幹的事情根本就玩不下去。這時候,你要麼欣喜若狂,要麼黯然神傷。

無論是發現好的還是壞的,都是好事一椿:商業計劃書發揮了真實的作用,讓你看清了自己,給了你一個內外兼修的機會。好的方面繼續保持,不好的趕緊彌補。

二、商業計劃書的寫作步驟

和你一樣,每個寫商業計劃書的人和團隊都在向著完美的方向努力,特別是那些期望獲得大筆投資的項目。任何事都不是一蹴而就的,商業計劃書也不例外。

如果你在寫商業計劃書之前沒有進行充分的準備,或者乾脆不作任何準備,直接上手就寫,結果就顯而易見:要麼你根本寫不下去,要麼寫出來後不僅自己看著發虛,也會被讀者當成垃圾立即處理掉。這樣的話,還不如不寫,有這時間索性出去銷售。

先說什麼,後說什麼?在商業計劃書中,每一點都是重要的,就像一個人,身體的每一部份都很重要,各有各的作用。重要的不一定先說,在該說的時候說,這就是必需的步驟。

先說你能達到的高度,還是先說你的要求?是先擺事實後講道

理，還是先講道理後擺事實？你的項目有優勢，也肯定有劣勢，先說那一個，後說那一個，在什麼時候說？先講過去的輝煌，還是先說經歷的坎坷？很多人固執地認為，在一個好消息、一個壞消息的情況下，要先說好的那個。不一定，有時候先說壞的那個反而能夠產生更理想的效果。到底怎麼說？根據步驟來，環環相扣。

1. 第一個階段：準備

商業計劃書最重要的不是你寫得多麼出色，而是你如何在動手之前做準備。否則，失敗的機會就會大大增加。就像跳舞一樣，在舞會開始之前要先確定舞蹈類型，選好匹配的舞曲、服裝，同時進行熱身準備。

跳舞不做準備、不熱身，容易出醜和扭傷。寫商業計劃書不好好做準備，不僅寫得費勁；而且寫著寫著就會偏離主題，等發現的時候往往已經浪費了很多時間；還有可能會在不經意間走向一個錯誤的戰略方向，如果導向錯誤，讀者肯定不會對你的商業計劃書感興趣。準備越充分，表達就越順暢，表意就越準確。

寫好商業計劃書的前提是：找到核心主題。沒有核心很難獲得認可。需要的時候再回頭去找你的核心，無異於癡人說夢，成效甚低。這就要求你時刻做好準備，把握一切建立核心主題的機會。核心主題就是項目的主旨、商業模式、戰略機會的聚合體，一開始就已經出現。如果沒有，你唯一能做的就是儘早發現。

(1)確定參與人

你一定知道該讓誰來寫商業計劃書了。那現在就開始把這些人的名單列出來，找個合適的時間，把大家聚集到一起討論一下，分個工：明確指定每個人所負責的事情。

(2)資料彙集

分好工之後，讓各位參與人去找到所需資料。這些資料必須是真

實的第一手資料，是團隊、項目的努力形成的資料，絕不能是網上搜集、道聽塗說的二手資料。要實實在在動手去做，核心創始人要帶頭到現實中研究、分析，別總悶在辦公室裏暢想未來。想像中得到的資料，總會與現實有較大的距離，不太可靠。

你需要的資料都有那些呢？具體如下：

發展歷史，從開始籌備項目那天開始算起。

團隊如何形成的，從發起人有想法那天開始算起。

管理結構如何設置的，即權力分配。

組織架構如何設置，即都有那些部門，都分別做什麼事。

過去和現在的財務狀況，錢從那裏來，又到了那裏去。

銷售情況，過去的、現在的都不能少。

產品與市場怎麼結合的，市場分佈情況與產品需求狀況。

開展行銷行動的實際操作過程、思路，包含管道、價格、促銷、品牌、形象、廣告、公關等的情況。

在過去與現在開展融資活動的成效與代價。

真實的戰略機會和意圖，保留機會所使用的手段。

對戰略目標進行階段性分化的過程、手段。

戰略目標形成的過程，即如何一步步確立你目前的戰略方向。

過去與現在所需要的資源，以及獲取這些資源的過程和手段。

建立崗位與業務流程的過程，也就是崗位需求形成的過程，以及什麼人做什麼事。

制度形成的過程，以及制度保障前進步伐的實際作用。

當然，在寫商業計劃書的過程中，所需要的資料可能遠遠不止以上這些，也可能根本用不到其中的某些資料。但是，你必須要充分準備，因為這是你思考的基礎。

如果你的商業計劃書建立在不真實資料的基礎上，你寫商業計劃

書其實是瞎耽誤工夫，除了自我感覺良好之外，啥用都沒有。

(3)試寫確定風格

這個風格說的不是寫作風格，而是表達風格，即給讀者帶來的那種閱讀感，是讀者看到商業計劃書時腦海中同時浮現出的你的表達風格：從頭到尾的嚴謹和簡潔，融合了幽默的嚴謹，融合了嚴謹的幽默，輕鬆風趣的幽默，融合了以上四點的第五種形式。

以「公司簡介」為例：嚴謹的方式為「公司概述」，融合了幽默的嚴謹為「我們是誰」，融合了嚴謹的幽默為「誰的事業」，輕鬆風趣的幽默為「看這些人的營地」，「這部份內容與公司簡歷有關」，等等。

無論怎樣，文字表達都要儘量符合團隊的風格。同時具有團結、緊張、嚴肅、活潑特點的團隊並不多，那就選最接近團隊特點的風格，這樣也便於你將來的演示，表裏如一的感覺嘛。切勿盲目地就急急忙忙寫下去，到最後卻發現自己沒有辦法表達了，讓讀者在面對團隊的時候覺得你的商業計劃書是抄的，可就功虧一簣了。

不一定要一味迎合讀者的口味，項目只要有價值就符合讀者的口味了，完全沒必要在語言表達上再去做作。照你的團隊優勢風格來進行順暢表達就可以。當然，別忘了揚長避短。

雖說商業計劃書不是文學作品，卻有著比文學作品更嚴格的表述要求，不僅要有可讀性，更要注重準確性。與文學作品一樣，商業計劃書必須要能夠強烈地吸引讀者，否則不會有人買單。所以，商業計劃書的風格非常重要。商業計劃書就是你將來操作項目的腳本，相當於拍攝一部電影所用的分鏡頭腳本，你在未來的一舉一動都要以此為據。所謂臨場發揮，也要遵循這個腳本，免得偏離了方向，浪費大家的精力。

2.第二個階段：進行

那些戰功赫赫的軍事家會把指揮作戰當成行為藝術，很殘酷、很

現實，正所謂「戰爭之美」。真正進入商業計劃書的寫作時，也是這樣。

(1)找到讀者

不同行業的讀者有不同的嗜好，根據讀者的嗜好確定你要說的東西。這裏並不是說你一定要玩命地迎合讀者，而是說這些讀者的嗜好代表了你的商業計劃書所指向行業的必需特徵，這些嗜好正好就是你的項目所要追求的市場價值所在。商業計劃書的讀者實際上只有兩類人：業內人，包括你和你的團隊；投資人，專注於你所在行業的投資人。如果你的行業缺乏商業價值，這個行業就不會存在；如果你的行業缺乏市場價值，就不會有投資人在這裏關注你。所以，必須找到你的讀者，並準確把脈他們的嗜好。

(2)確定項目宗旨

項目宗旨就是你和你團隊的事業理想，往大了說就是企業願景，現在流行的說法是企業使命或社會責任。別小看它，項目宗旨是你在未來要執行的全部商業規則的出發點，更是你整個團隊個人價值觀集合形成的商業價值觀。

(3)研討商業模式

到此刻為止，你一定已經琢磨過你的商業模式了。也許你欣喜若狂，覺得自己發現了一座金礦，金礦下面還有鑽石；也許你整天鬱悶不已，總感覺自己的商業模式好像不堪一擊，似乎有地方存在漏洞。現在要告訴你的是：無論你自己覺得是好還是壞，都要冷靜分析，從實際出發看看自己的商業模式是不是真的有商業價值。把一切歸零，從頭開始分析，將這個生錢的過程設定為一個有解的方程序，看能否形成一個可循環的數學模型。如果能，繼續改進，使其精煉化、直接化；如果不能，到市場上進行實際驗證，找到原因。

以搜尋網站為例，其商業模式非常清晰，建立在免費佔用Internet 信息價值的基礎上，以提供免費的搜索引擎服務為依託，獲

取大量用戶資源，由此實現向用戶提供廣告獲得收益。

(4)找出項目死結

任何一個項目都會有死結，你的項目也絕不會倖免。在這種規律下，你唯一能做的事情是：找到它，盡一切力量不讓死結發揮作用。

例如，你在商業計劃書中描繪的是一種新型的食品，那你的這個項目的死結就是：安全與口味。安全說的是食品安全，即你的產品不會吃死人或者不會吃壞；口味是指你的產品具有讓顧客迷戀的過人之處，顧客非常愛吃，即你的產品具有一定的感性價值。例如可口可樂，本來就是一種不是那麼健康的飲料，可就是廣受歡迎，一是因為口味，二是因為品牌所傳達出的快樂、陽光的價值訴求。死結，就是常說的「成也蕭何，敗也蕭何」的地方，你必須要找到這個東西。

(5)整理戰略方向

戰略方向包含發展思路和在發展思路引導下的發展規劃，以及由這一切所引發的種種行為，都要在寫商業計劃書的時候進行詳細的整理。你和你的團隊肯定認真的想過自己的未來，想走到什麼地方，對光明的前途總是一再盤算。可事情往往不是盡如人意，一旦在披荊斬棘，衝上一個山頭之後卻發現這個山頭並不是當初的目標，甚至是被人遺棄多年的地方，軍心必然坍塌。所以，一開始就要把戰略方向整理好，不可盲動，以減少悲哀。在寫到商業計劃書的任何一部份內容時，都要用核心主題來衡量。例如當寫到「管理團隊」時，你要隨時分析你所寫的團隊是否有在核心主題指導下實現目標的能力，如果不能，就寫進能實現目標的團隊成員，剔除不合格的成員。

(6)分析實際資源需求

要達到目標，你究竟需要什麼樣的資源？未必一定就是真金白銀的資本投入。雖然資本投入必不可少，但大部份項目真正需要的並不僅僅是資本。在資本需求之外，還有更重要的東西，例如快被人說濫

的人才。最氾濫的指向，往往也就是你真正缺少的資源。就說人才，同樣的資本投入，有的人可以實現一倍的價值，有的人可以實現三倍以上甚至十倍的價值。在這種情況下，你還敢說你只需要資本投入，不缺乏人才資源嗎？其他資源也一樣。在項目的實際資源需求中，資本往往被排在最後一位，首先是人的問題，其次是事的問題，再次是協作的問題，最後才是錢。不要總說缺錢，先從什麼樣的資源對你有用開始。

(7)制定利益分配原則

在能夠保證團隊緊密合作的前提下，根據每個人的分工，明確列出每個人所佔利益的具體比例。這是沒有獲得投資之前的利益分配，在獲得投資後需要重新整理。這也就是說，有投資人介入後，團隊的利益分配方案必然要符合投資人的利益；而在沒有獲得投資之前，也須先制定出原則。這個利益分配原則，是商業計劃書中非常重要的一部份，是投資人判斷團隊穩定性的基礎。在投資人看來，沒有明確的利益分配原則，就不可能有團隊的穩定。例如，某餐飲企業在獲得投資後，於上市前夕發生內亂就足以說明這一問題。

(8)列出商業計劃書的寫作大綱

不像寫小說，拿起來就動手。事實上，即使是寫小說，大部份作者在動手前也要先列個提綱，那怕是打個腹稿，讓自己心裏有個大概印象。對於目的和指向性都非常強的商業計劃書來說，必須要列出寫作大綱。執行摘要、願景、使命、公司簡介、管理團隊、產品及服務、商業模式、行業分析、競爭分析、公司發展戰略、財務數據等部份中，一條一條，用目錄的形式列出來，主次清晰。

(9)分工進行商業計劃書各環節內容的寫作

列出寫作大綱後，根據參與人的優點，讓每個人負責其中一部份內容的草稿寫作。你連同各位核心創始人，同主筆的那個人負責剩下

的部份，並對商業計劃書的整體架構進行設計。

⑽監督各環節進展

由於每個人對項目的理解程度不同，各個環節的進展必然不同，也許會有偏離主題的情況出現，這就需要隨時調整。你與核心創始人的任務是隨時提供指導，根據寫作商業計劃書的成員的需要來提供協助，告訴他們那裏需要什麼東西和不需要那些東西。

⑾彙集各部份內容

當各部份內容寫好後，會彙集到你這裏。由主筆人整理後，大概能看到一份商業計劃書的雛形了。接下來，你和核心創始人進行整體調整。這是最關鍵的時候，你和核心創始人需要再次統一思想，確定需要刪減、添加的部份。之後，一份看起來完整的商業計劃書就形成了。當然，這時候商業計劃書的寫作過程並沒有結束。

三、誰來寫商業計劃書

在你開始寫商業計劃書之前，不妨開個動員大會。要是團隊夠緊密，就直接開成作戰會議，形成統一的意圖，再各自分工，你來把關、主筆。這個動員大會要把不可能為你保守秘密的人排除在外，另外，要是你的團隊裏存在可能洩密的人，別猶豫，趕緊清理。

1. 最瞭解項目的人

最瞭解項目的人是你的參謀長，也是你的貼身侍衛，在別人沒有真正瞭解你的項目之前，他可以給你提供很多思路。不要說你就是那個最瞭解項目的人，你可能是，可是你的事情太多，大部份週邊的事情還需要你來處理，而你需要有一個人來幫你看清你無暇顧及的細節與危險之處。

大多數情況下，最瞭解項目的人就是團隊內部的人，可能是你最

信任的人，也可能是你忽略的或整天挑你毛病的那個找碴者——你很幸運，他的出發點只是為了項目成功。

最幸運的事情，莫過於你最信任的人正好是那個最瞭解項目的人了。這完全有可能。世上那有那麼多幸運的事情？不是也不要擔心，認真地找一下，坦誠相待就可以了。

有時候旁觀者就是清，所以最瞭解項目的人不一定是團隊裏的人。你要想辦法使其變成自己人，讓他與你緊密、靈活地合作，那怕是暫時的。到底如何找到那個最瞭解項目的人呢？從內部人和外援(外部人)兩個角度進行分析。

(1)內部人

內部人都有誰？最簡單的辦法就是數人頭：你把公司分成幾個部門？每個部門的負責人是誰？包含負責人在內每個部門有多少個人？給你提供協助的那些兼職的人也可以暫時算作內部人，你考察之後再決定要不要告訴他們真相。倘若你的各個部門其實都只有一個人在獨立支撐，或者說整個公司除了會計之外完全是你一個人在單打獨鬥，那就對包括你自己在內的人進行歷史研究。例如，你要知道這個人有過什麼錯誤、成績，以及原因，對其事業發展有何影響。

歷史研究主要指兩方面：每個人在與你結盟之前的歷史、每個人與你結盟之後的歷史。真正去瞭解，絕不能走過場。瞭解的主要內容以其專業範疇裏的所作所為為主，首先看看他以前幹過什麼以及幹得如何，會促進你的項目發展還是會給你拖後腿；再拿他現在的專業水準和做事為人與之前相比，如果專業後退，基本可以判斷他不是你需要的那個人。無論如何，要找正直、講原則的人。你自己個人的歷史更得重新理，有錯的地方就反思，批評和自我批評嘛。

(2)外部人

多數人會認為外援是一些缺乏生命力的企業才需要的，堅持認為

自己的能力很強，根本不需要外援。殊不知，當一個企業的領頭羊持有這種想法，就說明這個企業最需要外援，起碼需要一位心理醫生。

外援對於一個企業來說，相當於一台電腦的外設，必不可少。無論多好的設備都需要外設，例如印表機、網路設備等。你不交稅嗎？你可能是零申報，確實不需要繳稅，但你總得去申報吧，去幫你申報的這個人就是你的外援。你也許會說，你的會計是全職的，不能算作外援。可以，那麼幫你評定稅務的稅務師呢？除非你開的是會計師事務所、稅務師事務所。

在寫作商業計劃書的時候，會計師、稅務師是最有力的外援之一，尤其是懂經濟分析的會計師和稅務師。他們會幫你把你那些看起來混亂的財務數據理得非常清晰，把你有可能出現的得失之處一一揭示出來。你所設計的財務規劃中存在的合理、不合理的地方，都會在他們的指導下變得更加符合市場的實際要求。畢竟你只是經營的高手，他們才是這方面的專家。

最有力的外援還有誰？律師。如果你的朋友中有律師，你寫商業計劃書一定會遊刃有餘。僅從朋友的角度，律師就可以幫你找出你可能在未來遇到的一切難點，還可以幫你制訂應對策略。

會計師、稅務師、律師三位「師者」是你必須要有的外援。開始動手寫商業計劃書的時候，如果你正好有這三個領域的朋友，就去登門拜訪；如果沒有，去交，或者去聘請。

其他諸如市場、產品、銷售、傳播等方面，有外援最好，沒有也不要緊張。當然，寫商業計劃書要從自己的實際出發，親自動手，切莫事事找外援，否則寫出來的商業計劃書就跟你沒啥關係了。

2.核心創始人

(1)發起人

一般情況下，發起人是你；也有些情況下，是其他人。發起人即

使不是主導者,也一樣是商業計劃書寫作過程中必不可少的人。發起人既然能把大家集結到一起發起項目,就足以說明其在項目的理解上絕對具有超出其他所有成員的深度和說服力。發起人的第一感覺往往具有不可置疑的正確性。在大部份情況下,項目走來走去又走回到發起人最初設定的道路上。這就是發起人的過人之處,他擁有很強大的預見能力。

(2)主導者

主導一件事情的人不是主導者,可以引領團隊方向的人才是主導者。在企業中,經常會出現一種場景:對於某件事、某個問題,大家各抒己見,爭論紛紛,誰也說服不了誰。就在大家認為問題可能無法解決的時候,有人站出來了,寥寥幾句話,就平復了大家的情緒,給大家指出了明確的方向。這個人就是主導者,他總是在事件貌似變得混亂的時候站到前頭,登高一呼,問題的核心就暴露出來。重要的是,主導者注重解決問題,並且永遠不會在發展方向上有任何的遲疑。你那裏一定有這個人,很可能是你。

(3)主心骨

每每在關鍵時候給大家堅定信心的人,就是你團隊裏的主心骨。主心骨與主導者的區別在於:主心骨偏重於在問題出現導致大家對方向、前景產生自我懷疑的時候,為大家堅定信心,屬於思想教育層面,精神激勵的成分較多;主導者則注重於解決問題,把導致大家躊躇的問題乾淨俐落地幹掉。在主心骨安撫、鼓勵大家堅定信心的同時,主導者出面解決問題,二者配合無間。主心骨是每個團隊中都存在的人,如果你還沒有發現這個人,說明你對自己的團隊瞭解太少。回頭看看吧,主心骨一定是核心創始人之一。

(4)點子大王

顧名思義,點子大王就是主意多的人。請注意,僅僅是指在團隊

裏總能給你主意的人。有時候你覺得有點「餿」的主意也算，所謂「餿主意」其實就是非常規的解決方案。退一萬步講，別管主意到底能否真的解決問題，但總會讓你有新思路產生。而思路一旦打開，問題的解決方案就變得明朗了。

點子大王的作用就是為你解決問題提供直接的問題分析，幫你搞清問題的根源，同時提供解決問題的方向。同發起人、主導者、主心骨一樣，點子大王也很有可能是你，甚至你是集四者於一身，也可能你只是四分之一。例如：當你為電話客服品質難以保證發愁時，有人建議你試試電話錄音；當你又發現電話錄音成本很高時，他又告訴你試試隨機挑選錄音。這樣，每個電話客服人員為了不成為差的那個，都會全力以赴。出主意的那個人就是點子大王，他提出的都是具有正面促進價值的主意。

四、確定商業計劃書的讀者

1. 確定商業計劃書的讀者是誰

確定目標讀者之後，你才能確定計劃書該長篇大論還是該短小精悍，是該寫得平鋪直敘還是騰挪跌宕。總而言之，有目標，你就可以為他們量身定制商業計劃書。

這就好比是像蘋果公司的老闆約伯斯這樣優秀的商業者，他們瞭解客戶，為客戶提供最能滿足他們需要和需求的產品。如果說你編寫的商業計劃書是產品，你的客戶就是你的讀者，你必須給客戶提供最好的產品才能贏得他們的心。

你的商業計劃書最重要的讀者，是那些你期望他們給你錢的人或者機構，你編寫商業計劃書的目的就是說服他們給你貸款或者投資。商業計劃書中的每個章節、段落、文字、圖片、表格等，都要針對這

個讀者,並有助於完成這個目標。

你對他們瞭解越多,你就越能有的放矢。對於不同的銀行,或者不同的 VC(風險投資人),你的商業計劃書可以略微有差異,例如這家銀行的貸款對象與你公司的類比,例如這家 VC 投資團隊的經驗對公司的幫助等。雖然會比較麻煩,但有時候效果會很好。

誰是你的讀者呢?一般說來,商業計劃書的潛在讀者是跟你公司關係最密切的人,大致可以分成三類,分別是:你的客戶、你的員工、你潛在的債權人和投資人。

根據常識,儘管有些客戶可能會對你公司的商業計劃書感興趣,但大部份的客戶其實是對你的產品和服務以及價格更感興趣。所以,你不是為他們編寫計劃書。

編寫的商業計劃書,需要給你的員工,尤其是主要管理者,指明公司的長遠戰略和發展方向,這是一個很好的想法。但事實很殘酷,大部份商業計劃書在公司內部被束之高閣,落滿灰塵。儘管你的公司肯定需要一個戰略指導文件,一份好的商業計劃書也可以做到,但你可能不會花大量的時間和精力去編寫一份純粹供內部使用的商業計劃書。

剩下就是那些可能給你錢的人——借給你錢或者給你投資。根據他們資金的性質和需求,這些人又可以細分成以下幾種:

⑴銀行或其他借貸機構。如果你公司有可靠的信譽和可以抵押的資產,同時你又不願意出讓公司的股權,你也許會跟這些機構打交道。

⑵天使投資人。他們是比較小的投資者,通常是個人性質的,經常是給你投資一筆數額不大的錢(通常就是 300 萬~500 萬元),獲取你公司的一部份股份。這些人可能是你的家人、朋友或者是某些企業家、成功人士等。

⑶戰略投資人。他們通常是大公司,投入資金比較大(通常數千萬

元甚至更多），要求對公司有所控制，期望能夠透過投資獲得協同效應。

(4)風險投資人。風險投資人也叫 VC，或稱風投，他們通常給公司投入資金（1000 萬元以上），並提供增值服務。他們一般要求獲得的公司股份比例不高，不謀求控制公司。他們投資後，期望公司在未來透過上市、被併購等方式實現投資退出，以獲得高額投資回報。

2.瞭解讀者的需求

儘管上述這些目標讀者有各自不同的需求，但他們有一個共同點：他們都是能夠給你錢的人。所以，他們都希望能從商業計劃書中看到那些足以說服他們給你掏錢的信息。他們希望你的計劃書能夠按照一定的規範、包含特定的內容、按照特定的格式編寫，這樣他們就能快速、簡單地找到他們需要的信息。

寫商業計劃書時，你要牢牢記住，你不是寫給自己看的。你喜歡看到什麼東西並不重要，只要讀者不喜歡看，你就不應該寫；反之，那些你認為無關、無趣、常識的一些內容，可能正是讀者想要看的。此時，你自己的感覺需要拋到九霄雲外。不管你的讀者是一個人還是一個機構，他們想看的東西必須寫進商業計劃書，不要多寫，也不能少寫。例如你在商業計劃書裏為市場潛力、團隊能力等做了很多美言，卻絲毫不提你實際賺到了多少錢，就很失敗，因為這正是投資人想看的關鍵內容。

你要知道，他們可能對你的行業瞭解得不夠深刻，你需要寫進去很多基礎信息，包括你的市場、你的業務等，以便他們能看懂。不要認為他們跟你一樣懂行，除非你根據他們的背景和投資經驗非常確定這一點。同樣，你還要儘量避免使用太多專業術語和縮寫，例如不懂電信行業的投資人可能不知道 CDMA、GSM 是什麼意思，沒做過 Internet 的人不知道 Web2.0、Facebook 是什麼。如果你確實無法避免要使用的話，務必做出註釋。

如果你不按照他們的要求編寫，結果會怎樣呢？最壞的情況是，他們直接把你的商業計劃書丟到一邊。因為他們通常手頭會堆著很多類似的商業計劃書，他們一方面設法找到好項目，另一方面也設法放棄更多的項目。就像相親，第一印象很重要，你不好好準備商業計劃書，結果就是還沒開始就結束。

(1)銀行或其他借貸機構

你需要借錢的時候，可以找親朋好友，也可以找銀行或其他借貸機構。當然，目前在國內來說，對於中小型企業、初創企業來說，找銀行借貸還非常困難。銀行等借貸機構，他們賺取的是資金的利息，需要承擔的是債務人無法償還貸款的風險。

他們做出是否貸款給你的決定的主要因素，是對風險的考量，即你有多大的可能性無法償還本金。他們不關心投資回報，他們唯一關心的是能不能收回貸款以及利息。也就是說，你的公司發展狀況是不是很快、很樂觀跟他們沒關係，他們更感興趣的是你公司在貸款期間的穩定性和產生足夠現金流的能力。

針對銀行等借貸機構的商業計劃書中，需包括的內容如下：

・歷史現金流量表

・歷史資產負債表

・歷史損益表

・預測現金流量表

・預測資產負債表

・預測損益表

・管理團隊的背景介紹

・公司能穩定發展的依據(市場穩定、業務穩定、管理團隊穩定)

・詳細的資金使用計劃

大部份情況下，債權人不太願意他們自己借給你的錢被用於公司

的當前和累積應付的開支，例如薪資等。大部份債權人希望資金用在產品拓展、應對業務的季節性變動、生產設備的採購等方面。

(2)天使投資人

天使投資人通常是你的朋友、家人或者是企業家、成功人士，他們把自己的錢投資給你，他們這麼做可能是想幫你，因為他們信任你的能力，或者他們覺得能夠獲得很好的投資回報。但你要明白，他們投資出去的每一分錢都不是大風刮來的，都是自己辛苦掙來的，所以本金和投資回報對他們來說同等重要。

你可能跟這些打算投資你的人有不錯的關係，他們願意投資是因為他們瞭解你、相信你的能力。也有些情況是，他們可能不認識你，只是你朋友的朋友。不管是什麼情況，天使投資總存在著一些個人的情感因素，特別是那些「家人和朋友」天使投資人。他們要確信，如果公司發展不利，他們不會虧掉投進來的錢；如果公司發展順利，他們能得到不錯的回報。

天使投資人最關注的是什麼呢？他們資金的安全是一條，很多投資人會要求盡可能多的資金安全保障；但同時也有些天使投資人投資初創公司的時候，就指望公司上市或被併購之後獲得超額的回報。你在給天使投資人編寫商業計劃書時，要考慮和平衡這兩種不同的想法。

下列是針對天使投資人的商業計劃書中需要包括的內容。

· 歷史損益表

· 3～5 年預測損益表

· 詳細的市場分析類似公司（尤其是成功上市的公司）在類似市場中成功的案例

· 公司產品和服務的詳細介紹

· 公司 3～5 年詳細的發展規劃，重點是收入增長策略

· 詳細的收入、利潤預測模型，重點是如何達到收支平衡，並有

盈利

· 管理團隊的介紹，重點是以前的經驗

· 對公司股權結構及其他股東的介紹

(3)戰略投資人

戰略投資人通常是公司，不是個人，他們投資的金額會較大。他們也關注很多天使投資人關注的東西，但他們對回報的要求更高一些，對風險的承受能力更強一些。

戰略投資人還關注這個投資是否有戰略上的意義，例如你的公司跟其他公司在市場和運營上有沒有協同效應，進入這個行業對投資人很重要嗎，等等。也許進入這個行業比投資那家公司對投資人更重要，或者投資的背後還有其他戰略目的。

下面是針對戰略投資人的商業計劃書中需要包括的內容。

· 歷史損益表

· 3～5 年預測損益表

· 詳細的市場分析

· 公司產品和服務的詳細介紹，重點是跟其他公司的合作

· 介紹你的產品/服務/公司對投資人的戰略意義

· 公司 3～5 年詳細的發展規劃，重點是收入增長策略

· 管理團隊介紹，重點是行業經驗

· 主要股東介紹，尤其是如果你有其他機構投資人或戰略投資人
  股東的情況下

(4)風險投資人(VC)

VC 是比較獨特的投資人，他們是先從別的投資人(機構、富有個人等)那裏募集資金，然後設立投資基金，再透過這個投資基金把錢投資給大量的公司。

VC 投資的額度比較大，他們通常要求 20%～40%的股份比例、董事

會的一個席位、對公司日常管理的監督，以及可觀的投資回報。VC 相對來說比較有耐心，投資回報期可以超過 5 年。

VC 所關注的是公司的成長潛力，他們想要持有一家公司至少 20% 的股份，隨著公司的市場佔有率不斷增加，最後 VC 以 10 倍甚至更高的價格出售持有的股份。他們對於成長性比較慢的公司不感興趣。他們會判斷高成長性背後的風險，喜歡那些有遠大理想，以及那些能夠創建一個新市場的公司。

下面是針對 VC 的商業計劃書中需要包括的內容。

· 3～5 年預測損益表
· 詳細的市場分析
· 你對市場前景的看法和公司的願景
· 公司產品和服務的詳細介紹，重點是其獨特性
· 公司 3～5 年詳細的發展規劃，重點是收入快速增長策略
· 管理團隊的介紹，重點是以前的經驗
· 其他主要股東介紹，尤其是知名股東或戰略投資人股東

很多寫商業計劃書的目的是找 VC 融資。除了上面所說的內容要求之外，你一定要瞭解 VC 看你的商業計劃書時的想法，這樣寫起來才會有的放矢，而不是純粹地羅列材料。

美國矽谷的 VC 將投資的核心簡化為「投資就是投入」，特別強調人的重要性。對於國內的 VC 來說，除了人之外，公司業務現狀也很重要，處於發展期的項目更為吃香。

五、商業計劃書要吸引投資者注意力

好的開頭就等於成功了一半。

凡是好文章都有一個共同的特點，文章的開頭起一個提綱挈領的

作用。整個商業計劃書要有一個精彩的前言。每個章節要有一個精彩的開頭。每個段落要有一個精彩的句子。對於整個商業計劃書，最重要的是摘要部份。具體到每一章，最重要的是每一章開頭的引言。

要用一兩句話，精練地概括出整章的核心。

撰寫商業計劃書的最主要目的是引起投資者對你的興趣。通過商業計劃書這種形式說服投資者，讓他們心甘情願地從腰包中拿出錢來，投資你的好想法或好技術。因此在撰寫時必須事先搞清楚什麼是他們最感興趣的東西，什麼是他們不感興趣的東西，投其所好才能事半功倍。另外在尋找投資者之前一定要做一番市場調查，摸清你要找的投資者的基本情況，有針對性地做準備。一定要做到一下子就抓住投資者的心，吸引他把整個商業計劃書一口氣讀下去。

1.企業過於強調產品或服務

許多企業或新技術發明家往往過於樂觀地自信自己的產品或服務，過高地估計技術或想法的重要性。他們在商業計劃書過分強調產品或服務，而忽略了市場。從投資者的角度看，他們認為這些企業家把他們未來的市場完全建立在自己的主觀願望上和未來可能的顧客上。

投資者最反感的就是這種商業計劃書，而這又往往是企業家最容易犯的錯誤。有許多企業或個人過於鍾愛自己的新技術、新發明，有些人甚至到了迷信的程度。可是卻恰恰忽略了市場是否可以接受這個最關鍵的環節。再好的產品或服務，如果超出市場可以接受的程度，都不會成功。沒有市場的產品一定不會引起投資者的興趣。在現代商品生產社會，對企業的生存而言，市場的重要性已經遠遠地超過技術的重要性。

2.項目超出公認的正常界限

每一個行業的贏利情況都有一個社會公認的範圍。例如，一般交

電零件生產行業的毛利是 30%左右,而醫療器械生產行業的毛利是 60%左右。如果一個交電零件生產企業把毛利預計為 60%,而醫療器械生產企業把毛利預計為 30%,兩者的預計都違反社會公認界限。投資者必然對這二者的商業計劃書產生懷疑。他們一定會認為生產交電零件的企業一定過於誇張了企業的贏利,而生產醫療器械的企業在管理方面一定有問題。

3.股權只集中在一個創始人手中

全公司的股權只在一人手中,將使公司有無法預測的風險,這也是投資者不想遇到的公司。

4.企業成長速度高的離譜

很多企業,特別是那些有新技術或新發明的創業者往往過於樂觀地估計產品的未來。他們對未來市場的情況和企業的發展速度估計過高,超出人們的常識範圍。投資者對這類企業往往持懷疑態度。歷史上確實曾經有過某些企業的發展速度超出人們的常識。

例如 50 年代興起的速食業,70～80 年代興起的電腦業,以及當前正在蓬勃發展的電腦 Internet,都有過驚人的發展速度。但同時也伴有驚人的失敗。多數投資者帶有保守傾向,他們不太樂於投資對成長速度估計過高的企業。而實際上多數對自己估計過高的企業都缺少實際的市場調查研究。

曾經有一位企業家到投資公司申請資金生產 16 萬元的手提式電腦。在向投資者介紹企業的前景時,他一本正經地預計 4 年以後他的企業將可以達到 4 億美元的年營業額。

投資者聽後都禁不住大笑起來。他們不僅因為不相信一個新的創業者可以達到這樣一個天文數字,而且根本不相信這位企業家對市場的看法。首先在電腦行業像康百克(COMPAG)、DELL、蘋果、IBM 等大公司早已經確立了電腦霸主的地位。而且由於這些大公司的高速發

展，電腦市場正在經歷快速而巨大的變化，年年都有大量新的產品推向市場。在一個已經十分成熟的市場，對一個後來者已經很難能夠擠入競爭如此激烈的行列而與那些大公司一比高低。在投資者眼中上述的例子就如同一場癡人說夢。

企業家最常犯的錯誤就是過於樂觀、不切實際地高估企業的長期增長。而投資者站在他們的角度，能夠很清楚地看到這點的。一旦商業計劃書脫離實際，也就是宣佈此計劃很可能失敗。

因此脫離人們常識的估計，就是標誌申請投資失敗的紅燈。企業家在寫商業計劃書之前必須下苦功認真作一番市場調查研究。一定記住，投資者是沒有時間跟你討論你的商業計劃書的。

5.顧客導向過強的產品或服務

如果企業生產的產品或提供的服務顧客群太小，對顧客針對性過強，投資者會認為企業生產成本太高，利潤太低，而不願意投資。

越是大眾化的產品，或越是向大眾的服務，越容易獲得資金；反之則不易獲得資金。其原因是生產特殊產品或提供特殊服務的企業需要經過特殊訓練的人。經過特殊訓練的人的薪資一定會比普通工人或普通服務員的薪資高。由於市場小，每一件產品或服務的人工和材料成本必定高於大批量生產的產品或服務。這些全都增加了銷售成本，而你的產品又不能賣得高出市場價格的太多，否則超出顧客的承受能力。

另外特殊產品或服務不可能大批量生產，所以很難提高生產率，從而造成成本居高不下，並不是說特殊行業不能成功，現實中特殊行業成功的例子不勝枚舉，而且有日益壯大之趨勢，只是這類企業在尋找資金時要比其他行業遇到阻力多。在投資者手中需要投資的項目很多，他們自然首先選擇那些更好的項目。

六、投資人想看到什麼

　　很多創業者寫商業計劃書的目的是找 VC 融資。除了上面所說的內容要求之外，你一定要瞭解 VC 看你的商業計劃書時的想法，這樣寫起來才會有的放矢，而不是純粹地羅列材料。

　　美國矽谷的 VC 將投資的核心簡化為「投資就是投入」，特別強調人的重要性。對於國內的 VC 來說，除了人之外，公司業務現狀也很重要，處於發展期的項目更為吃香。具體來說，VC 想從商業計劃書中尋找三個問題的答案。

　　(1)你的公司是做什麼的

　　VC 要知道你是做什麼的，提供的產品和服務是什麼。世界上的生意種類繁多，賺錢方式多種多樣。你要告訴 VC 你是開餐館的，還是做軟體的；是拿著創意準備創業，還是連鎖店有 100 家了，要融資做到 1000 家；你的產品面對普通個人消費者，還是政府、商家等集團客戶等等。

　　VC 要知道你是怎樣賺錢的，市場上這種商業模式是不是已得到驗證了。

　　一般傳統行業的商業模式是非常清楚的。如果商業模式沒有被驗證，說明這樣的公司有可能將來徹底失敗。當然，也正是由於新的商業模式存在非常大的不確定性，並可能獲得巨大的成功，才吸引了很多風險投資公司。

　　VC 還要知道你做的這個事兒能做多大。有些生意能做成大買賣，有些只能讓創業者賺點小錢。項目潛力的大小是由市場容量決定的。

　　(2)為什麼要投資你

　　你在市場中的地位非常重要。VC 常常只願意看市場地位前幾名的

公司,他們希望最好能與市場第一合作,至少是細分市場第一。因為市場第一的公司,其團隊的能力往往是已經被驗證的。市場地位一方面是市場佔有率,另一方面是收入、利潤等財務指標,以及未來的成長性。

管理團隊的創業激情、能力和過去成功的經歷,決定了項目未來成功的可能。由於很多創業公司處於非常早期的階段,還談不上市場地位,這時候管理團隊的能力就是 VC 考察的重點。最好是過去在相關領域有成功經驗,如果沒有,就要描述一下經歷和基本的能力。要注意的是,董事會成員和公司顧問團隊也是非常重要的方面。

⑶為什麼我要投資

VC 決定投資一家公司的時候,一定會自問一個問題:這個公司是我目前最好的選擇嗎?如果有更好的項目,VC 當然會去選擇更好的項目。也就是說,這個項目要成為 VC 手頭最好的項目,放棄投資就會失去最大的機會。還有一個事情是 VC 經常強調的,他投資之後能夠為公司帶來什麼價值,能夠提供什麼增值服務。好的創業者在選擇 VC 的時候,並不滿足於拿到錢,還很看重是誰的錢,看重 VC 的附加價值。

上面這三個問題是 VC 快速篩查好項目的方法。如果你的項目商業模式已經被驗證、市場容量巨大、模式很有特色、市場地位穩居第一、團隊能力較強並具有良好記錄,那麼你的公司拿不到投資是難以想像的。最可能的情況是:你手頭有一大把急著想投資的 VC,而你正在為選擇那家、放棄那家煩惱呢!

七、商業計劃書的最佳篇幅

寫作商業計劃書的目的是為了獲取風險投資者的投資,因此,在開始寫作商業計劃書時,應該避免一些與主題無關的內容,要開門見

山地直接切入主題。

　　要知道，風險投資者沒有很多時間閱讀一些對他來說是沒有意義的東西，這一點應當格外注意的。同時為了保證風險投資者能儘快閱讀完你的商業計劃書，商業計劃書也有篇幅上的考慮。

　　商業計劃書的最佳篇幅是多少？這裏並沒有一個明確的頁數，但是有一些可以遵循的規則：

　　⑴將計劃書的篇幅(不包括附錄)控制在 15～30 頁之內，對於大部份企業來說，20 頁左右就已經足夠長了。如果你所描述的企業和產品非常複雜，計劃書也不要超過 30 頁(不包括附錄)。英文的商業計劃書一般以 30～50 頁為宜，寫得太短，難以把內容說清楚；寫得太長，投資者會失去耐心。但是特殊情況可以例外，如果這份計劃書是為某個非常熱衷於閱讀計劃書並且經驗豐富的讀者準備的，或者僅為公司內部使用，你可以把計劃書寫到 40 頁或者更長。

　　⑵如果你打算開設一家小型、簡單的企業，計劃書最好不要超過 15 頁，但是不到 10 頁的計劃書會顯得有些單薄。

　　⑶整篇計劃書要長度適宜，一定要做到長短適中。附錄的長度不要超過計劃書的篇幅。儘管附錄是用來展示相關信息的好方法，但是篇幅太長會顯得很累贅。

　　很多風險投資者建議，商業計劃書中需要確定戰略，列出團隊、核心優勢、具體指標，列出具體步驟，包括日期、任務及責任，項目的基本數據(如銷售和銷售成本、費用、資金和現金流量)，等等。在能涵蓋所有重要的信息的同時，商業計劃書越短越好。形式上也要高度注意，它是一份商業計劃，並不是隨筆或者散文，必須保證計劃書擁有絕對的實際用途。

　　另外，在保證最佳篇幅的情況下，商業計劃書所使用的信息務必要準備。信息的準確性，是收集信息材料的基礎。在搜集過程中要注

意材料中的時間、地點、人名、數字和引文等特別容易出現問題的「關鍵點」，對這些地方要認真加以核實，以免出錯，干擾公司的正常信息評估分析。

在信息的收集中，最容易出現問題的是數字，因為將數字從最初的信息源收集起來，為了使其具有最大的可用性，中間要經過一系列分類、匯總，這個過程中常常會出現這樣或那樣的問題，以至於最後得到的是不準確的數字信息，這也是一種很常見的情形，所以對數字信息一定特別注意要交叉檢驗。如果你在商業計劃書中信息出現錯誤，那怕是一個小小的錯誤，只要讓計劃書的讀者發現，即使這只是個失誤而非故意誤導，都會導致你的信譽降低。因此，必須確保你提供的所有信息都是正確的。

一份優秀的商業計劃書需要許多專業的知識和大量數據的收集和分析。目前，由於統計資料方法、技術的不完善，而要在短期內迅速收集適用的信息也需要大量的投資，故靠自身的力量去完成這一項工作並不是一件輕鬆的事。

目前，一些專業的市場研究機構出售的資料成本很高，而且這些數據基本上只為市場服務，對大量的與投資評估有關的資料如原料供應商、分銷商資料都非常缺乏。即使有能力將信息收集完整，要對大量的信息進行有效的評估分析，也需要許多專業人員一起工作。

所以說撰寫商業計劃書的過程，其實是一個艱苦的過程，但這同時也是一個以冷靜的方式審視項目和企業的機會。如果獲得的信息不準確或不夠準確的，進一步將這些市場信息進行分析的時候，都很難得到準確的結果，也很難發揮有效的作用。為了獲得準確的信息，關鍵的步驟是進行準確的市場調研。

不僅你所採用的信息必須是正確的，而且這些信息的來源也應該是可靠的、有依據的。準備計劃書的同時，應將信息的來源記錄下來。

你可以在計劃書中註明數據的來源，即使不在文中列出數據的詳細來源，你仍需要在讀者或潛在投資者問及時，能夠迅速告訴他們信息的出處。因此，在製作或審閱商業計劃書時，請多加注意其中的資料來源和可靠性，必要時可請專業機構進行第三方評估。

八、商業計劃書的常見偏失

撰寫商業計劃書是一門藝術。一份好的商業計劃書是自己在尋求到投資者的支持後，能夠基本順利實施的項目操作計劃。如果只是寫給投資人看，那一定經不起推敲，缺乏堅實的群眾基礎。所以，尋求資金支持的企業不要盲目，更不要走快捷方式去編制商業計劃書，先將融資路徑設計好，然後調研、整理各方面的基礎數據，接下來才可以考慮策劃高品質專業的計劃書，這才能使得事半功倍。因此，應當小心翼翼地對待這項任務。

雖然在商業計劃裏列舉所需的項目細節是重要的，寫商業計劃時有一些問題和偏失，在撰寫的時候要注意。

1.套用範本

企業在編寫商業計劃書的時候，要知道不同的項目有不同的計劃書內容和側重點，而套用出來的計劃書會存在很多的相似之處；待計劃書送至投資人手中的時候，專業的投資人能在很短的時間內便發現計劃書是套用製成的，可見求資企業並沒有用心去制定商業計劃，這在投資人心中求資企業的誠信度就迅速降低了，甚至，投資人會考慮到利益風險，而終止對計劃書的繼續閱讀，常常使一個優質的項目在最初流產了。

2.紙上談兵，顯示出管理公司經驗的匱乏

作為創業企業，很多企業家個人也是伴隨著企業的成長在成長，

對於企業下一步的發展方向也是「摸著石頭過河」,因此在發展規劃方面內容顯得空洞,缺乏可操作性的方案。有時候簡單羅列宏觀數據,缺乏對市場的有針對性的分析。例如強調 GDP 連續 N 年快速增長、XX 產品的消費水準只有發達國家的 1/N,等等,這些描述「看上去很美」,實際上缺少說服力。對市場的分析靶向性一定要清晰,聚焦產品的目標市場,「GDP」、「發達國家」與企業相去甚遠。

3.過度包裝

內容的「格式化」包裝是一個問題,內容真實性的包裝也是一個問題。為了打動風險投資家,有些不惜在商業計劃中大肆吹噓、無中生有、掩蓋問題、虛報業績,風險投資家即便看到商業計劃書之後熱血沸騰,但他也會到公司作詳細調查的,到那時,這些誇大的資料就會被揭穿。更有甚者,找設計公司或美工對商業計劃書的插圖、封面以及裝潢進行設計。簡單一點的是塑膠的數據夾,把列印出來的 A4 紙商業計劃書裝上;複雜一點是做一個漂亮的封皮,永久性地裝訂成冊。

當然,在商業計劃書中,透過一些圖、表的展示,輔助說明也是有必要的,目的是讓風險投資家更簡便和直觀瞭解公司。但是包裝再漂亮,垃圾還是垃圾,風險投資家更看重的是計劃書中所提供的信息,而不是花哨的外表。

4.模糊個人經歷

這部份內容應該是誠實和完整的,它們可能是整個方案中最為重要的一部份。投資者一般非常想瞭解那些將這一切變為現實的所有者和個人,模糊或過於簡短的簡歷會使投資者產生懷疑。首席執行官和財務總監的簡歷最為重要。

5.輕視現金流

大多數人的思維集中在利潤方面,而不是現金。而當你籌劃一項新的業務,應該思考需要多少成本,你可以將它賣給誰,以及每件貨

品可能產生的利潤。我們都受過教導，知道業務銷售額減去成本和費用等於利潤。不幸的是，我們平時支出的並不是經營利潤，我們花出去的都是現金。因此，瞭解現金流是至關重要的。如果你的商業計劃書只有一個表，那麼就應該是現金流量表。

6.對於經營風險盲目樂觀，無視於風險存在

很多企業因為擔心寫風險，會把投資方「嚇跑」，所以對經營風險往往是避重就輕、敷衍了事。收益與風險是一對「孿生兄弟」，投資方在追求高收益的同時，也清楚地知道投資要承擔高風險，他們關注的是融資企業如何控制和應對風險。

所以，風險分析得越透，越能顯示出商業計劃切合實際，越能贏得投資方的信心。把經營企業想得很簡單，或者漠視風險甚至「粉飾太平」無異於掩耳盜鈴，反而會使得投資方產生更大的疑慮。

7.高估商業創意

過於昂貴的東西會被直接扔進垃圾桶。此類計劃的起點往往是一個愚蠢的結論，然後向前推理，基礎則是瘋狂的未來預期或是胡編亂造的比較。其實，估值應該基於投資者真正支付金額的合理估算，不要高估了你商業想法的重要性。你不需要一個偉大的想法開始商業，你需要時間、金錢、毅力和常識，很少有成功的企業是完全基於全新的商業思路，一個新的商業創意往往比現有的產品更難實現好的銷量。因為購買者並不明白，對於一個新的產品和服務，他們往往不能確定是否足夠好，計劃並沒有把新的經營理念兜售給投資者。因此投資者投資於具體的人，而不是創意。計劃書雖然是必要的，只是匯總以往信息的一種方法。

8.過分保密

這一類生硬的法律文書令投資人相當不愉快，尤其是當它們來自初創企業時。常常期待投資人在還不瞭解計劃內容的情況下，在相當

僵硬的條款下簽字。

9. 堆砌術語

必要的對比性的術語是可以的，對比可以顯示自己和舊有技術、競爭對手的優勢，但要注意技術術語與商業的結合。商業計劃書應該以普通人的口吻來撰寫，並避免使用任何術語和無休止的縮寫。它們應該易於閱讀和理解，而不應晦澀難懂。可能過於著迷自己的課題，忘記了總有成千上萬個項目在尋求投資。而且，推銷自己計劃的人常常使用囉唆冗長的官樣文章來掩飾一個根本不怎麼樣的壞主意。

10. 模糊目標

覆蓋範圍太大的計劃書和試圖同時做太多事情的公司是無法吸引投資者的。成功的概念通常是簡單的，而成功的一般將注意力集中在一個有限的市場利產品在線；拒絕使用意義模糊的詞來描述你的計劃，因為這些只是噱頭。請記住，一個計劃的目標是它的執行結果，為得到結果，需要跟蹤和跟進分析。你需要描述具體日期，管理責任，預算和階段式的目標設定。然後你就可以跟蹤、執行下去。不管是深思熟慮過的，還是突然蹦出的主意，除非它能帶來事業成果，否則它什麼也不是。

11. 預測過於樂觀

公司初創期往往銷售增長緩慢，一旦某些客觀條件發生後，就會出現爆發式的增長率。如果預測是保守的，你可以為自己留有餘地。而如果發展中遇到問題，往往銷售量並沒有那麼樂觀。

對於希望在人生的年輕階段大獲全勝來講，策劃一份含金量高的商業計劃書，一定要重視商業計劃書的重要作用。現實中，很多把大量精力和時間放在找關係尋資金上，反而把獲得資金的有效途徑——商業計劃書忽略了，即使遇到了感興趣的風險投資人，也往往因準備不足而錯失良機，這樣的案例經常出現。

商業計劃書是企業尋找投資者的敲門磚，既是策劃給投資方老闆的，也是策劃給企業自己和投資方高層甚至普通職工的，因此策劃的對象不僅僅是投資者本人，更是策劃給一個團隊、一個集體，一定要注意策劃成分中的語言和觀點要迎合所有人。所以，一份優秀的商業計劃書是涵蓋多方面的考慮的，在製作計劃書的時候一定要謹慎。

12.網站、手機和電子信箱

網路已經是現代社會極為重要的信息交流方式，作為投資機構，大都地處經濟金融相對發達的城市，網路已經是投資經理慣用的信息平台。作為對外展示的視窗，網站已經成為現代企業必備的一張「名片」。然而很多地處欠發達地區的企業在網路建設方面卻是相對滯後的。很多企業沒有建設網站或者內容陳舊，不進行定期更新。上面登載的都是陳年信息。網站對於企業來說就好比是人的臉面。一個企業網站信息不進行及時更新，就好像一個人經常不洗臉一樣。

融資計劃書一定要留核心成員的手機號碼，讓感興趣的投資方在第一時間能夠找到你。有的商業計劃書留的是總機或秘書助理的電話，難得有投資方經理有興趣，致電問詢接洽，但前台或秘書助理「一問三不知」，再麼回答總經理外出開會，讓投資方經理留電話等回覆一機會很可能就此錯失。電子郵箱是進行信箱溝通的重要手段。有的企業留下的電子信箱是公共信箱，例如用公司名稱拼音縮寫在 163/126 等網站上註冊申請的郵箱。聯繫方式應該是排他的，而且應該能夠在第一時間查收，公共郵箱很不合時宜。人家都不知道什麼時候會有人來查收。個別企業家仍習慣於傳統的有紙化辦公模式，對網路相對生疏。名片上沒有電子信箱或是「公用」電子信箱。這不僅在雙方溝通上會形成錯位，更容易會給投資方留下「理念滯後，管理粗糙」的印象，這些對公司形象都會產生負面影響。

九、商業計劃書的最後修飾階段步驟

準備創業方案是一個展望項目的未來前景、細緻探索其中的合理思路、確認實施項目所需的各種必要資源、再尋求所需支持的過程。

需要注意的是，並非任何創業方案都要完全包括上述大綱中的全部內容。創業內容不同，相互之間差異也就很大。

首先，根據你的報告，把最主要的東西做成一個1～2頁的摘要，放在前面。其次，檢查一下，千萬不要有錯別字之類的錯誤，否則別人對你做事是否嚴謹會持懷疑態度。最後，設計一個漂亮的封面，編寫目錄與頁碼，然後列印、裝訂成冊。

可以從以下幾個方面加以檢查：

①你的創業計劃是否顯示出你具有管理公司的經驗。②你的創業計劃是否顯示了你有能力償還借款。

③你的創業計劃是否顯示出你已進行過完整的市場分析。

④你的創業計劃是否容易被投資者所領會。創業計劃應該備有索引和目錄，以便投資者可以較容易地查閱各個章節。還應保證目錄中的信息流是有邏輯的和現實的。

⑤你的創業計劃中是否有計劃摘要並放在了最前面，計劃摘要相當於公司創業計劃的封面，投資者首先會看它。為了保持投資者的興趣，計劃摘要應寫得引人入勝。

⑥你的創業計劃是否在文法上全部正確。

⑦你的創業計劃能否打消投資者對產品(服務)的疑慮。如果需要，你可以準備一件產品模型。

十、商業計劃書的書寫注意事項

1.書寫格式

商業計劃書沒有一個固定的格式。不同的企業有不同的寫作格式習慣。在商業計劃書中只要包括了上邊提到的幾個組成部份就是一份完整的材料。至於如何區分，並沒有一個固定不變的模式。記住投資者最感興趣的是項目和完成項目的人。能吸引投資者注意力的是一個具有強大衝擊力的摘要。能說服投資者出錢的是語言精練，內容詳實的文章主體。至於以什麼格式表示是一個相對次要的問題。

2.注意事項和語言使用要領

由於投資者時間的限制，商業計劃書的語言要反復推敲，需要特別注意使用語言。在撰寫時應該遵守以下幾個原則。

⑴言簡意賅。為了在有限的篇幅之內把要介紹的東西全部都說清楚，一定要注意在寫作中講話不囉嗦。

⑵用詞準確。寫作時語言要把握得不溫不火，恰到好處。

⑶實事求是。在介紹企業情況時切忌過分誇張，言過其實。特別是準備成立的新公司要注意不要過度描寫，不要把想像中的理想化的東西當成現實描寫。投資者最忌諱超出實際的描寫。

⑷篇幅適度。如果用英文書寫，商業計劃書的主體篇幅一般控制在 30～50 頁的範圍。如果用中文書寫，一般控制在 20～35 頁最好。過少顯得沒有分量；過多顯得煩瑣。如果需要表達的內容確實很多，可以考慮把有些細節內容放到附錄部份。

⑸注意包裝。商業計劃書分兩個層次的包裝。第一，從章節、段落的區分上要層次清晰，主次分明。讓讀者能一下子抓住文章的重點，並且有一個清楚的頭緒。第二，從外表上要裝訂整齊，製作精美，讓

人賞心悅目，愛不釋手。必要時可以請外邊的專業性裝訂公司幫助完成。

⑹有明確的針對性。不同的投資者興趣不同，側重點不同。在遞交商業計劃書之前一定要先對投資者做一番市場調查，找到與你的項目最匹配的投資者。針對他們的特點組織內容和進行包裝。

心得欄

第 5 章

商業計劃書的摘要

一、〈商業計劃書〉的摘要撰寫方式

摘要是商業計劃書中的最重要部份。如果你不能把一份非常簡潔明瞭的摘要放在投資者面前，無論你的產品多麼賺錢、市場多麼大、技術多麼先進，也不會有人會浪費寶貴的時間再接著繼續看你的商業計劃書其他部份。

摘要是敲門磚，好的商業計劃書就是靠摘要打動人心，讓投資者願意接著往下繼續看商業計劃書，說服他們相信你的產品、相信你的市場分析、相信你的技術，以及相信你的想法。撰寫商業計劃書時，應該永遠記住的一點是「如果他們一開始就不相信，他們就永遠不會相信」。

摘要集中了你經營企業的全部重點和計劃。摘要是商業計劃書中精華的精華。好的摘要給人的第一印象就是「這是一個有錢可賺的投資項目」。

好的摘要能夠回答「這是什麼產品？誰來製造它？為什麼人們會

買？」等問題。摘要還要回答「你要賣什麼？賣給誰？怎麼賣？」等問題。

摘要的重點是講清楚產品的主要特點、市場情況、銷售隊伍情況、廣告運用、銷售技巧等。摘要還要說明產品成本、成本構成、產品構成部份的可靠性和穩定性，以及產品的實際售價等問題。

摘要是整個商業計劃書中最重要的部份。雖然它是商業計劃書的第一部份，也應該放在最後寫。摘要反映了商業計劃書的全部內容，應該精雕細琢，要在寫完全部商業計劃書之後，仔細分析，找出重點。摘要一定要摘出要點，簡潔明快，條理清楚，奪人眼目，有衝擊力。寫文章要講究鳳頭豬肚豹子尾。摘要就是整個商業計劃書的鳳頭，集文章全部精華所在。

摘要部份一定要最後才完成。動筆寫摘要之前，先完成整個商業計劃書的主體的拋光潤色，然後反復閱讀幾遍主體文章。提煉出整個計劃書的精華所在之後，再開始動筆撰寫摘要部份。做到胸有成竹，一氣呵成。寫完之後，再請週圍的人檢查過目，提出意見。重點瞭解他們的回饋，看他們能否馬上被你的文章所打動。如果不能，則需要重新考慮如何撰寫，直到首先可以馬上打動你身邊的人為止。

撰寫摘要部份一定要有針對性。在撰寫摘要時，你要常常問自己「誰會讀我的計劃？」不同的投資者有不同的興趣和不同的背景，他們看商業計劃書時側重點不同。銀行等投資者通常對企業以前的成功業績感興趣，而投資公司則通常對新技術感興趣。所以在撰寫摘要之前先要對投資者做一番調查研究，突出投資者最感興趣的方面。對不同的投資者，要突出不同的方面。由於一項投資通常要由幾個人或幾個部門共同做決定，在調查投資者情況時要對整個投資機構有一個較為全面的瞭解，兼顧多人。

風格要開門見山，奪人眼目。可以立即抓住重點。切忌行文含蓄

晦澀，讓人難以琢磨。記住，投資者是沒有時間去琢磨你的文章的。

　　在寫作全部完成之後，一定要自己先檢查有無錯別字、大白字等。切忌在文章中出現這些錯誤。自己檢查完之後，再請別人檢查。直到確切無誤為止。用英文撰寫商業計劃書，完成之後，可以用專業的軟體檢查一遍拼寫和語法。現在市場上通用的文字軟體都有檢查拼寫和語法的功能。記住，如果在文章中出現文字錯誤，你又怎麼能夠證明你是一個作風嚴謹的企業家呢。千萬不可由於細小的誤差，失去重要的機會。

二、〈商業計劃書〉的摘要格式

　　根據不同企業的情況，有兩種常用摘要格式，即提綱性摘要和敍述性摘要。

1. 第一種是提綱性摘要

　　提綱性摘要結構簡單，開門見山，內容單刀直入，一目了然，讓投資者能立即瞭解你需要投資的目的。提綱性摘要的每一段基本上就是商業計劃書中每一章的總結部份。它的特點是容易撰寫，缺點是語言比較乾澀，文章沒有色彩。提綱性摘要基本上包括了商業計劃書的所有方面，面面俱到，各個部份在提綱性摘要中所佔比例基本相等。

　　提綱性摘要的基本格式是用簡短明晰的話摘選出商業計劃書每章中的重點。每一個方面的描述不要超過三句話。只闡述與企業和項目關係最密切和給人印象最深刻的部份。提綱性摘要一般常常包括以下一些內容。第一和第二兩部份內容必須按照下邊的順序排列，除此以外，其餘部份的排列順序並不太重要。關鍵是要給投資者留下一個最好的印象。為了突出重點，可以在每段的開頭寫上標題。為了壓縮內容，精簡篇幅，在摘要部份可以把相關的內容合併。

⑴有關企業的描述。主要包括企業名稱、企業類型、地點、法律形式(股份公司、個人公司、合夥人公司等)。

⑵申請投資目的。

⑶企業狀況。是老企業還是新企業,或是正在準備成立的企業。企業成立的時間,項目所包括的產品或服務已經進行了多長時間,是否已經銷售。

⑷產品和服務。列出已經銷售或要銷售的產品或服務項目。

⑸目標市場。列出產品將進入的市場,以及為什麼要選擇這個市場的原因。同時還要提供市場調查研究和分析的結果。

⑹銷售策略。主要側重於敍述產品如何進入目標市場,企業如何做廣告,以及銷售方式。要指出主要銷售方式是直銷方式。還是通過代理等。產品促銷的主要方式,如參加展覽、有獎銷售、捆綁式銷售或其他可以促進銷售的方法等。

⑺市場競爭情況和市場區分情況。簡單介紹與產品有關的市場競爭情況、主要競爭對手,以及各自的市場劃分和市場佔有率。

⑻競爭優勢和特點。闡述為什麼你的產品能夠在市場競爭中獲得成功。列舉任何可以表現你的產品或服務的優勢,如:專利、秘方、獨特的生產技術、大的合約、與用戶簽訂的意向性信件等。

⑼優良的經營管理。簡述企業管理隊伍的歷史和能力,特別是企業的創始人和主要決策人的有關情況。

⑽生產管理。簡述關鍵性的生產特點,如:地點、關鍵的銷售商和供應商、節省成本的技術和措施等。

⑾財務狀況。未來 1～3 年的預期銷售額和利潤。

⑿企業的長期發展目標。企業未來五年發展的計劃,如:員工總人數、銷售隊伍建設情況、分支機構數目、市場佔有率、銷售額、利潤率等。

(13)尋求資金數額。項目需要資金總數、資金來源、籌集資金方式，投資者如何得到報酬等。

2.第二種是敍述性摘要

敍述性摘要好像是給投資者講一個動聽的故事，可以把商業計劃書寫得有聲有色，娓娓動聽。敍述性摘要需要很高的寫作技巧，它要求作者既要有對企業經營的知識和經驗，還要有深厚的文學底蘊。撰寫敍述性摘要難度很大，既要傳達所有必要的信息，刺激投資者的激情，又不能誇張。敍述性摘要要寫得恰到好處，許多投資者要通過摘要看到企業的眼光、激情和經驗。

敍述性摘要特別適用於需要語言描述的新產品、新市場、新技術等。敍述性摘要很適用於有良好歷史或背景的企業。敍述性摘要的段落比提綱性摘要少，它把重點集中在描述企業的基本情況，突出項目特點上。敍述性摘要較少描述管理細節。敍述性摘要的目的是激發投資者對企業的情緒，使投資者對企業和項目感到興奮，所以在撰寫時要重點選擇一或兩件最能夠感動投資者的企業的特點，使投資者可以理解為什麼你的企業能夠成功，你的企業是如何由於有了這些特點才獲得成功的。

敍述性摘要要具有明顯的人性化特點。它講述企業的創立者是如何建立企業並獲得成功的。講述你的企業是如何根據社會和技術的變革製造新的產品或提供新的服務的。敍述性摘要對各段落的關係沒有明確的規定，重點是要能夠明確地在投資者面前展示出你的企業，給投資者留下良好的深刻印象。

各個部份的比重也不要求平均，也許可以用兩或三個段落來描述企業的基本情況，用一或兩句話描述企業的領導團隊。

描述性摘要沒有統一的格式，包括以下幾方面內容。

(1)企業簡介。簡單描述企業的組織結構，發展計劃，法律形式，

地點，企業目標等。

⑵產品的基本情況。包括企業背景，產品開發情況，產品是如何開發出來的，產品和服務特點，企業是如何認識到市場機會的等。

⑶市場情況。簡述目標市場，市場發展趨勢，市場需要，特別是闡述清楚為什麼市場需要你的產品或服務，市場分析結果，市場競爭，市場開放情況。

⑷競爭優勢和特點。為什麼你的企業能夠在競爭中獲得成功，列舉任何可以表現你的產品或服務的優勢，如：專利、大的合約、用戶的意向性信件。如果你是新的企業還要列舉影響你進入市場的障礙。

⑸管理隊伍的情況。描述企業主要成員的經歷和能力，特別是過去的成功經驗。

⑹未來的階段性計劃。列出每個階段的發展目標和如何達到目標的方法和日期，包括銷售額、利潤、市場佔有率，第一批產品的出廠日期、員工人數、分支機構數目等。

⑺財務情況。包括資金來源、投資者如何得到回報等。敍述性摘要不是必須的。多數商業計劃書採用提綱性摘要，特別是當企業的基本情況比較容易理解，市場和企業管理相當標準時更不必採用敍述性摘要。提綱性摘要是一種很專業性的寫法，許多投資者習慣於這種簡單易懂的方式。提綱性摘要與敍述性摘要相比，寫作風格不是很重要。我們建議如果寫作能力不是很強，最好採用提綱性摘要。因為投資者第一關心的畢竟是如何通過投資你的項目可以賺到比投資其他項目更多的錢。

一個好的商業計劃書就好像一本企業經營的聖經。好的商業計劃書可以使企業明確認識自己，明確奮鬥目標，明確管理的各個環節。

好的企業隊伍應該有兩種人。一種人懂得如何管理物，另一種人懂得如何管理人。第一種人要有眼光和創造性。他們懂得市場，知道

如何選擇產品，能夠明確市場定位，突出企業的基本理念。第二種人懂得企業管理，知道如何激起員工的積極性，知道如何達到最佳的人力資源整合，能夠做好人的管理。

三、〈商業計劃書〉的摘要長度

摘要一定要短，最多兩頁內容，如果有可能最好壓縮成一頁。要保證讓繁忙的投資者能夠在 5 分鐘之內可以讀完。所以還要以一頁紙的長度最好。

撰寫摘要時把握的原則是當你與投資者一同乘電梯到他的辦公室時，你利用這段時間就可以把他說服。

為了突出重點和便於閱讀可以在摘要中使用必要的符號。摘要的作用主要是以最簡練的語言表達出企業的項目的目的和計劃，並不要具體細節內容。摘要部份還要表達出企業的需要投資的目的和為什麼有能力運用這些資金達到目的的能力。一個簡明清晰的摘要比整個商業計劃書中的任何部份都重要。一個合乎邏輯的和闡述精密的摘要是決定投資者是否考慮這個項目的關鍵。

四、〈商業計劃書〉的摘要內容

摘要部份要清晰、簡潔地介紹以下幾個部份的內容：
· 公司簡介。
· 管理團隊。
· 產品及服務介紹。
· 商業模式分析。
· 行業及競爭分析。

・財務狀況及預測。

・融資需求。

1.公司簡介

主要介紹公司的願景和目標、主營業務和已經取得的市場業績等。範例:

XXX 科技有限公司致力於將 IT/Internet 技術和出版業相結合,透過其網站(www.XXX.com),建立多頻道互動式數字出版平台。網站透過 2 年的運營,已經吸引了 10 萬多名作者、2000 名出版人,已同 10 家大型出版公司建立了合作關係,共有 5 萬多本書在創作中,已出版的有 100 多本。

2.管理團隊

主要介紹公司的主要創始人及管理團隊成員,包括其行業經驗、工作背景、教育背景等。範例:

XXX,40 歲,創始人及 CEO。原某公司高級副總裁,負責市場新產品研發和市場開發。之前創立 XXX 科技公司,並以 5000 萬美元出售給某公司。大學信息管理碩士。

3.產品/服務

簡單介紹產品/服務的外觀、模式、用途及與同類產品的差異性。範例:

公司主要產品都擁有自主知識產權,有以下系列產品(最好提供圖片):

(1)高安全性智慧卡晶片 WX。WX 是目前國內加密引擎設計技術水準最高的智慧卡晶片,主要用於市民卡、數字證書、高保密要求的身份識別和信息訪問控制、金融證券等多種高標準及特殊應用環境。

(2)數字證書產品 USB-Key。USB-Key 是電子政務、電子商務及各種電子信息系統中不可缺少的認證方式,是保證系統運行的安全工具。

4.商業模式

簡單介紹產品如何推廣、銷售，如何實現收入。範例：

公司透過與出版社及雜誌社合作，獲得授權的數字內容，所有銷售收入與之分成。集團客戶的開發透過公司銷售團隊和全國 50 個省級代理商共同完成，集團客戶購買數字圖書數據庫，收取鏡像安裝包庫費或 IP 段使用費；對於個人用戶，網路推廣和線下推廣相結合，透過銷售充值卡的方式，收取增值服務費。

5.行業及競爭

描述市場規模、行業發展狀況及前景和趨勢，以及公司所在的市場領域的機會。介紹公司優於競爭對手的機會。範例：

2008 年電子圖書/雜誌的市場規模為 100 億元左右。預測到 2015 年，市場規模將增長為 2000 億元。新出版的圖書和雜誌中 95%將可以透過電腦、手機、手持閱讀器進行閱讀。

公司主要競爭對手是 F 公司，其技術水準與本公司相當，但 F 公司在內容上有大量侵犯版權的行為。本公司在數字內容的選取和 Internet 平台應用上，處於領先地位，還擁有領先於對手的資源優勢和線下銷售網路。目前公司在學校、獨立圖書館等管道領域超越競爭對手，授權合作出版社及雜誌社數量位居全國第二，正版數字內容數量位居全國第二。

6.財務狀況及預測

主要列出公司在過去 3 年的收入、利潤情況，以及未來 3 年的收入、利潤預測。範例：

公司過去 3 年的主要財務指標及未來 3 年的財務預測如表 5-1 所示。

表 5-1　公司財務狀況及預測

單位：萬元

	2007年	2008年	2009年	2010年	2011年預計	2012年預計
收入						
成本						
毛利						
毛利率%						
淨利潤						
淨利率%						

7.融資需求

提出公司本輪融資的數額及融資方式，以及具體的資金使用計劃。範例：

公司將出讓 20%的股權，融資 1000 萬美元。具體用途如表 5-2 所示。

表 5-2　公司資金使用計劃

用途	金額/萬美元	比例(%)
市場行銷	300	30
產品研發	300	30
產品生產	200	20
流動運營資金	200	20
合計	1000	100

案例　咖啡獲 3 輪融資，撬起百億市場

　　兩年前，周培傑為了新的創業專案，在咖啡廳裏與朋友「天馬行空」。這時，店員端上一杯咖啡，大家的話題隨之轉移：一杯咖啡成本只有幾塊錢，但在咖啡廳要賣幾十塊錢，毛利高，而且是一個高頻消費項目，很多人喝咖啡會上癮。

　　幾乎同時，周培傑和朋友閃出念頭：何不去做咖啡的生意？

　　咖啡作為一種日常飲品，市場上有著非常成熟的需求，但市面上的咖啡往往售價很高。這種高需求與高售價之間存在一個巨大的商業空白，如果能填補這個空位，前景一定不可限量。

　　一家普通咖啡廳

　　面積：60-100 平米

　　房租+水電：4-7 萬

　　人工：5*4000 元

　　月營業額：9.9 萬-18 萬元

　　毛利潤率：約 45%

　　普通咖啡廳最大的成本在房租和人力，攤至咖啡上，價錢不得不高一些。既然想啟動市場上的咖啡需求，那一定要大大降低現磨咖啡的零售價格。

　　哪里出了問題，就從哪兒下手。房租、人力成本高，就拿這兩項開刀。把場地面積、人工兩大塊砍去，用咖啡機重構消費場景，周培傑要「革咖啡廳的命」。

　　如何革命？很簡單：生產一台占地面積 1 平方米左右，能實現 1 人管理多台的「傻瓜式操作」的咖啡機。

那次頭腦風暴之後，確立了周培傑的創業方向，他開始在國內尋找製造自助咖啡機的代工廠。創業的路總是艱辛的，最難的時候團隊只剩他一人在堅持，一人承擔客服、銷售、補貨、售後、故障維修多重角色……

幸運的是，因為早一步進入「無人咖啡機」領域，踩對了風口，「萊杯」專案剛上線 9 個月就收穫 3 輪融資：

>2016 年 9 月，易到用車創始人周航、海爾產業金融 CEO 周劍振投資的數百萬元種子輪融資；

>2017 年 3 月，青山資本、險峰長青領投，梅花創投跟投的 1000 萬元天使輪融資；

>2017 年 6 月，真格基金領投，梅花創投跟投的數千萬元 Pre-A 輪融資。

很少有人能在 9 個月連獲三筆投資，而在周培傑看來，自助咖啡機其實是「生產即消費"的模式。相比於投資視角對自助咖啡機的認知——優化成本結構、重構消費場景等特徵，周培傑更願意從根本看待這一商業模式。

根據業內資料，中國咖啡市場規模在 2015 年時超過了 700 億元，且以每年 15% 以上的速度增長。全球範圍內現磨咖啡在咖啡總消費量中的占比超過 87%，而中國剛好相反，即溶咖啡佔據了 84% 市場。

經過星巴克、Costa 十幾年時間的培育，中國人對咖啡的興趣和依賴正逐漸「與國際接軌」。可以說咖啡在中國市場的推進，已經不需要「被教育」。

梅花創投合夥人吳世春說，無人零售拐點到來了，而萊杯咖啡的市場表現，是讓他們決定投資的重要因素。「無人自助咖啡，把

人工房租都省了。原來你喝一杯咖啡，可能 2/3 喝的是租金，而現在的 2/3 是原料本身。」

萊杯咖啡聯合創始人連佳星提到一組資料。在中國，無人售貨機目前僅僅只有 15 萬台，以城鎮人口 8 億來計算，平均 533 人擁有 1 台自助售貨機，無人零售產值約在 1000 億左右。

越來越的大佬爭相在消費升級這個大市場中分一塊蛋糕，阿裏、京東包括餓了麼都在做全品類無人零售的投資，「資本看重的是市場，這顯然是一個順應時代的好生意。」

而相比於市場上目前最常見的三種餐飲類無人零售產品，無人便當、橙汁、咖啡，無人咖啡機似乎有更大的優勢：

——無人便當：最接近餐飲的一種零售業態，這就涉及到前端生產的成本，人工成本、工廠租金在其中並沒有被消滅，利潤率最低。

——無人橙汁：涉及冷鏈配送、柳丁的存儲條件，以及運輸過程的損耗，利潤率適中。

——無人咖啡機：日常飲品類，高頻，體積小，易存儲，利潤率高。

目前，中國的咖啡市場規模在以每年 15% 的速度增長，遠超全球市場 2% 的平均增速，從資料來看，未來前景光明。

後端有資本加持，前端有消費者青睞，前後打通才是一門值得期待的生意。

從一開始，萊杯咖啡就給自己設定了售賣場景，比如，機場，學校，便利店，書店，寫字樓等。這樣做的目的，是為了頻繁觸及用戶，提高效率。

拿清華大學的投放點來說，周培傑每次巡視，課間都會排很長的隊。因為學生課間時間短，56 秒的現磨時間成了阻礙銷量的最大

尷尬。「學生消費力有限，和校園咖啡廳比，我們也依舊具備競爭力。」

而咖啡機的賣點是什麼？是產品。拋開一切其他附加值，顧客消費的就是產品本身。當固定成本減了，就能有更多的資金拿來用於原材料，提高咖啡品質。不僅做出的產品比咖啡廳好，在經營上還更智慧。

周培傑說，因為他本身是個重度咖啡愛好者，所以他就堅決抵制國內市場上大多數的劣質咖啡豆，來保證現磨咖啡的品質。

所以，萊杯咖啡與國內頂級的咖啡豆原料供應商合作，進行批量購買。「我們的咖啡豆都是供應五星級以上酒店的，可以說，我們是用高品質的咖啡豆，出品平價的咖啡，用房租人力成本補貼消費者。」

一杯咖啡的原料成本在 5 元左右

單點租金大約在 1500~2000 元左右

平均一個運營人員能維護 15 台設備

一杯咖啡售價在 9 元~17 元

折算掉機器損耗後，

每天銷售 7 杯便能達到盈虧平衡。

成本與利潤之間形成的巨大空間，使團隊信心十足。用周培傑的話，未來，質中價低的自助現磨咖啡機將會迎來爆發性增長。

就在今年 6 月份，他推出了「城市合夥人計畫」，限量吸納 30 個名額，目前已經有 20 多位城市合夥人實現了收益。

一位南京合夥人在前期長時間調研後，預定了 3 台萊杯咖啡機，不到 2 周又找來要求增加 10 台。

「我們後臺資料可以看到，根據我們的選址模型，她選的幾個地方資料表現特別好。」周培傑說的這個合夥人，頗有經營咖啡機

的經歷，踩了一圈坑之後，在萊杯咖啡享受到了每月 92% 的流水收益。相比其他咖啡機，收益漲了 72%。

因為對人坦誠，現在越來越多合夥人加入了萊杯咖啡機的戰營中。正如周培傑說的那樣，「只有用心對待咖啡，用心對待合夥人，賺自己該賺的錢，讓合夥人享受更多，這件事才能走的更長久。」

回歸初心，周培傑的方向一直沒變──「讓更多的人隨時隨地喝到一杯好咖啡」。

心得欄

- -
- -
- -
- -
- -
- -

第6章

商業計劃書的公司業務介紹

　　這部份的內容，是為了讓投資者對於你的公司有一個初步的瞭解。向投資者把你的情況做一番介紹，包括你的成長經歷、求學過程、性格、興趣愛好與特長、你的家庭及對你成長的影響、你的創意是如何想出來的，為什麼要獨立追求創業等等，粗線條的展示給風險投資者而不至於讓他對你摸不著頭腦。

　　你以一個創業企業的身份來獲取風險資本，你應該努力地向投資者盡可能簡明扼要而又全面地介紹你公司的情況，給他以盡可能多的關於你公司以及公司所在行業的信息。

一、企業的基本情況

　　投資商不會投資一個自己都不瞭解的企業，所以在商業計劃書中必須介紹企業的基本情況。主要應該介紹以下內容：企業的名稱、業務性質、註冊場所、經營地點、公司的法律形式等。

　　和〈摘要〉相比，這一部份的企業名稱介紹的內容稍多一些。包

括企業的法律名稱，商標或品牌名稱，企業商業用名稱，子公司名稱等內容。如果是準備成立的新企業，還沒有固定的名稱，在商業計劃書中就先用一個彈性比較大、經營範圍較廣的名稱。這樣可以避免限制企業業務的拓展和經營方向的改變，而且有利於企業的轉讓。

　　概要介紹公司所從事的主要業務，要求盡可能通過短短的幾句話使風險投資商瞭解企業的產品或服務。例如，可以這樣描述：「本公司設計、製造和銷售用於醫療的微型電腦」，接著應該對相應的產品或服務做簡單介紹。經營地點要列出企業總部所在地點，企業主要經營場所的地點、分支機構的地點等。如果企業分支機構過多，只需要寫出分支機構總數就可以。值得注意的是在商業計劃書中一定要介紹企業業務範圍所涵蓋的地區情況。

　　按照財產的組織形式和承擔法律責任的不同，企業的法律形式有三種選擇：獨資企業、合夥企業和股份制企業。不同法律形式的企業有不同的優缺點，風險投資上承擔的風險程度有很大區別。所以，商業計劃書中必須把企業的法律形式寫清楚。如果是股份公司，還要寫明有多少股票和股東，最大的股東是誰等。例如，IST（國際系統與技術）公司是一個合夥人性質的公司，共有四個合夥人，每個人擁有公司四分之一的股權。

二、企業的宗旨和目標

　　企業宗旨是以最精煉、明晰的語言來表述企業的使命與指導方針，即經營理念。它是一條紐帶，將企業的信念與最高追求連在一起，用以激勵員工，指明方向，同心協力地爭取經營成功。企業宗旨的內容大致包括下述幾個方面：獲利能力（說明獲利程度及其貢獻），外部追求（說明對公眾注意事項的關心以及對股東、員工、供應商及社區所

注意事項的關心)，品質，效率，企業氣氛。

國際著名的大公司都有明確的企業宗旨。例如，英代爾公司的宗旨是「在技術和營業方面爭創一流」；新力公司的經營宗旨是「新力是開拓者，永遠向未知的世界探索」；IBM 公司的宗旨是「為顧客服務」；施樂公司的宗旨是「價錢公道」。這些公司認為，他們的成功與他們提出的言簡意賅而又具有挑戰性的宗旨密不可分。

企業目標是企業使命和指導方針的具體化和數量化，它反映企業在一定時期內經營活動的方向和所要達到的水準。企業目標的實現時間較長，一般為 3～5 年或者更長時間。好的企業目標具有總體性、與外部環境聯繫密切、有很大的激勵作用、切實可行等特點。

在商業計劃書中可以把企業的宗旨和目標放在一起來寫。例如可以這樣寫：我們是一個銷售食品和服務的公司，向社會提供中等價位高品質的食品。我們的宗旨是在公司盈利的同時，與顧客、僱員、社區以及我們的環境保持良好的夥伴關係。我們的目標是保持中等程度的發展速度和盈利水準。在第三年之前，銷售額達到××萬以上。總毛利率達到 25%以上，並保持該水準。在×年之前，從服務、支援和培訓等獲得××萬元的銷售收入。

三、企業的發展歷史與現狀

公司成立於何時，第一次生產產品或提供服務是在什麼時候，公司發展經歷了那幾個重要階段等。

介紹必須簡短切題，儘量不要超過一頁，最長不能超過兩頁，否則就過於冗長。因為面談時，風險投資人通常會就公司業務發展歷史提出一些問題，到時候，企業家可以再詳細地說明有關細節。

在介紹公司歷史時，要記住你的讀者需要瞭解你公司的形成過

程。你的創意源於何處？它是怎樣進化的？誰是負責人？歷史描述應當簡潔，同時也應寫出公司發展進程中的各個日期、背景等。從你創業的開端一直敍述到現在。

在進行公司目標陳述時，要一語道出公司的目標，要深思熟慮，使其有分量，切忌誇誇其談。

介紹發展階段時要指出所處的融資階段。公司是處於創立期還是成長期，或是準備公開上市，尋找戰略合作夥伴，還是準備近期併購或出售？

四、企業展望

可按時間順序描述公司未來發展計劃，並指出關鍵的發展階段。

閱讀本部份時，風險投資人一般需要瞭解創業企業未來五年的業務發展方向及其變動理由。

這部份在篇幅上可長可短。如可以這樣描述：「本公司未來五年將致力於生產銷售目前這兩種主要產品，但在第三年將引入另一種同類產品」。這樣的描述簡明而又切合主題。但另一方面，如果公司預計未來業務發展需要經受許多變動因素的考驗，通常應該在這裏講清楚，因為風險投資人需要搞清楚公司要發展成功就必須做那些事情。

五、公司內利益衝突

無論企業中存在什麼樣潛在的利益衝突，都要在本部份加以說明。例如，本企業董事長也是本企業某個供應商的所有人或董事長，或者是與本企業有相似業務的某個公司的所有者。此外，還應說明由管理層決定的交易中那些是以不合理的價格進行採購的。如果在商業

計劃書中沒有揭示這些利益衝突，一旦被風險投資人發覺，就會失去他們的信任。最好的辦法是企業自身從一開始就解決這個問題並告知風險投資人或者向他們說明在這種利益衝突的情況下，會比沒有這種情況做得更好。

六、訴訟

這裏要說明與公司相關的任何訴訟事件，包括外界公司對本公司提起訴訟，也包括本公司對外的訴訟案件。

在此部份，你所提及的每一訴訟都可能引起投資方認真思考，投資商對訴訟事件是十分敏感的。如果對方發現你公司被許多人起訴，可能根本不研究你公司申請投資事宜，因為，這說明你公司的行為必然存在諸多問題。即使是某些訴訟事件只與你公司間接相關，也說明你公司屬於是非之地，對方也有理由懷疑你公司將來的某一天會捲入複雜的訴訟風波。如果創業企業總起訴他人，那麼投資商有理由擔心在投資到位後也被別人起訴。因此，如果一個公司有訴訟歷史，則應對風險投資商做出完美的解釋，盡可能消除對方關於你公司的不良印象，克服天然的抵觸情緒。

七、專利與商標

本部份必須詳細描述公司現有和待申請的各種專利和商標，也可以說明專利獲准的原因，目的是說明產品的技術壁壘，強調公司產品的獨特性和惟一性。在某些情況下，為便於對方瞭解你公司惟一的專利和商標，甚至可將有關專利和特許權的副本交給風險投資者。但是，除非說明惟一性的特定需要，否則，你不能公開公司計劃商標的副本。

八、企業與公眾關係

公眾是指對企業利益和行為產生影響的群體。企業與公眾的關係好壞將對企業的生產經營活動帶來直接的影響。這些公眾包括：融資公眾（主要指銀行保險等金融機構）、媒體公眾、政府公眾和公民團體等。

1. 保險

公司必須參加保險，並同時把公司已經投保的項目，包括火災保險、意外險、物產險、水災保險，以及核心人物的壽險等等列出。記住，只要列出與公司運作相關的保險即可，不要把醫療之類的保險也列入其中。

2. 媒體與協會

作為信息來源之一，風險投資商可能對創業企業涉足的行業與貿易協會感興趣。此外，他們也需要知道那種商業雜誌或者報紙刊登了那些與本企業有關的信息。所以，在商業計劃書中應該對相關的媒體和協會作一介紹。

這裏，要對與公司有關的稅種稍加說明，如果公司已開始營業，要說明全部應納稅種，包括薪金稅（社會保險稅）和所得稅等。

3. 政府管制

主要描述本企業的管轄部門以及該部門與本企業的關係。在描述中企業家需要重點指出本企業如何遵守有關部門關於職業安全以及環保等方面的規章制度。由於許多風險投資人都在政府管制這個問題上觸過礁，其中有的被投資企業曾被政府主管部門查封數月或數年，有的投資企業甚至就此消亡。因此，如果本企業的管轄部門過多，企業家就應該在本部份做出追加描述，以便風險投資人確信本企業能夠在

這種環境下生存發展。

九、主要合作夥伴

主要介紹本企業生產所需原材料及必要零件供應商。一般可以用表格形式列出 3～4 家(以後可能需要列出全部供應商)最大的供應商及其供應的材料或零件名稱。該表第一欄列出供應商的名稱,第二欄列出來自該供應商的採購金額,第三欄列出採購產品。風險投資人通常會給名單中的部份或全部供應商打電話以確認該名單的真實性。

如果在企業產品從生產到銷售過程中,還有其他一些協作者或分包人參與其中,通常也需要予以說明。說明的內容包括協作人名單、協作金額等,一般還需協作單位名稱、位址及聯繫電話。

 案例　企業介紹

1.公司宗旨

科技以人為本。採用最新的電腦技術,開發金融、通信以及電子商務等領域具有國際領先水準和自主知識產權的系列信息安全產品,立志為信息安全產業走在世界前列而奮鬥。

2.公司簡介

公司註冊名稱:×××數據系統有限公司(以下簡稱公司)

英文名稱:×××Data System Co. Ltd.

公司法定地址:深南大道 10 號。

經營範圍:經公司登記機關核准,公司經營範圍是:研究、開發、生產、銷售信息安全產品、提供信息系統的安全解決方案服務。

兼管電腦、網路及其輔助設備。

註冊資金：600 萬元。

法人代表：×××。

本公司是登記註冊的有限責任公司，主要辦事機構位於深南大道 10 號，辦公樓面積約 300 多平方米。公司的技術研發課題組位於某大學校內，實驗室面積約 100 平方米。

3.公司股東和股份比例

本公司的股東可分為兩大部份，一是自然人股東(×××數據系統有限公司增資擴股前的全體股東)，二是某大學。

原×××數據系統有限公司的全體股東，×××、×××、×××等 18 人，認繳出資額共為肆佰柒拾萬零肆仟元(470.4 萬元)，佔註冊資本的 78.4%。其中，現金肆佰貳拾萬元(420 萬元)，比例為 70%，技術作價入股伍拾萬零肆仟元(50.4 萬元)，比例為 8.4%。(×××數據系統有限公司增資擴股前的股東，主要人員都是×××實業投資有限公司的原創股東。)

某大學以技術作價認繳出資額為壹佰貳拾玖萬陸仟元(129.6 萬元)，佔註冊資本 21.6%。

4.公司發展歷史背景

公司成立於 2000 年 5 月，是由×××實業投資有限公司的原創股東×××、×××等人共同投資組建的民營企業。2000 年 6 月，某大學以 ABC 信息安全加密技術作價並以增資擴股的方式投入本公司，成為公司的主要股東之一，為公司的發展創造了十分有利的條件。

該大學是教育部直屬的重點綜合性大學，在海內外久負盛名。

公司股東除這所大學外，主要的自然人股東和公司的主要經營管理團隊，都是××實業投資有限公司的原創股東。××實業投資

有限公司是從事項目投資、策劃、管理和運作的民營企業。1995 年 7 月開始策劃「××」項目,並與某公司共同組建中外合資企業。在公司的成功運作下,「××」項目成為重點項目。××公司承襲了公司在成功的商業策劃和經營實踐中所需要的理念和策劃優勢、項目經營優勢、資本運作優勢、良好的信譽度和社會資源優勢,以及全方位的人才結構優勢,為公司的發展奠定了良好的基礎。

5.公司的技術與業務

目前,公司的主要項目是 ABC 的安全實現及其商業應用。該項目主要依託這所大學和其他科研院所的技術力量,利用××實業投資有限公司在經營管理和資本運作方面的能力,開發以密碼技術為核心的系列信息安全產品。

公司的 ABC 信息安全核心技術及其應用產品,屬於國際先進水準的發明技術,達到國際一流、國內首創的領先水準。公司將發揮世界領先的技術優勢,充分整合和利用各種社會資源,將公司發展成為一流的信息安全技術研發和產品生產、經營的高科技企業。

心得欄 -------------------------------

第 **7** 章

商業計劃書的產品

產品不僅僅專指實物產品，服務也是一種產品，要直接講述產品的消費價值、市場價值、實際解決消費問題的能力、產品新與舊的更替，以及產品的大市場與小市場的互動性。

一、產品描述

你的產品及其市場價值你最明白，你所做的相關定義對你自身來說是非常明確的，但讀者卻不一定清楚，儘量用簡單的詞語來描述有關產品的核心細節，把讀者的注意力拉到企業的產品或服務中來，這樣讀者才會對產品充滿興趣。描述產品及市場的目的，不僅要使讀者相信你的產品會對市場產生深遠的影響，而且要使讀者堅信你能夠把描述變成現實。

即使創業企業有雄厚的實力，精幹的管理團隊，但是如果沒有可銷售的獨特產品或產品開發計劃，都不算是真正開展了業務。因此，產品或者服務描述是經營計劃中必不可少的一項內容。

　　在進行投資項目評估時，投資人最關心的問題之一，就是企業的產品、技術或服務能否解決現實生活中的問題，或者，創業企業的產品(服務)能否幫助顧客節約開支，增加收入。因為這兩項如果滿足，就意味著產品或者服務有巨大的市場，風險投資能最大概率地收回。

1. 產品描述的內容

　　請你說明：產品的背景、目前所處發展階段、與同行業其他公司同類產品的比較；產品的新穎性、先進性和獨特性，如專門技術、版權、配方、品牌、銷售網路、許可證、專營權、特許權經營等。

　　有時候，你的產品未必就具有以上的全部特徵，挑其中主要的進行說明。突出那些有利於開拓市場的因素，重點突出產品的消費價值，即消費者的使用價值。

　　產品介紹應包括以下內容：

(1)產品的名稱

(2)性能及特性

(3)產品所處的生命週期

(4)產品的市場競爭力

(5)產品的研究和開發過程

(6)發展新產品的計劃和成本分析

(7)產品的市場前景預測

(8)產品的品牌和專利

　　在產品(服務)部份，要對產品作詳細的說明。說明要準確，也要通俗易懂，使不是專業人員的投資者也能明白。一般地，產品介紹都要附上產品原型、照片或其他說明。

　　產品介紹時，還要從顧客和風險投資商的角度回答以下問題：

　　(1)顧客希望企業的產品能解決什麼問題，顧客能從企業的產品中獲得什麼好處？

(2)企業的產品與競爭對手的產品相比有那些優缺點，顧客為什麼會選擇本企業的產品？

(3)為什麼用戶會大批量地購買企業的產品？

(4)本公司能提供那些購買便利？

(5)企業採用何種方式去改進產品的品質、性能，企業對發展新產品有那些計劃等等。

(6)企業為自己的產品採取了何種保護措施，企業擁有那些專利、許可證，或與已申請專利的廠家達成了那些協定？

(7)為什麼企業的產品定價可以使企業產生足夠的利潤？

產品（服務）介紹的內容比較具體，因而寫起來相對容易。雖然誇讚自己的產品是推銷所必需的，但應該注意，企業所做的每一項承諾都是「一筆債」，都要努力去兌現。要牢記，企業家和投資家所建立的是一種長期合作的夥伴關係。空口許諾，只能得意於一時。如果企業不能兌現承諾，不能償還債務，企業的信譽必然要受到極大的損害，因而是真正的企業家所不屑為的。

2.需突出介紹：創新性、獨特性、價格優勢和市場導向

(1)創新性

你的產品或服務必須具有創新性，你將不得不在某些細節上做出解釋。向你的顧客介紹它的優點、價值，把它與競爭對象進行比較，討論它的發展步驟，並列出初步開發它所需要的條件。

只有當一個新的產品（服務）優於市場上已有的產品（服務）時，它才可能受到顧客的青睞。清楚地解釋你的產品（服務）能完成的功能，顧客應該認清它的那些價值。如果市場上存在替代性產品（服務），你應該解釋你提供了那些額外的價值，把你擺在顧客的位置去評價購買你的產品（服務）存在的優點和缺陷，對競爭者的產品（服務）也做出同樣的分析。

如果你提供幾種產品,把你的討論集中在最重要的一個上,對其他則做出總體上的簡單介紹。

你應該解釋你的技術創新和你的產品在競爭中具有的優勢。你也應該強調你所擁有的技術壁壘或提供有效的專利證明以示可以防止別人的盜用和模仿。如果仍有什麼發展中未解決的問題,確認在你的計劃中討論過對付它的辦法。取得特殊產品(服務)的合法批准是另一種風險。說明你現在已經取得了什麼執照,或者正在申請之中和將要申請等等。

(2)產品或者服務的價格

在本部份主要對本企業的產品或服務做出準確的描述,要使對方讀完後對本企業生產什麼或打算生產什麼不再存有疑慮。如果企業有好幾種產品或服務,那麼最好分成幾個獨立的小段進行描述。內容包括每一個產品的價格、價格形成基礎、毛利及利潤總額等。

產品定價必須充分考慮所有影響因素以使最終形成價格在邏輯上是合理的,並且是市場可能接受的。

在這部份風險投資人通常會問:

· 該產品定價反映的是不是競爭條件下的價格走勢?

· 定價如此之高是不是因為你能抵禦來自降價方面的壓力?

因此,企業家對此要有所準備。

(3)產品或服務的獨特性方面

企業的獨特性可以表現在管理隊伍上,也可以表現在產品上,還可以體現在融資上。總之是因為獨特性的存在才使風險投資人放棄其他投資機會轉而投資本企業。因此,在《商業計劃書摘要》和《商業計劃書》中有一節來對本企業的獨特性做出描述,這一部份的描述也可以滲透到其他幾個部份中,從不同角度闡述公司的獨特性。

(4)產品市場導向性

再好的技術和產品離開了這一原則，都不可能成為成功的商品。你要創業，要賺錢，上那兒創業，從那兒賺錢，只能在市場上創業，從市場上賺錢，這是千真萬確，萬古不移的基本原則。有很多聰明人，也有很不錯的發明與技術，視若拱璧，愛惜得不行，其實很容易走進技術或產品導向的偏失。絕大多數發明和技術都與市場不搭界，看不出市場前景和潛力，自然引不起投資興趣，轉化不成生產力和利潤。所以，創業者必須從一開始就研究、分析市場，從市場需求出發進行創意。如果你們擁有自己的專利技術和產品，也一定要以市場需求和市場潛力來衡量它的價值。一項產品，只有賣得出去，也就是進入市場，才算實現了自己的價值。

網景公司的網路流覽器、雅虎的網路搜索引擎，如果不是免費發放使用，就不會吸引、造就那麼大的消費群體。如果一項技術不面向市場，面向消費者，而是視為獨得之秘，在知識和技術更新加速度進行的今天，很快就會過時，被淘汰或被別人的類似產品取而代之。所以，任何創意，不管是產品的，還是技術的，商業模式的，從一開始就要立足於市場，並盡快推向市場，這就是市場導向性的原則。

二、描述產品或服務時應注意的事項

在書寫計劃書中這一部份內容時應注意四點內容。

1. 將自己置身於客戶的位置

在編寫過程一定要把自己放在客戶的角度來描述產品或服務。只有產品或服務滿足客戶的利益要求，企業的產品服務策略才能獲得成功。

2.集中最重要的產品

如果企業同時經營多種產品或者服務，應該在本部份集中描述一種。創業資源的有限性使得企業不可能經營好幾種商品或者服務，風險投資有一個不成文的規則：絕不能投資於擁有兩個以上風險項目。

3.避免過多的技術細節

商業計劃的目標讀者是投資商，商業計劃中沒有必要也不能過於詳細地進行技術論證，加入過多的技術細節勢必會影響理解。在投資商對項目感興趣以後，他會召集專業人員對項目技術的可行性進行分析。因此，在這一階段要儘量避免使用複雜的技術術語和引證。

4.引用已經試點成功的例子

如果產品或者服務已經過測試，就應當公佈結果，這比技術上的論證更為有效，更能激發投資商的投資熱情。

三、產品研究與開發

主要介紹投入研究開發的資金，包括過去已經投入的和未來打算投入的資金。但同時必須指出所有這些研究開發投入所要實現的目標。對風險投資人而言，如果由於某種程度上的判斷失誤，從而投資了一位純粹的研究人員而不是一位開發產品的企業家，那就是一場惡夢。也就是說他們需要的是一位能將研究結果轉為市場產品，最終賺取利潤的企業家。闡述的重點內容：

(1)公司的技術研發力量和未來的技術發展趨勢；

(2)公司研究開發新產品的成本預算及時間進度如何；

(3)風險投資者在這裏主要關心你公司的技術研發隊伍是否具有足夠的實力把握市場上產品技術發展的脈搏，是否能夠迎合顧客的需要開發新產品、開拓新市場，是否能夠保證公司未來競爭發展對技術研

發的需要。

　　風險創業者應該在仔細評估自己實力的基礎上，給出詳細的說明。因為技術研發是公司未來發展的重要推動力。

案例　淨菜機商業計劃書的「產品與服務」部份

　　產品理念：××淨菜機，引導廚房革命，護衛人類健康。

　　××淨菜機是利用臭氧的強氧化性，把瓜果蔬菜表層所附的農藥殘留分解為無害的物質，從而消除農藥殘留的同時殺滅瓜果蔬菜上的細菌、病毒等，保護人體的健康。產品的設計已經完成，並申請專利。目前研製與開發已進入產品化的最後階段。

1.臭氧的簡介

　　臭氧為淡藍色氣體，1840年由德國人發現，因為聞起來具有某種特殊的味道而得名。臭氧最顯著的特性是其強氧化性，在自然界中僅次於氟氣。由於其極強的氧化性，臭氧具有廣泛的殺菌作用，殺菌速度較氯氣快300～600倍。臭氧也可快速分解產生臭味及其他氣味的有機物，去除異味的性能極好。

　　臭氧很不穩定，在空氣中會自行分解為氧氣，因此使用後不會殘留任何污染。

　　由於臭氧具有殺菌力強、不產生殘留污染的優越性能，在食品、醫藥、水產養殖、化工等行業得到廣泛的應用，迄今已有一百多年的歷史。

　　雖然臭氧在殺菌、除臭、保鮮等方面取得廣泛應用，但在處理瓜果蔬菜農藥殘留方面卻沒有引起人們足夠的重視。臭氧自身及在水中形成的中間產物氫氧基可以分解一般氧化劑所難以破壞的有機

物,而且反應完全、迅速,在適當的濃度與投加方式下,對農藥殘留具有很好的去除作用。

我們在這兩方面的研究取得了令人滿意的成果,初步研究成果已經過有關部門檢測,同時我們還申報發明專利和實用新型專利。

2.本產品的構成及用途

××淨菜機為微波爐大小,產品上為一個可密封的空腔,用來放要清洗的瓜果蔬菜,下部是臭氧發生器、微氣泵等部件。臭氧發生器產生高濃度的臭氧,經微氣泵打入空腔裏的微孔爆氣板;臭氧由微孔爆氣板溶入水中,作用於瓜果蔬菜的表面,起到殺菌、消毒、去除農藥殘留的效果。

本產品在使用時非常方便。只需向空腔中注入水,把瓜果蔬菜浸沒其中。在 15 分鐘之內××淨菜機可去除瓜果蔬菜表面 80% 以上的農藥殘留,並殺滅所有病菌,包括乙肝病毒,把瓜果蔬菜變成無菌、無毒、無農藥殘留的真正意義上的淨菜!

不僅如此,我們的產品還有兩個附加功能:餐具消毒、冰箱及室內空氣殺菌清新。進行餐具消毒與清洗瓜果蔬菜類似,把餐具放入空腔中自動處理 5～10 分鐘即可。一般的紫外線消毒櫃在紫外線照不到的地方會形成消毒「死角」,相比而言,臭氧殺菌能力強,擴散均勻,沒有消毒死角。

進行室內空氣殺菌清新時,只需把本產品放到空氣流通的地方,噴出適量的臭氧,就可迅速徹底地殺滅空氣中的病菌,並分解掉空氣中的引起異味的分子,保護居民身體健康,保持空氣清新。

綜上所述,本產品的用途有:

(1)徹底清潔瓜果蔬菜。

(2)不再「病從口入」。再也不必擔心農藥殘留及病菌對人體的危害;經過處理的蔬菜,真正乾乾淨淨。

⑶餐具消毒。

⑷使用方便，可替代現有的家用消毒櫃。

⑸冰箱及室內空氣殺菌清新。可替代冰箱除臭劑，預防疾病，尤其是傳染性疾病的發生，保持空氣清新怡人。

3.產品的廚房設計

產品將引導廚房的綠色革命。以高科技，現代廚房必備電器的形象出現在社會公眾面前，成為引導千家萬戶開始進一步關注自身健康的標誌性產品。

產品的外觀設計：將充分考慮與廚房的環境相適宜，同時以高雅、現代的造型突顯「廚房綠色革命者」的形象。

產品的佈置方式：在市場調查中 52.9%的調查對象選擇臺式，32.9%的調查對象選擇壁掛式。因此產品將包括臺式、壁掛式兩個不同的品種。

操作簡單，適合家庭使用。只需將蔬菜瓜果放入其中，選擇處理強度後即自行完成工作。產品功率只有 10W 左右，耗電量低，普通家庭完全可以承受。

4.產品的優勢

除能降解農藥殘留外，××淨菜機還兼具餐具消毒、冰箱及室內空氣殺菌清新等功能，可替代現有的消毒櫃和冰箱的除臭劑。

本產品的核心技術是臭氧發生器及臭氧的投加方式。根據我們的研究，影響臭氧去除農藥效果的，主要是兩方面：一是臭氧必須達到一定的濃度，這要求有高效率的臭氧發生器；二是臭氧在水中的投加方式也非常重要，因此要求有特殊設計的容器。

當前市場上的家用臭氧發生器，由於其採用的臭氧發生原理所限，產生臭氧的量很少，不足以袪除瓜果蔬菜的農藥殘留；而且臭氧的投加方式過於簡單，只是把臭氧用導管噴入水中，因此只能起

到殺菌、消毒的作用。而常見的各種餐具洗滌劑用品,雖然都由於看到了廣大居民對健康的日益關注而開始強調其也具有袪除農藥的功能,但其作用方式決定了其不可能達到較高的袪除效果。

我們的產品,由於採用了國內首創的臭氧發生原理,產生臭氧的效率大為提高,保證有足夠濃度的臭氧產生。同時我們在臭氧的投加方式上也進行了很多的實驗,確定出最佳的方案。產品在具備殺菌、消毒等功能的同時,對農藥殘留具有很強的袪除作用。根據初步的測定,可以在 15 分鐘之內袪除瓜果蔬菜表面 70%以上的農藥殘留,並殺滅所有病菌,包括乙肝病毒。

5.今後的展望

市場永遠處在變化之中。一個企業只有不斷開發滿足市場需求的產品,才會具有強大的生命力。產品創新,是××公司的靈魂所在。從第二年起,我們將推出系列的家用××淨菜機。主要是:

⑴針對不同的收入階層,推出豪華型、小康型、實惠型三個檔次的產品;

⑵針對對各地不同的文化習俗以及不同年齡、不同文化程度的消費者,設計不同造型與圖案的產品。

連鎖業是商業體系中最普遍的形式。蔬菜及生鮮食品是其中利潤最高的商品,在每天的售貨額中佔有相當的比重。當前正在進行的商業體制改革也是以連鎖經營為目標。連鎖店的數目近年正迅猛增長,城鎮居民的蔬菜消費習慣也必將轉為到商場去購買淨菜。可以預見,將來商場將需要大量的淨菜處理裝置及其他生鮮商品的消毒保鮮裝置。本公司將在繼續保持家用果蔬處理機市場比率的同時,進行商用果蔬批量處理裝置的研製,並力爭在 2010 年,成為最大的商用淨菜處理設備的供應商。

第 *8* 章

商業計劃書的商業模式

　　商業模式是企業為實現其戰略目標而採取的能使其自身不斷增值或獲利的經營方式，通俗地說就是如何做生意。

　　從某種範疇上看，商業模式是屬於企業的戰略層面，但它賦予戰略更深層次的涵義，使企業戰略所包含的內容更豐富。從其存在價值上看，商業模式甚至比單純的企業戰略更重要。特別是對風險投資商來講，創業企業的商業模式是否蘊藏巨大的利益、是否能對現有的和潛在的利潤進行重新組合與分配，是決定其投資的關鍵所在。

　　商業模式指導企業的發展。一個企業要想成功，必須有一個好的商業模式。商業模式明確了企業行為，是企業進行經營活動的指導。新經濟下的產業和傳統的產業都可創造成功的商業模式，諸如連鎖店（特許經營權）、虛擬運作、直銷、倉儲式銷售等都是典型取得成功的商業模式。

　　商業模式使企業發展具有更多種的選擇。企業可以選擇不同的商業模式，這些商業模式僅僅是形式上的不同，其目的都是為了實現企業的戰略目標。Internet 技術的興起，使商業模式更具有無窮多的變

化,企業也隨之具有了更廣闊的選擇和發展的空間。

　　企業可以從無數多的側面進行商業模式的創新,成功與否依賴於是否符合市場和自身條件。由於創新是企業發展的主要動力,不斷創造好的商業模式就成為企業成敗的關鍵。任何一個企業都應研究商業模式,並不斷地進行商業模式的創新以適應市場和自身條件的變化,最終實現企業發展目標。

　　對於創業企業來說,商業模式更為重要,創業者在有創業的動機時就需要考慮創業企業的商業模式。它決定了企業的創業行為、吸納資金以及進一步的發展,只有設計出成功的商業模式並在實施中不斷完善,企業才能成功地完成創業。

一、商業模式是商業計劃書的焦點

　　商業模式是企業為實現其目標所要採用的經營方式,確定的商業模式將在一定時期內指導企業的經營運作。因此,創業者在商業計劃中一定要明確所要選擇的商業模式。

　　同時,商業計劃最重要的一個作用是吸引風險投資,而風險投資商在研究一個創業企業的商業計劃時,他最關注的是這個企業是否具有能夠成功的商業模式。所以在商業計劃中,商業模式就是一個焦點問題。

　　在商業計劃中,創業者應該具體表明擬創建企業的商業模式,並講述你的企業不是提供單純的產品和服務,而是通過這種產品、服務,讓消費者提高效率或降低費用,使其不斷增值。只有讓風險投資商充分認識到你的企業具有無限的增值潛力,他才會給你的企業投入資金。

　　商業模式是最刺激人、最賺錢的關鍵,你必須在這裏說清楚市場在那裏、誰是顧客、滿足那些需求,還得用一個非專業人士可以理解

的簡單話語說清楚賺錢的具體細節。要讓識字的人都能夠看懂，明白你的商業模式為什麼具有先進性、新穎性、獨特性，你還得準備出商業模式的簡稱，即一句話版的商業模式。

任何一種商業模式都是由基本的價值元素構成，是一個完整的價值鏈條，是持續盈利目標的一套整體解決方案。

在這部份內容裏，你不僅要對你的商業模式進行簡述，還要對商業模式在利潤保證、市場收益、團隊協作、產品準則、顧客主導、服務與支援、行銷手段、模式風險等方面的指導作用給出明確解釋。當然，字數不需要太多。

到此刻為止，你一定已經琢磨過你的商業模式了。也許你欣喜若狂，覺得自己發現了一座金礦，金礦下面還有鑽石；也許你整天鬱悶不已，總感覺自己的商業模式好像不堪一擊，似乎有地方存在漏洞。現在要告訴你的是：無論你自己覺得是好還是壞，都要冷靜分析，從實際出發看看自己的商業模式是不是真的有商業價值。把一切歸零，從頭開始分析，將這個生錢的過程設定為一個有解的方程式，看能否形成一個可循環的數學模型。如果能，繼續改進，使其精煉化、直接化；如果不能，到市場上進行實際驗證，找到原因。

以百度公司為例，其商業模式非常清晰。百度建立在免費佔用Internet 信息價值的基礎上，以提供免費的搜索引擎服務為依託，獲取大量用戶資源，由此實現向用戶提供廣告獲得收益，如其最具名聲的「競價排名」業務。

二、商業模式的描述

商業模式的描述要容易解說，容易懂。例如：建設一個基於網路的當代藝術品交易平台，「免費」全方位展示藝術家及其作品，利用攝

影、文字描述，精細、精心地展示每一位藝術家及其作品。藝術家可以是畫家，可以是雕塑家、攝影家等。這個藝術交易平台可以讓每一個看過其對藝術家的介紹的人都有走近這個藝術家並收藏其作品的願望。最終，將成為一個炙手可熱的當代藝術品交易平台——網上藝術館，並透過廣告、頻道租賃、收取交易手續費等方式實現網站的盈利，藝術平臺模式可簡化表述為：用免費獲取專業資源，用資源促成交易。

三、利潤保證

假設有一天，沒有顧客願意「配合」你的商業模式了，想想看，會怎樣？你的項目失去了利潤來源，商業模式已經不能提供利潤保證。也許你會說，此處沒有顧客，別處有顧客。可是，失去了利潤保證，你的商業模式憑什麼繼續在市場中運轉？珍惜商業模式的生存機會吧。

如果你是顧客，希望配合什麼樣的商業模式？換位思考，就會明白應該以怎樣的態度面對自己的商業模式了。一個優秀商業模式的表現應該是這樣的：無論市場如何變化，都會一如既往地努力滿足顧客需求，演繹持續的回款價值。很顯然，沒有顧客的認可就沒有商業模式的存在，商業模式並不是做給那個人看熱鬧的——首先是保證利潤的。

據調查機構統計，現在約有 8 萬超過 20 年創作經驗的不知名藝術家。他們的作品造詣很高，只是苦於缺少傳播途徑，他們一直被淹沒在民間。與此同時，國際藝術品市場看好這些藝術家的作品，但恐懼於複雜社會關係，想找一個直接的途徑買到這些極具升值潛力的作品，可是目前國內卻沒有這樣一個完善的管道。

藝術平臺模式正好可以滿足雙方實際的、急切的需求，並為雙方

解決收益增加的實際問題，同時也可為藝術平臺帶來利潤保證。

四、市場收益

市場上滿足同樣消費需求的絕不止你一個，所以有了利潤保證還不夠，你的商業模式必須把產生競爭後的市場和需求變化考慮進來。別拿藍海說事，藍海最害人，大部份藍海其實就是死海：當你真的發現一片藍海的時候，馬上就會有大批人馬殺將過來，血雨腥風在所難免，這片藍海很快就會被染成紅海。

所謂藍海，其實就是霸主思維的簡化：把「目中無人」改成了「空無一人」。真正的霸主思維是強調商業模式的自我升級能力。所以，只有建立霸主思維的商業模式，成為霸主，你才能屹立不倒，才能持續獲得良好的市場收益。

在藝術品交易市場，產品資源的豐富是決定成敗的關鍵。例如Net798.com的模式直接切入源頭，運用帶有捐助性質的手段，第一個免費為數萬民間畫家提供永久展示機會，採用近乎壟斷的方式獲取生產方(藝術家)的資源，Net798.com的模式以此為基礎，能夠在相當長一段時間內阻斷跟進對手，保持資源的獨享地位，為市場收益建立競爭壁壘。

五、團隊協作

事情總需要人去做，再先進的武器也要靠人來操縱。商業模式更是這樣，無論多麼富有前瞻性、實效性，最終還是要落實到具體執行的團隊身上。而每個團隊的組成人員不同，組合在一起後的戰鬥力自然就不同，同一個商業模式在不同的團隊裏所產生的威力自然也就有

較大差別了。協作能力是根本，商業模式要契合團隊特質，要根據團隊能力和特點量身定做，而不是生搬硬套。現在，證明你的團隊協作落實商業模式的能力。描述時，要充分結合自己的實際情況，最好不要照抄別人的。

為了保證 Net798.com 的模式能夠落到實處，Net798.com 制訂以下管理規則，來規範團隊協作：

· 圍繞產品市場，以目標管理為基礎，把職能合作化作為組織管理的基本原則。
· 建立授權型、扁平化組織結構，以滿足商業模式發展和創新的需要。
· 戰略決策實行以項目管理為核心的集體決策，運營中心負責決策研究。
· 戰術決策向職能部門和員工充分授權，組建具有管理自主權的職能機構。
· 逐步建立起決策系統、信息系統、智囊系統、執行系統、監督系統有機構成的經營決策體制。

六、產品準則

這是商業模式最核心的地方，任何商業模式都要透過產品來完成邏輯循環，把錢變回來，無論這個產品是有形還是無形，是實物還是服務。在描述商業模式和產品準則之間的互動時，要特別注意以下幾點：

· 確保產品及技術的前瞻性；
· 力求功能簡單、實用，易於操作；
· 保證產品使用的可靠性；

・嚴格遵守開發標準與規範。

對這部份內容的表述，要從原則性入手，做出範疇性規定。

Net798.com 的模式相對應的產品準則如下：

①Net798.com 提供網上藝術館空間，畫家免費發佈自我和作品信息，獲得以名字命名(可自行命名)的展廳。

②Net798.com 提供網上藝術館空間，畫家之外的其他藝術家限期免費發佈信息，獲得名字命名(可自行命名)的展廳。

③所有聯絡信息均可保留發佈者自我信息。

④買家與藝術家的首次聯絡均需透過網站轉遞，或第三方信用平台、支付平台。此舉在積累藝術家、買家資源的同時，可保持用戶的統計數據，並可保障雙方的安全性。(參考 taobao.com)

⑤所有藝術家前 3 次不可自行發佈信息，需將資料提供給網站，由網站發佈。這既是為了增強可信度，也是為了避免混亂，以保持網站的統一形象。

七、顧客主導

因為看到了某種需求，並且要滿足這種需求，還想從中獲利，於是就產生了商業模式。換言之，商業模式是在顧客主導之下出現的。這就意味著商業模式從始至終都必須圍繞著顧客主導運轉，軌道稍有偏差，就可能自毀或直接被顧客毀掉。

所以，你必須直接說明顧客主導是你的商業模式的關鍵之處。這部份內容很像在講宗旨，只是比宗旨多了具體手段。

Net798.com 的模式採用以下策略實現顧客主導：

以「798」的品牌影響力為基礎，以「民間藝術家」為依託，以「免費」為催化劑，以全球藝術品市場為助力，打造一個以現代、當代文

化藝術為主題的交易平台。

為所有需要充分展示自我，並希望促成文化藝術品交易的藝術家、收藏家和相關機構提供便利。

八、服務與支援

服務與支援說的是商業模式的循環能力，在顧客、市場、自身之間形成循環的能力。對顧客的服務能力，對市場的拓展能力，對來自顧客和市場的回饋進行調節的能力，都是循環能力的表現. 最後的落腳點是服務與支援在商業模式指導下所產生的真實行動。這種行動是否在商業模式的規範內，是最為關鍵的。例如，你提供的售前、售中、售後的服務與支援超出了商業模式的承受能力，循環能力就會下降，直至堵塞，導致商業模式垮塌。

舉例來說，你的項目是連鎖店，但你的配送能力無法滿足分店需求，供不上貨，顧客紛紛離去，提高配送頻率又會虧本，你怎麼辦？這種情況充分說明，你的商業模式並沒有形成循環，服務與支援不是在商業模式的指導之下，是在自發行動。所以，你必須讓你提供的服務與支援在商業模式的指導之下。

這部份內容簡單說明商業模式對服務與支援的指導作用即可，不需要太多文字。

Net798.com 藝術平臺在商業模式的指導之下，以形成整體循環為標準，制定如下服務與支援原則：

· 為藝術家、收藏家和相關機構提供交易的便利，含線上、線下支付保障。

· 無論是否產生交易，都為雙方提供溝通便利，如即時溝通、語音切換、短信平台等。

· 為所有合法用戶提供展示便利，且不收取任何展示費用（廣告不
列在展示範疇）。
· 向產生交易的賣方收取手續費，手續費率以銀行貸款利率為參
考標準。

九、行銷手段

　　這裏強調的是商業模式應對變數的能力。在變數來臨時，最先有
反應就是行銷手段。當有一天，你突然情不自禁地改變了一些做法，
例如莫名地變相降價，連自己都感到納悶時，就是變數來臨了。這時
候，是決定你的商業模式生死的關鍵時刻：你要麼暫停商業模式的運
行，先過難關；要麼從一開始就作好預測，提早準備。這一切，都是
在考驗商業模式對行銷手段的指導能力。

　　在你設計商業模式時，從一開始就得把行銷手段作為關鍵因素考
慮進來，必須讓商業模式和行銷手段有機互動。

　　剖析商業模式所承載的價值內涵、盈利的共性和強烈的邏輯性，
以及閃動在市場之上的一些若有若無卻揮之不去的符號，就會嗅到價
值規律的氣息。W 項目從商業模式重塑的角度出發，從完全滿足需求的
源頭上進行行銷系統調整，秉承「它山之石，可以攻玉」的態度，平
移商業地產的行銷手段到 W 項目中，並進行實際行銷試驗，構建更加
適應市場環境和 W 項目行銷能力的商業模式，以此來謀求發展。

十、模式風險

　　市場可以有風險，但商業模式絕對不可以。商業模式有風險，就
好比你受命用一隻超遠距離狙擊槍執行任務，不僅沒有擊中目標，還

誤傷了自己人。原來,你裝錯了子彈,錯把未經打磨的普通突擊步槍子彈裝進了狙擊槍。為什麼會出這種錯?因為普通突擊步槍子彈看起來和狙擊子彈有點像,個頭差不多,但與狙擊子彈不同的是,普通突擊步槍子彈並沒有經過精度矯正和實際打磨,不能裝進狙擊槍。你是槍手,狙擊槍就是投資,狙擊子彈就是商業模式,未經精度矯正和實際打磨的子彈就是有風險的商業模式。在講到模式風險時,你必須證明你的商業模式沒有風險。

 # 案例　投資公司的商業模式看法

我先後在亞洲、北美做早期 TMT 創業投資,到現在將近 18 年。2006 年我轉回國內,從那時起的過去 7 年,我們基金在國內投了奇虎 360、Viva、網康,途牛、六間房、趣遊等。在國內一年大約投 4～5 家左右,投了之後就跟這些團隊混在一起幹活,和創業者一起追夢。

結合自己的感受,我今天和大家談談互聯網的商業模式。何謂商業模式?好的商業模式的起點是有效實現客戶價值的最大化。如果你現在做一家企業,做了一兩年就告訴投資人:我的商業模式怎樣,我現在怎麼掙錢。有的投資人會喜歡,但在我來看,掙錢其實是最後一步。比如做手機雜誌的 Viva(維旺明),原本是收費、掙錢的,我們投資之後就說你要做成免費的,因為一個好的商業模式不是說做一個企業掙了多少錢,而是怎樣把客戶價值最大化,把客戶對你的評價最大化。如果一開始就去想我怎麼去掙錢,我的收入怎麼來,這樣的公司我基本不投。

舉個例子,一家酒店如果一開張就想著怎麼掙錢,這個生意沒

法幹好。首先，客人進來後，你應該讓他有超值的感覺。他住一晚可能只花 500 塊，但你要讓他覺得這 500 塊的價值是 1000 塊。我個人有個經驗，我現在到北京首選的一家酒店，價格不是特別便宜，但它真的能讓我感受到所謂的「客戶價值」。4 年前，我第一次入住這家剛開張的酒店，由於退房趕時間就向早餐服務員要了杯外帶拿鐵咖啡。過了一個月，當我第二次入住要退房時，同一個服務員主動送了杯外帶免費的拿鐵咖啡給我。這種重視用戶體驗，提供「意外超值驚喜」的服務態度使我成了這家酒店的忠實客戶。

商業模式是一個體系，有內外各種因素。比如做連鎖酒店，怎樣讓用戶付 500 塊，感覺到是值 1000 塊?首先就是靠內部體系。這個體系包括有這方面的人才，以及對員工的培訓。千萬別讓員工認為，這個人就是付了 500 塊，我幹嗎要以 1000 塊的心態去做服務?其次是靠外部的合作夥伴。以團購為例，我們見過七八家團購公司，它們收入都很好，剛開始的時候都有利潤。我們不投的原因就是，團購給合作夥伴帶來的壞處多於好處。有一個實實在在的例子，一家非常出名的團購公司做了一件事，他們跟一家霜淇淋連鎖店簽了一個單子，用單價 35 塊把原本市價 50 元的霜淇淋買下，然後打算通過團購方式以 40 元價格賣給消費者。可是這家團購公司為了與競爭對手搶用戶，以 25 元的團購價把霜淇淋賣給消費者。霜淇淋公司就很生氣，因為 25 元的價格引起了它的傳統管道商的不滿。但團購公司說，這些差價我貼給你，我賣多少是我的問題。站在消費者角度，50 塊的霜淇淋變成 25 塊，似乎價值是最大化了，可是對於外部的合作方—霜淇淋商來說，就是把原有的價格體系完全打亂了，這就不是一個好的商業模式。

作為投資人，我對專案的投資判斷有三條：愛不釋手、家喻戶曉、口碑傳播。我們不希望投的公司在還沒把產品和使用者體驗做

好前就去掙錢，為什麼呢？你才一兩歲大的公司，就拼命想怎麼去掙錢，我寧願你花更多的時間在完善產品上，把客戶價值最大化。

第一件事情，就是產品需要顧客愛不釋手。如果別人用一用就算了，那就不是愛不釋手。愛不釋手特別難做，裡面還包含著驚喜。你還記得第一次用 iPhone 時的感覺嗎?其實那就是愛不釋手。你用的時候覺得跟以前的手機不一樣了，這叫驚喜，為什麼驚喜?就是超出了你為此付的價錢。

說到家喻戶曉，有一個電商品牌能做到，可是它的老總反而在糾結，因為它的家喻戶曉是靠砸錢瞎推廣做出來的。我問很多人，你為什麼要融資?他們說我要有品牌。天哪，品牌不是靠錢砸出來的，但很多企業就是想先把品牌做出來，有很多使用者買產品就覺得自己是業內老大了。可是用戶買了之後，有時候驚喜度不夠，不覺得物有所值，產品的口碑就不會很大。一些互聯網創業者，經常說產品做得很好了，需要現在融錢推給大家去用。我就反對這點，為什麼呢?你產品還沒有做到愛不釋手就推給大家，只能讓人用了之後覺得這個東西好爛，會形成負面口碑。這看起來是很小的事情，可是反效果比你投入的錢還要大，砸錢獲取大量用戶就是沒有把內功做好。比如做一家酒店，開張的時候不要去宣傳，先試運營三個月、六個月，覺得真的很好，回饋也很好之後才做推廣。這個就叫商業模式。還是同樣的道理，產品沒有做好就去圈地推廣，我們絕對不接受這種商業模式。

還有就是口碑相傳。我給上面提到的那家酒店介紹了三家企業，它們都跟它簽了協議價。iPhone 也是這樣，以前沒那麼多廣告，都是口碑相傳，蘋果的粉絲首先是驚喜，驚喜之後就分享，這種推廣比花幾百萬去做廣告效果好多了。然後口碑就會變成市場的擴張，直到家喻戶曉。當你做到家喻戶曉的時候，品牌效應就出來了。

品牌效應出來之後，就是產品的生命力，叫做可持續性，也是剛才說到的商業模式的核心。

另外，一個好的商業模式是持續盈利的，也就是說你的生意會有回頭客。團購剛出來時非常火，每個投資人都想投，可是後來發現許多團購很可能是曇花一現，因為用戶的消費體驗和回頭率不理想，這也是不可持續的。

執行一個好的商業模式，眼光真的要放長遠。不能說我們投了你，來一個對賭，你今年說要掙 1 個億，如果掙不到我要多拿你 5%～10% 的股份。這 18 年來我從不對賭，這也跟商業模式有關。企業受到了對賭的壓力，為了完成對賭條款而拼命多掙錢，結果很可能把原有的商業模式破壞掉，把使用者體驗搞亂。

商業模式其實只有建立在團隊和用戶支撐的基礎上，才能很好地運行。團隊包括老總在內，都應該對用戶瞭若指掌，這也是任何一個商業模式良性運作的前提。

學員發問：我很同意您說的產品要做到愛不釋手、口碑相傳。但是在創業初期的時候，完善產品需要很多投入，可能在沒有錢進來的時候就死了，怎麼解決這個問題？

風險投資公司回答，你做第一個產品的時候，其實不需要花錢就可以對使用者瞭若指掌，可是我們發現很多人先把產品做了，一邊做一邊瞭解用戶。如果你要做一個 beta 版產品，能夠讓 100 個用戶、1000 個使用者用根本不需要那麼多錢，拿一點錢就可以的。如果產品還沒有使用者回饋你就花幾千萬出去，肯定是不行的。除非你要做一個東西發到太空去，那種是屬於科學家做的東西。

學員：請您進一步解釋一下資金的使用效率和回報的平衡問題。比如奇虎 360，雖然沒有花錢去砸廣告，但是很長一段時間內還是沒有收入。

投一筆錢要做好心理準備。我還跟一個 CEO 發牢騷，說投給你的錢你不用就是一個問題，因為他曾經險些倒閉，所以把錢抓得很緊。他說我們做這個東西用不了那麼多錢，我說你要提高資金的使用效率，而不是不用這筆錢。當你發現產品真的被使用者喜歡的時候，花 800 萬做市場推廣，當然可以。

還有就是砸錢，產品不完善時砸錢就是沒有效力的資金使用。很多人覺得砸錢就能成為業內老大，然後再跟 VC 要錢，這種想法是錯的。我投的 6 家公司中只有一家現在還虧錢，其餘全部盈利，可是我們投的時候，基本上都是虧錢的。

心得欄

- -

- -

- -

- -

- -

- -

第 9 章

商業計劃書的目標市場

一、定義目標市場

有市場存在，就有機會，機會存在於市場中，才產生了商業價值。你正是追逐這個商業價值而來，你發現你需要更多的投入來獲得更多的商業價值，於是你開始寫商業計劃書。

市場真的存在嗎？機會可靠嗎？這個市場到底有多大？你的那一塊在那裏？你真實的市場目標又是什麼呢？……這些問題看起來很明瞭，事實上卻並不是那麼簡單。商業計劃書的讀者，和你的看法未必一樣，為了贏得他們的青睞，你得學會讓你的商業計劃書引人入勝。

任何產品都不可能包羅萬象，關於市場區隔的定義一定要表現出明確的特點來。如果生產傢俱的企業以具體的家庭收入、文化程度等來定義目標市場，對企業制定市場計劃和行銷策略就十分有用了。

在定義目標市場時，需要定義出你的市場區隔。雖然企業應該儘量把目標市場定的寬一些，把所有將來會使用你的產品或服務的潛在顧客都包括在內。但是，人們常常把自己的市場定義盡可能做大，盡

可能把所有的潛在顧客都統統包括進來。這樣的做法給人產生一種感覺，好像有一個非常巨大的市場有待你去開發。遺憾的是，這樣的做法常常給人帶來錯誤的印象，引導出錯誤的決定。

如果一個傢俱廠企圖把自己的目標市場定義為居住在室內的人，則必將包括所有的人。如此對企業制定市場計劃毫無幫助，結果一定會發現根本無法做市場銷售計劃。如果人人都成了目標就變成沒有目標了。一定要有一個清晰明確，有意義的市場區隔。否則目標市場將毫無用處。市場區隔給出明確的和有意義的全部市場成分，以及給出你的目標市場的全部特點。

假設你要開一個廉價食品店，你的目標市場應該定義為「一般工薪階層、收入不高的雙職工家庭、家庭年人均收入在 25～40 萬元之間、家中沒有老人照顧、住在公共汽車交通方便或地下鐵道出入口附近的人群」。廉價食品店價格定得比別的商店低一些，但是品質也相應的差一些。在定義好目標市場之後，你需要調查在你定義的範圍之內，有沒有足夠的顧客群足以支持你的生意。正確地定義目標市場時，必須要滿足下述幾個條件。

(1)市場是可以定義的。市場要有明確的界限。沒有界限的市場必將包括所有的人，而變得毫無意義。企業必須根據某一群顧客與其他人群相區別的特點來定義市場。潛在的顧客都具有某些共同的，可以與其他人群相區別的特性。如年齡、性別、收入、教育程度等。例如，中年受過高等教育的職業婦女，沒有受過高等教育的體力工作者，等等。一旦定義目標市場之後，企業馬上就要估計市場的規模和變化趨勢，評估競爭對手的特點，著手進行市場調查研究。

(2)市場具有銷售意義。定義市場的特點必須與購買相聯繫才有意義。

(3)市場要足夠大。目標市場定義的顧客群體還必須足夠大，可以

支援企業的生存和發展。如足夠多的人群、足夠大的消費能力等。企業要長期生存，需要可持續發展的項目。投資者不喜歡很快就飽和的市場。

⑷市場具有可接觸性。即你所定義的市場一定要切實可行。這個市場要確確實實存在。你的產品一定可以進入這個市場，確實能夠到達顧客手中。否則市場再大，再可以定義，也是沒有意義的。

⑸不超過顧客的承受力。產品的定價一定要與你所定義的市場相吻合。價位一定是在這個目標市場的顧客可以承受的範圍之內。

二、市場描述

寫這部份內容時，可以簡單描述，先從直接需求入手，重點放在需求產生的根源上，發展趨勢用數據說明。

市場描述應包括以下內容：不含競爭的客觀市場現狀、需求程度、目標客戶、目標市場、市場規模、未來趨向及其狀態、影響因素、簡明預測等。

IT 採購的增長、網路應用的普及，以及週圍企業的示範帶動都加快了中小企業對第三方 B2B 電子商務平台的應用。第三方 B2B 電子商務平台已經成為中小企業開拓國際市場不可缺少的業務工具。

根據 iResearch 發佈的《中小企業 B2B 電子商務研究報告》，2009年付費使用電子商務平台進行對外出口貿易的中小企業數量為 3.5 萬家，預計 2012 年該數量將上升至 15.7 萬家。現階段對中小企業出口貿易而言，機遇與挑戰並存，一方面供應商製造的產品品質已獲得了全球採購商的普遍認可；另一方面受貿易摩擦增加與幣匯率升值等負面因素影響，中小企業面臨的競爭壓力越來越大。

中小企業需要從原來主要依靠價格取勝的市場策略轉變成為積累

更強競爭能力的策略。在新的競爭環境中，注重使用 B2B 電子商務平台開展國際行銷和產品推廣的供應商將擁有更大的發展空間。

英雄網路公司預計：隨著中小企業電子商務意識日漸成熟，第三方 B2B 電子商務平台將成為中小企業國際行銷的主要管道，投放的網路行銷費用亦將逐漸上升，中小企業的第三方 B2B 電子商務平台需求將逐步得到充分釋放。

三、市場規模和變化趨勢

明確目標市場的特性之後，就需要評價市場的規模和評估市場的發展趨勢，找到有可能影響市場規模和顧客消費行為的因素。

美國最大的糖果公司：「為了幫助預測銷售情況，我們定期進行市場趨勢檢查。在節日期間我們每五天檢查一次。我們分析現在的銷售趨勢，檢查存貨，估計近期市場會有什麼變化」。

1.市場的規模

企業在進入市場之前必須確定市場一定要足夠大到可以維持企業的生存，並且在將來還有足夠的發展空間。一定要向投資者闡明你的企業有足夠的發展前途可以使他們的投資有利可圖。對新企業，目標市場規模最好不要太大。市場規模並不是越大越好。一般說來，投資者喜歡既不太小，也不太大的市場規模。市場規模太小，企業沒有發展前途；而如果市場太大，必然吸引大量企業投入，充滿激烈的市場競爭，既增加宣傳成本，又降低利潤。而且削弱對市場的注意力。

一般企業可以通過直覺和觀察兩個方面估計市場大小，未必要做市場調查。但是如果你通過直覺和觀察不能確定市場規模，或者需要說服投資者則需要有足夠的數據來支持商業計劃書。許多企業，特別是小規模零售店往往憑經驗和直覺就可以估計出市場的規模。他們的

市場往往是顯而易見的。這種企業並不需要科學的市場分析。但是有時你為了說服投資者還是必須提供一定的數據讓他們建立投資信心。

投資者通常對小規模的零售業和現有效益很好的企業不太重視具體數據，但對於新創的企業則比較重視市場調查數據。

有關目標市場規模的數據可以從各種信息資源途徑獲得。例如，政府統計部門、商會、行業協會、圖書館等。也可以通過專業的信息諮詢服務機構獲得。例如從人口統計機構可以獲得關於某一地區具體的人口數目、年齡結構、知識結構等信息。從行業協會可以獲得某個產業的市場情況。

2.市場的變化趨勢

市場未來變化趨勢與市場規模同樣重要。只有瞭解市場變化趨勢的企業才能保證在激烈的市場競爭中長盛不衰。反之則必將在激烈的市場競爭中被淘汰出局。歷史上的先例不勝枚舉。

曾經在 70～80 年代獨領小型電腦風騷的王安電腦公司，由於不能正確地預測未來電腦發展趨勢，其產品和銷售不能適應新的市場要求，最終被市場淘汰。而日本新力公司正確地預見到未來家庭電子產品的發展趨勢，率先推出家庭小型攝像機，如今已成為家用電器的佼佼者。

預測未來市場的變化可以從對現在市場的分析著手。它可以有助於企業制定現在和未來的市場銷售策略。從現在可以看得見的變化中找到未來變化的蛛絲馬跡。企業可以預先做好準備應付未來的變化。對現在種種因素加以綜合分析能從而推斷將來的變化。預測未來與分析現在不同。預測未來可以根據人口變化和顧客行為等可以看的見的變化分析。例如企業要生產適合於老年人使用的保健用品，可以從一個城市或一個地區人口結構的變化，現在人們的消費習慣，以及這個城市或地區經濟發展的變化來估計未來老年人對保健用品的消費情

況。為老人製作的產品，還可以根據人口統計資料從目前中年人的人數估計未來老年的人數。研究市場變化趨勢可以從人口增長率、生活習慣改變、科學技術的發展、新的愛好、收入增加情況、消費習慣等方面入手。

企業可從以下因素中得到預測本企業市場規模和未來變化的參考依據。

(1)你的企業現在的目標市場規模大概有多大。

(2)你的目標市場的增長率是多少。

(3)你的目標市場的結構現在是什麼樣，它正在經歷那些變化？

(4)什麼因素影響顧客的購買力和敏感性？這些因素有什麼變化趨勢？

(5)你的顧客對產品的使用正在發生那些變化？

(6)社會價值正在經歷那些變化，它們對產品或服務有什麼影響？

(7)什麼因素影響顧客的需要？這些因素有什麼變化趨勢？

(8)顧客怎麼改變使用產品或服務的習慣？

徹底瞭解目標市場可以從以下幾個方面幫助企業發展。

(1)撰寫商業計劃書。

(2)預測市場的銷售。

(3)預測未來市場的變化。

(4)集中精力開發產品或服務項目。

瞭解目標市場可以更科學地制定市場銷售策略以及開發新產品或服務，還可以預測未來的銷售和利潤情況。在撰寫目標市場部份時主要集中在對市場的描述、市場變化趨勢和銷售策略幾個方面。投資者最關心的是你的產品或服務一定要有足夠大的市場，你是否清晰地瞭解你的機會和限制。投資者要求企業確保產品或服務有足夠的市場，企業充分瞭解自己的市場機會和局限性。企業必須向投資者證明自己

有清晰明確，伸手可及的目標市場。

四、突出市場導向

在申請投資時，定義你的市場的性質和規模，是關鍵性要素。

企業必須要市場導向，企業一定要深刻地瞭解自己的市場。誰會買你的產品？他們覺得你的產品怎麼樣？他們覺得你的產品是奢侈品還是日用品？他們需要什麼樣的包裝？要大瓶的還是小瓶的？對於新的企業，上述問題顯得更為重要。通常投資者願意把錢投給市場導向的公司，而不是技術導向或產品導向的公司。

市場導向的企業需要跟著市場走。他們必須隨時根據市場的變化，改變廣告方式和廣告內容、改變包裝、改變銷售結構，有時甚至需要改變產品或服務的特點等。從長遠的觀點看問題，市場分析可以為企業節省資金。在決定選擇銷售方式時（廣告、展覽、講座、技術交流等），必須先確定目標市場。

市場分析與制訂市場銷售計劃不同。市場分析可以使你明確和瞭解顧客，市場銷售計劃告訴你如何接近顧客。如果你的產品通過批發商和零售商再賣給最終用戶，那麼你有兩個市場——最終用戶和中間商。你必須定義這兩個市場，必須明確誰是你的真正顧客。對這兩個不同的市場必須給以不同的考慮。

全面瞭解顧客是企業成功的基礎。如果你不知道你的顧客是誰，就無法知道他們的需要，也就無法知道你的產品是否滿足他們的需要，更無從談起銷售。企業成功與否依賴於企業的產品或服務是否能夠滿足顧客的需要和願望，所以企業必須對顧客有一個全面的瞭解，要知道你的顧客是誰，他們想什麼，他們住在那裏，他們的承受能力有多大等等。甚至具體到顧客需要大包裝還是小包裝，包裝多大最合

適等具體細節。

明確市場的性質和規模是商業計劃書的關鍵部份,許多投資者喜歡向市場導向的企業投資。企業要想從外界找到資金,必須把企業的性質轉向市場導向的方向上。為此企業的廣告、銷售結構,甚至產品特點等都要做相應的調整。從長期打算,企業需要有可靠的市場分析來明確企業的具體方向。市場分析不同於市場計劃,前者可以使企業明確自己的顧客和瞭解顧客的具體需要,後者告訴企業如何接觸到。

企業的產品如果直接接觸到最終使用者,則企業的顧客是最終使用者。如果中間還要通過批發商、零售商、業務代理等中間環節,則企業的顧客就不僅僅是最終使用者。所有中間環節和最終用戶都是企業的顧客。由於中間環節和最終用戶的地位不同,他們的要求也不同,企業對他們必須區別對待。

突出市場導向的描述時,應該包括以下一些基本內容。

1.人口統計描述

在撰寫目標市場時,要包括人口統計的信息。人口統計是描述顧客群的最基本、最客觀的指標。人口統計信息是目標市場最顯著的特性。人口統計信息在制定市場銷售計劃時特別有用,許多市場「列車」,如出版物、郵購名單、電臺、電視在接近市場之前都需要收集這方面的信息。在描述人口統計資料時一定要與你的產品銷售有關。人口統計資料一定要有實際銷售意義。人口統計信息必須與顧客對你的產品或服務的興趣、需要和購買能力有關。如廉價食品店的例子,「一般工薪階層」的定義直接與需要廉價食品聯繫,這些人薪資不是很高,不能承受價格昂貴的食品,對價格低廉的食品有很大的需求。「雙職工,家中沒有老人」直接與這個市場的需要有關。「家庭年人均收入在 25～40 萬元之間」的定義直接與這個目標市場的購買力有關。「住在公共汽車交通方便或地下鐵道出入口附近」的定義直接與如何接近銷售市

場有關。

2.地域描述

地域描述是目標市場部份最容易的部份。地域描述主要是提供有關銷售你的產品或你的服務範圍的地域情況。地域描述要盡可能具體，包括你的市場是一個具體的社區，還是整個城市，或一個地區，或一個省，或國家的一個大區，或全國，甚至全世界。另外還要考慮人口密度，是城市，還是郊區，或是農村。你的銷售地點是在大商場裏，還是在市中心，或是商業區，或是工業區，或是其他什麼地方。這些都是需要描述的基本內容。由於產品或服務的性質有些企業還需要描述其他一些因素。如果你的產品與天氣的溫度或季節有關，還要定義諸如氣候、溫度、季節變化等地理環境方面的特點。

地域對企業選擇生產地點也有意義。除了交通和通訊等原因外，有時地域的名稱對企業也有重要意義。

例如，葡萄酒任何地方都可以生產，但是生產葡萄酒的企業如果把企業選擇在生產葡萄的著名地點，特別是選擇在法國干邑這個地區，則對同樣的葡萄酒，顧客的接受程度、信賴程度就與在別的地方生產的酒大不一樣。因為干邑是世界最著名的葡萄和葡萄酒產地，在干邑地區建廠，干邑這個名字本身就是提高葡萄酒企業名稱的一個響亮的廣告。

3.顧客生活方式的描述

在商業計劃書的目標市場部份需要描述顧客的生活方式。他們如何使用時間？在生活和工作中面臨的主要問題是什麼？他們與誰有關係？企業與職工的關係如何？企業與社區的關係如何？

在企業經營過程中，經驗和本能方面能夠對顧客的要求和興趣有一定的瞭解。這些是最初級的市場信息。如果在這個基礎上再做一番市場調查，更有助於瞭解顧客的生活方式和企業的經營方式。調查顧

客的生活方式可以包括許多方面，不同的企業要結合自己的產品或服務有針對性地調查。可以調查顧客的居住地點、購物地點、購物種類、接受服務類型等。如果需要，還應該包括顧客開什麼車、穿什麼衣服、帶什麼首飾等。

表 9-1　生活方式和經營方式調查表

顧客生活方式	
家庭狀況	
業餘愛好	
體育、文化娛樂	
看電視、電影	
閱讀：雜誌書籍	
社會團體	
政治團體	
其　　他	
企業經營方式	
企業狀況	
職工關係	
商業團體	
使用產品和服務	
勞動力情況	
雜　　誌	
社區活動	
管理方式	
其　　他	

有關顧客生活方式的描述，可以通過供應商那裏獲得信息。他們在接觸顧客的過程中有很多對你的企業有用的信息和關係。重要的是，為了你們之間的共同利益，他們會十分願意向你提供這些信息，分享成功的快樂。

在進行顧客生活方式的市場調查時，還可以研究這些人最喜歡看的雜誌。瞭解都有那些公司在這些雜誌上邊刊登廣告。以及這些雜誌都刊登那些文章。你還可以通過直接訪問，或信件、電話等方式瞭解他們的生活方式和消費習慣等。

要瞭解都有什麼樣的人需要你的產品或服務？他們是否經常看電影、看電視或租借錄影帶？他們在家娛樂還是外出娛樂？他們經常與什麼人一起娛樂？在使用你的產品的同時還使用其他什麼產品？通過這些調查研究，你就可以建立一個關於你的顧客一週活動的全景圖像。描述他們一週的全部活動時可以發揮一些創造性和想像力。但是創造性和想像力一定要合乎邏輯和實際。你應該把你的所有顧客看成為一個整體，然後再決定採用那些傳播媒介方式接近目標市場。表 9-1 有助於分析顧客生活方式，制定市場銷售計劃。

4.心理描述

除了上述的各種客觀可見的特性以外，顧客的心理因素對購買產品和服務也起重要的作用。心理因素有些是明顯外露的，有些則是埋在深層的。瞭解顧客的消費心理有助於制定適當的市場銷售計劃。企業需要瞭解顧客對新技術的態度、追求時尚的態度、生活態度是保守還是開放等等。不同的產品或服務需要從不同的角度調查顧客的心理特徵。

企業顧客購物也同樣存在消費心理因素。不同的企業有不同的經營方式和不同的企業文化。這些因素都從心理角度影響企業的購買方式和購買習慣。

　　企業主要領導人的心理也會直接或間接地影響企業的購買。有的企業在購買上是技術導向型，喜歡購買最新技術的產品。有些企業則是社會導向型，喜歡購買反映社會變化的產品。還有些企業則喜歡在年底之前突擊購買。瞭解顧客的消費心理可以更有針對性地制定市場銷售策略，進入市場。

5.顧客的購物模式

　　瞭解顧客的購物模式十分重要。一般大公司機構複雜，需要花很長的時間才能做出決定；而小公司做決定所需要的時間相對就短。表9-2有助於瞭解顧客的購物模式。

表 9-2　購物模式研究

第一次購置物品的原因	
購買次數	
兩次購物的間隔	
購買總量	
繼續購買次產品的原因	
決定時間	
從什麼地方知道產品	
在什麼地方購買	
顧客購買後用途	
如何使用產品	
付款方式	
特殊需要	
其　　他	

6.購買敏感性

　　所有顧客都希望買到物美價廉的產品。最高的品質、最好的服務、最低的價錢、最大的方便是顧客購物所追求的因素。但是，實際上任何一種產品或服務都不可能包括所有這些方面。顧客也明白一分錢一分貨的道理。他們還明白在這些因素中為了得到某些因素就必須放棄另一些因素。如要想得到高的品質和好的服務，就必須多付出錢。要想價錢便宜，品質就可能要低一些。企業要瞭解自己的顧客對那些因素最敏感，他們願意得到什麼，放棄什麼。

五、如何達到你的目標

　　找到了市場，再細分出自己的那一塊，接下來就要弄清楚自己的目標。簡單來說，就是你實際可以吃到的那部份，怎麼拿到手裏面。

　　在這之前，你首先要非常明確地表示出你的目標——你想要什麼，你想在這個市場中謀求什麼樣的地位。別說你就是想當老大，當老大是一步步實現的，大的目標總是要分成幾個小的目標，階梯化實現。別只說終極目標，那樣你和投資人都會感到心虛的。

(1)市場佔有率

　　在什麼時間，你的產品或服務的市場佔有率達到什麼程度？這個市場佔有率，指的是本產品、服務的行業內市場佔有率，還是可延展的大行業市場佔有率？是僅指產品、服務，還是包含了純消費需求的佔有率？最好把每一個時間段的市場佔有率都列出來，目標嘛，越明確越好爭取。你可以這麼寫：市場佔有率第一年達到 10%，第二年達到15%，第三年達到 30%……以此類推下去。

(2)營業額

　　你過去、現在的營業額有多少，都在什麼時候產生的？如果你現

在還沒有營業額,你將在什麼時候實現營業額零的突破?你把營業額分成幾個奮鬥階梯,每個階梯的營業額都是多少,你每種產品的營業額都是多少,它們在未來將能達到多少,增長率是多少?最後,別忘了列出終極營業額增長率目標。如,你可以把終極營業額增長率目標列為:以營業額年增長率保持在 30%左右為最終目標。

(3)利潤率

在過去,你的利潤率是多少?在現在,又是多少?不要因為利潤率是零就認為可以忽略掉,要知道,零也是一個數字,或生或死都從零開始。接下來,開始分析你在未來每個階段所要達到的利潤率,以及利潤率上漲幅度。利潤率的下降幅度也是要注意的。相對於利潤率上漲幅度,投資人更關注你的利潤率下降幅度。利潤率的目標是最應該明確表達的,也是最容易被忽略掉的部份。這裏,你可以直接表達為:利潤率目標為 25%。

(4)總資產額

過去與現在,你的總資產額是多少?在此基礎上,你又想達到多少?在什麼時間達到什麼程度?對於總資產額,或多或少,你一定有過憧憬。現在,就把你的憧憬明明白白地寫進商業計劃書,讓投資人看到你的雄心,也好放心。例如,以你現有資產為基數,用倍數來表示:我們計劃在未來工 5 年內實現讓現有資產增長 6000 倍的目標。

(5)市值

這個市值不是指你企業上市後的市值,並不是每個企業都適合走上市的路,也並不是每個投資人都喜歡上市這種選擇。這裏說的市值是一個綜合評測,即你認為你的企業在未來的某個時間,能值多少錢。例如,你可以說你的企業在 10 年後價值 N 萬億元,這就是你的市值目標。當然,你也可以用上市的方式來計算你企業未來的每股價值和整體價值:如果上市,我們將衝擊每股價值 120 美元,整體市值保持在

全球 100 強內。

⑹行業排序

你將來在行業裏想達到什麼樣的高度，第一，第二，或者你的目標只是進入前三名？排序並非越靠前越好，太靠前了有時候就會成為最先死掉的那個。不是那麼靠前並不可怕，例如蘋果在還很小的時候，「雖然是個小公司，卻一舉一動影響整個行業」，現在順其自然成了行業第一，相信你也可以做到。

⑺人才結構

在整個市場中，你要有什麼樣的人才結構？是個個精英，還是整體精英？會不會整個行業裏的所有頂尖人才都集中在你這裏？這個目標是最接近現實的目標，也是最難順利實現的目標，難也得有。你可以這樣說：未來的人才結構將並重研發、行銷，以擁有行業內前 100名各崗位人才為目標。

⑻產品技術檔次

你的產品要達到什麼樣的標準？高品質的代名詞，還是高性價比的代名詞？你的技術水準要達到什麼檔次，行業第一，全球第一，抑或是成為行業標杆？再或者是，技術目標只是你的手段之一，夠用就好？例如，勞斯萊斯的產品已經成為高品質的象徵，你也可以這樣設定目標。

上面這八個方面的目標是一定要有的目標，這些目標分散在市場的各個方面，卻又是密不可分的。沒有其中任何一個目標，你的發展規劃都將成為空談。有時候，目標過高，看起來似乎難以實現，但遠勝於沒有目標。如果真的感覺目標太高了，就稍微降低點。事實上，所有的目標設定都必須依據自己的實際情況，不能僅憑理想。

這些具體化的目標是不是都需要寫進商業計劃書呢？根據你的實際讀者來定，他們喜歡看就寫進去。如果你有充足的理由，並且相信

自己總有一天可以達到，那就毫不猶豫地寫進去。

 ## 案例　蘋果電腦公司

　　蘋果電腦公司當屬風險投資最成功的一個例子之一。1975 年，兩位年輕的電腦愛好者:在阿塔利電腦公司工作的 21 歲的史蒂夫•約伯斯和在惠普公司工作的 26 歲的史蒂夫•沃茲尼克有了生產個人電腦的想法，但是他們所在的公司都沒有採納他們的設想，於是他們賣掉了汽車，籌集 1300 美元，像當年惠普公司的創始人一樣，在汽車車庫裏開始了自己的事業(在車庫中辦企業似乎是矽谷的一個傳統，20 世紀 30 年代的惠普公司、70 年代的蘋果公司、90 年代的奮揚公司都是在車庫中創辦的)。1976 年，前英代爾公司主管、風險投資商麥克•馬克庫拉投資 9.1 萬美元，與約伯斯和沃茲尼克共同創立了蘋果電腦股份有限公司。1977 年～1982 年，蘋果公司的銷售額依次為 250 萬美元、2500 萬美元、7000 萬美元、1.17 億美元、3.35 億美元、5.83 億美元，1982 年，蘋果公司以第 411 名的成績進入美國最大的 500 家公司的排行榜，一家公司只用了 5 年時間就躋身於 500 家最大公司之列，這是有史以來第一個。

　　蘋果公司於 1980 年 12 月 12 日上市，1 個小時之內，460 萬股新股銷售一空，發行價是 22 美元，籌資 1.012 億美元。收盤價是 29 億美元，上漲 32%。約伯斯和沃茲尼克所持股份分別是 750 萬股和 400 萬股，按照收盤價計算市值分別高達 2.175 億美元、1.16 億美元，而在 1976 年投入 9 萬美元獲得 700 萬股的風險投資家麥克馬克庫拉和在 1978 年投入 45 萬美元獲得 380 萬股的風險投資家亞瑟•洛克所持的股份按照收盤價計算市值分別高達 2.03 億美元、1.102 億美

元，分別增長 2256 倍和 245 倍，年均增長率分別達到 589％和1465％，簡直是匪夷所思。蘋果公司一上市，就立即塑造了以上 4個億萬富翁和其他 40 個包括千萬富翁在內的百萬富翁。

心得欄

第 *10* 章

商業計劃書的競爭分析

企業不可能生活在真空裏。所有影響行業的因素必然會影響到企業。深入瞭解影響行業的因素會增加對影響企業因素的瞭解，從而找出有利於企業成功的條件。

一、行業分析

對企業所處的行業分析是企業經營的前提條件，因此，在寫計劃書時，要做一番調查研究，搜集信息後進行客觀的分析，然後在計劃書中突出分析的結果。本部份的目的是讓風險投資商清楚地知道你所處行業的情況，瞭解不利因素和面臨的市場機遇。應該介紹的內容和應該注意的問題：

(1)企業所在行業概述

在商業計劃中，應該就企業所處行業的全貌以及企業產品在行業中的需求變化情況進行描述。企業所處的行業及企業在行業中的地位是相當重要的信息，風險投資商可以從中判斷出企業的未來發展。一

般來講，風險投資商對新興的行業感興趣，而銀行家則偏愛較為成熟的行業進行貸款。但也不盡然，由於一個新興的成長市場會吸引許多競爭者，所以，一個企業處在新興行業也不能保證它一定成功。同樣道理，一個處在衰退行業的企業也未必註定要失敗。因此，應該如實描述行業狀況以及創業企業在行業中所處的地位，讓讀者有一個客觀判斷的餘地。

(2)對行業發展方向的預測

對行業的現狀介紹以後，應該介紹行業今後的發展狀況。商業計劃除了讓讀者對創業企業所處的行業情況有一個明確瞭解之外，對行業的發展方向也應有一個明確的瞭解，從而較為全面地掌握企業所處的環境信息。當然，要做到對行業發展的預測是比較困難的，但是這個問題還是應該寫的。一個簡單的辦法是引用公認的權威人士的預測。

(3)對驅動因素的分析

在商業計劃中還應該從更廣泛的角度，也就是從國內、國際大趨勢的背景下考慮影響行業發展的因素及作用的大小。

一般來講，應該考慮到以下幾個方面的因素：經濟、政府政策、文化和社會價值觀、生活方式的變化趨勢以及技術進步、技術提高等因素。這樣不但讓風險投資商瞭解到創業企業所處的行業現狀、企業在行業中的地位以及行業的發展趨勢，而且還交待了原因，增加了商業計劃書的說服力和可信度。

3.進入壁壘

這部份主要講述所選擇行業的競爭壁壘，即如果對手跟進，他們將面臨什麼樣的障礙。同樣，這些障礙也是你將要面臨的。這需要從內外兩部份同時入手分析，如對產業政策、品牌、管道、技術、研發等分析。在講述各部份內容時，要注意分類明確，對不構成障礙的壁壘不用說。

4.上下游行業帶來的影響

寫這部份內容時，首先點出你的所屬行業，以及上下游行業分別是那些；然後分別針對上游、下游行業進行分析，說清楚它們的發展狀況對本行業發展所產生的直接影響，主要講述有利的影響，如上下游行業規模的擴大給本行業帶來爆發性增長等。在講述各部份內容時，要注意分類明確，可以用「增加」、「增長」、「提高」、「加速」、「減緩」、「穩定」等詞語作為分類關鍵詞。

二、其他影響企業發展的因素

除了行業影響企業的發展以外，還有很多自然的或人為的因素影響企業的發展。

1.季節的影響

有些行業受季節變化影響很大。這些行業的企業在某些季節的銷售額大於其他季節。

在撰寫企業的財務情況部份時，特別是企業的現金流動時，一定要考慮季節因素對企業銷售情況的影響，尤其是對銷售額和現金支出的影響。同時還一定要考慮購買材料的支出與銷售產品回款之間的時間差。

不同的行業受季節的影響不同，例如：玩具。銷售的旺季在一年之內有幾個高峰，兒童節、元旦和春節是兒童的銷售旺季。歐美兒童的銷售旺季則是在耶誕節之前的一個月。在準備這部份內容時最好詳細地按照影響企業的各種季節列出表格進行分析。

2.國家政策法規對企業的影響

所有企業都或多或少地受到某些行政法規、執照、證明等的影響。有些企業特別受到政府行政法規的影響。政府機構包括從中央到地方

的各個層次，在闡述政府政策法規對企業的影響時需要把政府的各個層次，各個層次之間的相互關係都考慮到。國家政策和法規對企業的影響顯得尤其重要。任何一個環節或任何一種關係都可能對企業的經營造成重大影響。除了政府的影響之外，許多利益團體也會直接或間接地影響企業的經營。同一法規對不同的企業的影響可能截然不同。如環境保護的相關法律對制藥、化工、印染等類企業有不利影響，但卻給環保類商品帶來了商機。

3.科技的發展速度

科學技術可以影響產品製造方法和技術、信息管理、財務管理、庫存管理、與顧客的交流和其他許多方面等。在科學技術變化日新月異、一日千里的情況下，人們很難預料到未來 5 年或 10 年可以影響自己企業的所有的科學技術。在商業計劃書中一定要寫明科學技術對你的企業的影響，以及說明你的企業採取什麼策略去應付科學技術的變化，你們是怎麼利用科學技術為提高企業的經濟效益服務等。

除了以上因素外，供應和銷售管道也是決定企業成敗的因素。在撰寫商業計劃書時，要介紹企業的供應和銷售管道以及它們之間的關聯程度。

三、市場細分和定位

市場是潛在購買者對一種產品或勞務的整體需要。購買者成千上萬，分佈廣泛，購買習慣和要求又千差萬別。因此，任何企業或任何產品，都不可能滿足所購買者互有差距的整體需要。所以，企業要想在市場競爭中求得生存和發展，都必須為自己的企業規定一定的市場範圍和目標，即必須明確自己的服務對象及其需要。現代行銷學將這種企業特定的服務對象稱之為「目標市場」。確定目標市場的前提是在

市場調查的基礎上把市場由大到小地進行細分，這是企業市場行銷戰略的重要內容和基本出發點。

1.市場細分的依據

市場細分是現代企業行銷觀念的一大進步，是順應新的市場態勢應運而生的。所謂市場細分，就是根據消費者的不同需求，把整個市場劃分為不同的消費者群的市場分割過程。每一個消費者群可以說是一個細分市場，也稱為「子市場」。每一個細分市場在消費特點上具有一定的相似性，有利於企業集中精力和財力開展行銷活動。

市場細分的標準主要有：

(1)人口統計因素：這是基於以下因素的劃分標準：年齡、性別、愛好、民族、種族、受教育程度、婚姻狀況、孩子的數目或其他需供養者、收入水準等等。

(2)地理因素：這包括居住區域(一種典型的方法是根據郵遞區號來劃分)、城市、地區等等。

(3)心理因素：包括在態度、興趣和觀點基礎上所做的劃分。

(4)與產品的使用相關的因素：根據產品到底是如何被使用來劃分。數量就是一個這樣的因素。啤酒的市場行銷人員知道他們在吸引大量飲用者和適量飲用者時，應分別採用不同的戰略和策略。

(5)時間是另外一個因素：電影院的工作人員知道在工作日的下午來看電影的人，同那些週末晚上來看電影的人是不一樣的，他們必須對此採取不同的宣傳和對策。

(6)產品的應用或特殊使用目的也是一種關鍵而明顯的細分標準。

(7)市場行銷人員往往同時選擇幾種尺度來進行市場細分，選擇其中的一個或幾個作為目標市場，在這個過程中，要根據企業的目標、產品、優勢與劣勢、競爭者的戰略等因素來進行。

2.市場細分的原則和程序

企業進行市場細分，必須講究細分的實用性和有效性。沒有任何意義的市場細分會使企業勞民傷財，得不償失。有效的市場細分，應該遵循以下基本原則：

(1)差異性。在該產品的整體市場中確實存在著購買消費上的差異性，是作為細分的依據。

(2)可衡量性。是指細分的市場必須是可以識別的和可以衡量的，即細分出來的市場不僅有明顯的範圍，而且也能估計該市場的規模及其購買力大小。為此，市場細分的標準是明確的，可以識別和衡量。

(3)可進入性，指企業對該市場能有效進入和為之服務的程度。即市場的細分和選擇必須適應企業本身比率，否則就沒有顯示意義。

(4)效益性。指細分市場的容量是否能保證企業獲得足夠的經濟效益，如果容量太小，就得不償失，沒有單獨開拓的實際價值。

市場細分作為一個過程，一般要經過下列程序來完成：

(1)選擇與確定行銷目標。即將要進行細分的市場，與企業任務、目標相聯繫，選擇一種產品或市場範圍以供研究。

(2)選擇市場細分的標準。可以是一種標準，更多的是兩種以上標準的結合。

(3)篩選。通過調查分析，確定各個細分市場的特點，剔除那些特點不突出的一般性消費需求因素，同時歸攏合併一些特點類似的消費需求因素，重點分析目標消費者群的特點。

(4)分析、估量各個細分市場的規模和性質。通過初步細分，各個細分市場的範圍已經清楚；這時，就要仔細審查、估計細分市場的大小、競爭狀況和變化趨勢等。

(5)為細分市場命名。命名可以用形象化的方法來表示，要能代表目標消費者群的痔點。

(6)選擇目標市場,設計市場行銷組合策略。

3.目標市場選擇

在市場細分的基礎上,企業一定要在計劃書中明確指出自己的目標市場。目標市場也叫做目標消費者群,就是企業一切活動所要滿足的市場需求,是企業決定要進入的市場,即企業的服務對象。企業目標的落實,是企業制定市場行銷戰略的首要內容。關於目標市場,一定要讓風險投資商知道以下內容。

第一,市場的規模有足夠大的盈利空間和發展空間,讓風險投資商感到絕對有利可圖。但是,目標市場的規模並不是越大越好,太大的市場規模,必然吸引大量的投資者進入,競爭將會非常激烈。

第二,市場有良好的發展前景。你所確定的目標市場在未來將會長盛不衰。

四、競爭分析

要作競爭分析,先對敵我各方進行細緻深入的瞭解,找到必勝策略後再出發。

大部份讀者並不清楚競爭的本質是什麼,對於競爭分析他們要麼毫無興趣,要麼找錯對象。他們知道競爭的殘酷,也知道應該找到競爭對手,卻不知道如何找競爭對手,也不知道在那裏才能找到自己真正的競爭對手。

到底什麼是競爭?事實上,大家都在迎合約一種市場需求,就產生了競爭。和你滿足同樣市場需求的產品的提供者,就是你的競爭對手。他們不一定生產與你相同的產品,例如饅頭公司和麵包公司的產品不一樣,卻同樣在滿足吃的需求。這就是你的競爭對手。

競爭從需求產生,追根溯源,你在寫競爭分析的時候,也得從滿

足需求入手。同類產品的提供者是你的直接競爭對手,從另一個角度滿足同樣市場需求的產品提供者是你的核心競爭對手。為什麼是核心?這些非同類產品競爭者,不僅對你的產品形成了競爭,還同時向你所在的行業發起了進攻。換言之,非同類產品競爭者的存在,正好給了你一個提醒:你所在行業到底那個地方具有不穩定性。你可以學習他們的方法來鞏固你的勢力。

是直接去打、搶競爭對手,還是利用借刀殺人、瞞天過海等手段開始你的競爭之路?現在就開始分析吧,綜合考量你的市場佔有率、競爭優勢、競爭劣勢、競爭對手等因素。

1.瞭解並描述你的競爭對手

只要有市場,就一定有競爭。每個企業都有競爭對手,企業界老牌公司通過多年經營,一般對市場上現有的主要競爭對手都有一定程度的瞭解。但是新成立的企業,往往缺少經驗,對競爭市場缺乏瞭解。在撰寫商業計劃書時最常見的現象之一是許多新創業的企業家往往低估市場現有的競爭對手。他們缺少對競爭對手的瞭解。很多企業家自認為天下無敵,甚至認為沒有競爭對手。有經驗的投資者看到這種商業計劃書之後一定置之不理。他們認為這樣的企業或者沒有真正地進行市場調查,或者不瞭解怎麼經營,或者他們的產品或服務根本就沒有市場。

充分掌握你的潛在競爭者的優勢和劣勢,對最主要的一個競爭者的相應銷售、收入、市場佔有率、目標顧客群、分銷管道和別的相關特徵等進行合理估計。你應該儘量壓縮這些細節以使風險投資商能夠堅持著讀下去,同時把這些同你的公司進行比較並暗示你競爭優勢在多大程度上可以應付這些競爭。

主要對全部競爭產品及競爭廠家做出描述與分析。尤其要分析這些競爭對手所佔有的市場比率、年銷售量與銷售金額以及他們的財務

實力。此外還需對本企業產品與競爭產品相比所具有的優勢做出分析。關於對競爭對手的描述舉例如下：

資產總額為 3 億美元的 A 公司有一個部門向本行業生產銷售 M 型小器具，該部門 1998 年的銷售額約為 1000 萬美元，佔有 10%左右的市場比率。但 A 公司其他業務部門的經營目前都很不景氣，由於近年來公司尚未引入新產品，該部門的資本有逐漸消耗的跡象。

此外，A 公司的產品品種單一並且其生產設備不具備本企業設備所具有的許多特點。如本企業設備用的是三維模具，而 A 公司用的是二維的；加上本企業設備採用微機控制而該公司則是手工控制，但我們的產品成本只比該公司高出 10%……

有些企業可能沒有競爭對手(大部份風險投資人相信每一種產品都面臨某種類型的競爭)，在這裏需要說明不存在競爭對手的原因(如由於擁有專利權)。如果在未來會產生新的競爭對手，也必須指明存在那些可能的競爭者，其進入市場估計會在什麼時候。

2.競爭能力調查

競爭能力調查，主要包括：

(1)產品的品質和價格與市場上競爭力較強的產品進行比較評價；

(2)產品的性能在市場競爭中所具備的優勢；

(3)國際市場上該產品的進、出口價格及未來發展的動態及原因；

(4)生產同類產品企業的生產水準和經營特點，諸如這些企業的生產規模、產量、設備、技術力量、產品成倍銷售利潤、價格策略、推銷方式，以及產品的技術服務等方面的特點。

3.如何阻礙競爭

阻礙競爭對手進入市場的障礙是投資者最感興趣的方面之一。阻礙競爭對手進入市場的障礙越大，越有利於你的企業在市場競爭中保持優勢，為投資者盈利。在撰寫這部份內容時要特別突出指出有那些

因素阻礙你的競爭對手的產品進入市場。對那些依靠新技術、新市場保持市場位置的公司，尤其需要分析阻礙你的競爭對手的產品進入市場的因素。通常阻礙新的競爭者進入市場的主要因素有：

(1)專利。對新產品或技術提供保證不遭受別的企業侵犯。

(2)啟動資金。是嚴重阻礙小公司進入市場的因素。

(3)技術含量高、生產難度大、技術複雜、條件要求嚴格的產品，使競爭對手很難進入市場。

(4)市場已經飽和將使新的企業很難再涉足這個市場。

市場在不斷變化，上述種種因素也將隨著時代而變化。因此要認真地分析這些因素的變化對要擠入市場的新企業，需要大量金錢和銷售技巧。雖然專利可以通過證明是新的、獨特的產品，可以幫助企業掙到錢。但是，在現代社會的競爭中，僅靠專利已經不足以保護自己。企業還必須採取其他多種措施保護自己。對於服務業來說，由於競爭對手容易進入市場，所以投資者很少向服務業投資。服務業需要採取特殊的辦法保護自己的市場，說服投資者。

4.預測未來的競爭

認真分析現在市場競爭以外，還要對未來市場變化趨勢做一些有科學根據的預測。預測將來市場的格局會是什麼樣子，你的競爭對手將會有那些變化。

市場發展猶如列車前進，總是不斷地有人下車，有人上車。一些企業由於跟不上時代的變化或管理不善被淘汰出局，一些新企業又不斷加入競爭行列。在商業計劃書中要考慮未來可能的競爭對手，目前的競爭對手可能的發展變化等。在未來的三年、五年或十年你的主要競爭對手將會是誰？如果你開發出全新的產品或服務，需要估計大概多少年之後會出現生產同類產品或服務。那時你的新的競爭對手將可能是誰。預測未來五年市場競爭情況必須根據現在的市場情況、整個

產業的變化趨勢和國家的政策做出合乎邏輯的推論。切忌憑空想像，信口開河。

對投資者來說，他們對新的小公司的產品或服務最為擔心。對於現有的大公司他們一般都比較瞭解，或很容易從多種管道獲得有關大公司的信息。而且這些大公司家大業大，有大量的固定資產。萬一這些企業失敗，還有固定資產可以抵債。投資者對新的小公司持格外謹慎的態度。

由於缺少瞭解或缺少過去的信息，小公司家小業小，在破產時沒有多少財產可以抵債。所以對那些需要資金創業的創業者，更需要加倍努力撰寫商業計劃書。

五、瞭解對手

一個企業僅有好的想法或新的技術是遠遠不夠的，好的企業必須要有足夠大的市場，而且你的企業還要能夠進入這個市場，並且市場對你的企業有所反應。

在撰寫此部份內容時，特別要提供以下幾方面的內容：

⑴市場競爭方面的描述。

⑵市場分割和市場佔有率。

⑶你在市場競爭中的地位。

⑷阻礙新產品或服務進入市場的因素。

⑸商業機會。

孫子兵法上講「知己知彼，百戰不殆」。企業長勝不敗之道在於知己知彼和順應潮流。

好的企業家，必須時時瞭解市場上的競爭對手，知道他們是誰，他們在幹什麼，他們是怎麼幹的。如果不及時瞭解競爭對手的情況，

等到有朝一日發現自己被競爭對手打得頭破血流時，就已經為時過晚了。

只要有市場，就一定有競爭。每個企業都有競爭對手，企業界老牌公司通過多年經營，一般對市場上現有的主要競爭對手都有一定程度的瞭解。但是他們對新成立的對手則瞭解很少。而新成立的企業，往往缺少經驗，對市場缺乏瞭解。許多新興企業家對自己的新創業雄心勃勃，信心百倍，容易低估競爭對手。在撰寫商業計劃書時最常見的現象之一是許多新創業的企業家往往低估市場現有的競爭對手。他們缺少對競爭對手的瞭解。很多企業家自認為天下無敵，甚至認為沒有競爭對手。有經驗的投資者看到這種商業計劃書之後一定會扔進垃圾筒。他們認為這樣的企業或者沒有真正地進行市場調查，或者不瞭解怎麼搞企業經營，或者他們的產品或服務根本就沒有市場。

科學發展日新月異，新的產品層出不窮。即使一個新產品上市，目前還沒有同類產品可以與之競爭，但是老的產品仍然作為你的競爭對手存在。如果新產品確實好，必然會有其他人進入市場。一旦老式產品退出市場之後，必然會有同行業間的後起之秀參與市場競爭。如果產品不符合人們的需要，產品也一定會退出市場。那些沒有競爭的產品，一定是市場不接受的產品。

在市場競爭中，既不要害怕對手，也不要輕視對手。市場調查研究是一項科學工作，在分析對手情況時一定要頭腦冷靜，不能帶有感情因素。永遠不要為一個偉大的想法所衝動，也不要為一個巨大的失敗所擊倒。

經營零售業，最好經常光顧競爭對手的商店。看看他們在賣什麼，他們的經營有什麼長處值得學習，有什麼缺點需要克服或避免。如果經營餐館，最好經常到別的餐館去吃飯，看看別人賣什麼飯菜，店有什麼優缺點。

美國 Trio Cafe & Suppers 餐館的老闆 Martha Johnson 說：「我們需要得到附近所有餐館的價格和品質方面的信息。這意味著我們必須把價格控制住。為了做到這點，我們用了六個月的時間到不同的餐館吃飯，所以我們知道每一種食物的價格」。

客觀評價競爭對手可以更好地瞭解你的產品或服務，還可以給投資者留下好印象，讓他們看到你經營企業的實力。還有助於你在競爭中讓顧客看到你與對手的區別。企業要不斷從競爭中學習，競爭的基本出發點是對顧客負責，觀察競爭對手有助於瞭解顧客的需要。

你的競爭對手會很多，在撰寫商業計劃書時要集中在你的目標市場範圍內，只分析那些與你有相同目標市場的競爭對手。如果你經營電子電腦，在撰寫競爭對手情況時你就不必包括經營家用電器的企業。

在分析競爭對手時，要集中在以下幾個方面：

⑴誰是你的主要競爭對手？

⑵你們在什麼方面有競爭？

⑶你們之間的區別在那裏？

⑷誰是你將來的競爭對手？

⑸新的競爭對手進入市場的障礙是什麼？

六、你在市場競爭中的位置

市場競爭不總是你死我活。在現代的社會裏，在競爭中獲得雙贏和多贏，已經開始為人們逐漸接受。

競爭可以使雙方共同獲利，共同發展。產品或服務的品質是在與競爭對手的較量中不斷地改進的。如果你想成為勝利的競爭者，你就必須瞭解你的競爭對手。只有在市場競爭中時時建立一個強大的競爭觀念，才能確保你的競爭位置。只有在與競爭對手的較量中，企業才

能發現自己在市場競爭和企業內部經營方面的優勢和劣勢。企業要永遠設想競爭將會越來越激烈。時刻準備有新的競爭對手進入市場。

美國 DAMES 食品公司認為「我的競爭對手幫助了我的企業，他們的銷售促進了我的銷售。對於一個新產品，你必須找到市場。商店之所以願意賣我的產品，原因是他們已經在賣與我相似的產品」。

世界最大的電腦中央處理器製造企業 Intel 公司的總裁說:「我們從來不想獨自霸佔市場，我們在與對手的競爭中可以發現自身的問題，不斷提高產品的品質，不斷生產新的產品」。

每個企業都希望顧客只買自己的產品，不買競爭對手的產品。但是有許多因素影響顧客購物。顧客不買你的產品而買你的競爭對手的產品的原因很多。或者因為他們的名字廣為人知；或者他們的價格便宜；或者他們的網點多，易於購買和易於維修；或者他們有良好的服務；甚至或者因為他們產品包裝的顏色特殊等原因都可以成為顧客購買競爭對手的原因。「羊羔雖美，眾口難調」。顧客的消費心理和消費習慣是各式各樣的。任何一個企業都不可能獨佔市場。你的產品或服務只能是整個市場大潮中的一片浪花。

分析市場競爭應該包括兩個組成部份。一個部份是對產品價錢、服務、地點等因素的分析。另一個部份是對競爭對手的內部力量的分析。只有那些有充足資金來源、有充滿創造性的領導團隊、有良好管理系統的企業才是長盛不衰、立於不敗之地的企業。

七、充分評價市場競爭

在市場競爭上，你有兩類競爭對手，一種是具體而特異的對手，另一種是一般性泛泛的對手。前者是狹義的對手，是具體的目標市場上的競爭對手。如對施樂影印機公司來說，它的具體對手是那些生產

同樣產品的企業,如佳能、富士等影印機公司。第二種對手是廣義的對手。他們是廣義上可以影響你的市場銷售的各種競爭對手。如對施樂影印機公司來說,凡是可以複製文件的行業都可以在廣義上對影印機產生競爭。

表 10-1　影響顧客購買的因素分析表

因　　素	得分	你的企業	競爭對手 1	競爭對手 2	競爭對手 3
產品/服務的特點					
價　　格					
額外負擔					
質　　量					
耐用性和維修保養					
外觀,感覺					
風格,形象					
知 名 度					
顧客關係					
地　　點					
交 貨 期					
使用方便程度					
信　　譽					
退貨政策					
售後服務					
社會形象					
其　　他					
總　　分					
建　　議					

通過表格你可以分析每個競爭因素的重要程度。對表中的每個因素列出盡可能多的可能性，並且按照重要性大小進行分級，如 1 代表不重要，5 代表最重要。例如你的目標市場對產品或服務的價錢非常敏感，他們寧願多跑幾里路，貨比幾家尋找最便宜的產品或服務。對這樣的目標市場，價錢是最重要的，應該定為 5 分，而地點、距離和方便程度是最不重要的，應該定為 1 分。相反，如果你的目標市場對產品或服務的價錢不太在乎，但是對售後服務最敏感，對他們價錢應該定為 1 分，但是售後服務應該定為 5 分。

產品或服務的價錢僅僅是制定市場策略的一個方面，產品或服務的品質、方便程度、外觀包裝等都是必須考慮的因素。

對這些影響因素分析完之後，就可以對整個市場競爭情況有了一個清楚的瞭解。可以看出那些因素是影響你的產品或服務的最主要的因素，那些是次要因素，那些是最不重要的因素。同時也使你對競爭對手的情況有了清楚的瞭解。在與對手的比較之中，可以知道你的企業在市場競爭中的位置。

詳細的表格可以作為附件列在商業計劃書後邊。在充分評價市場競爭時，重點需要分析以下幾個方面：

1. 影響顧客購買的因素

影響顧客購買產品或服務的因素很多。在這裏僅選擇最主要的一些因素供撰寫商業計劃書時考慮。

⑴產品或服務的特點。列出你所提供的產品或服務的具體特點，如果有些關鍵特點特別重要，需要另分出一個段落來詳細描述。

⑵顧客的額外支出。除了產品的價錢以外，顧客對有些產品還需要支付額外費用。如安裝費、保修費、保險費等。或者需要購買其他的產品配合使用。

⑶產品或服務的品質。

⑷產品的耐久性與維修保養。產品是否經久耐用,是否需要經常維修保養,維修保養的難易程度如何,維修保養的價錢等。

⑸產品的形象、風格和外觀價值等。如果你的產品有獨特的外形設計、吸引人的包裝和其他無形的價值等,都可以一一描述。

⑹企業與顧客的關係。建立良好的顧客基礎,建立顧客對產品的忠實度,銷售員與顧客的關係。

⑺企業的社會形象。產品或服務的社會影響。諸如環境等。

影響顧客購買的因素分析表,有助於你瞭解產品的市場,分析與競爭對手的區別。

2.內部操作因素

有些企業內部操作因素可以增加市場上企業間的競爭。主要包括以下方面:

⑴資金來源。企業獲得資金的能力是決定企業有沒有足夠的實力保持競爭優勢的最重要的因素。再好的產品,再好的技術,再好的想法,如果沒有足夠的資金支援,也不能在市場競爭中佔有一席之地。

⑵新產品、新技術開發能力。企業能否不斷研究和開發新產品,改進現有產品的品質等。這是決定企業是否具有可持續發展的重要因素。

⑶市場預算。廣告和其他促銷能力。

⑷通過大量生產從而降低單位產品成本的能力。

⑸管理效率。生產和銷售方法,降低成本和交貨期的方法。

⑹增加產品種類的能力。通過增加相關產品增加銷售額的能力,促使顧客從一個銷售商購買大量產品的能力。

⑺戰略夥伴。為了產品開發、促銷和增加銷售額而與其他企業建立關係的能力。

⑻企業文化。員工的動機、承諾和生產率。

時代在變化，市場也在變化。過去的一些競爭對手可能會隨著時代的變化被淘汰。在原來的競爭對手被淘汰出局以後，一定又會有一些新的競爭對手出現。所以要隨著時間進展不斷地瞭解你的競爭對手。瞭解競爭對手如何應付時代的變化。

表 10-2 有助於你分析市場，撰寫商業計劃書。

表 10-2　企業內部因素分析表

因　　素	得　　分	你的企業	競爭對手 1	競爭對手 2	競爭對手 3
資金來源					
市場預算					
技術力量					
銷售管道					
供應管道					
經濟尺度					
管理效率					
銷售結構					
產品種類					
策略夥伴					
公司領導人					
專利、商標					
其　　他					
總　　分					
建　　議					

3.市場佔有率

你在市場上一定會有許多競爭對手。但是並非所有的競爭對手對

你的企業全都同樣重要。他們有的很重要，有的不太重要。隨著時間的推移，他們的重要性也會產生變化。以前重要的競爭對手，將來可能變得不重要，甚至消失。以前不重要的競爭對手，將來可能變成重要的競爭對手。以前不存在的競爭對手，可能會出現。市場的佔有率也一定會隨著時間的變化此消彼長。不論他們市場佔有率是多少，他們總是市場競爭的重要部份。

企業特別需要拿出時間研究那些市場佔有率大的公司的情況。特別是必須認真對待那些在自己的目標市場佔有率大的企業。這些企業一般都有良好的產品或服務。他們對顧客有強大的影響力，並且一定會盡全力維持市場的佔有率。要下功夫研究這些企業，確定你的企業與他們的區別。即使你的企業已經佔有相當大的目標市場，仍然不可掉以輕心。你的企業仍然需要盡最大的努力去鞏固現有的市場，努力擴大市場佔有率。

4.如何取得足夠的市場佔有率

一般情況下，市場往往被幾個大公司所壟斷，新的企業很難擠進去。新企業在準備商業計劃書時必須提供詳實可靠的資料，證明你的商業計劃書是實際可行的。你必須拿出充足的證據，證明你可以在強手如林的市場上殺出一條生路，證明你的產品一定可以獲得一定的市場佔有率。

在分析市場佔有率時重點要集中在瓜分市場的幾個主要大企業上。你需要從以下一些方面入手，分別研究以下一些因素：

⑴這幾個主要公司各自佔年銷售額總數的百分比，各自佔產品銷售單元數量總數的百分比。以及市場瓜分的趨勢(增加或減少)。

⑵那個或那些公司在歷史上曾經佔有過領導地位？

⑶在過去三年裏，那些公司的銷售持續穩固增長？

⑷從市場總體來看，競爭程度是增加，還是降低，或是穩定不變。

　　這些研究結果最好可以用圖表表示出來，便於一目了然。除此之外還需要簡單地描述這些瓜分市場的大公司的基本情況。在分析競爭對手時可以從具體的個別公司入手或把公司分類進行比較。你可以通過多種途徑獲得上述有關的統計數據和其他信息，例如行業協會、年度報告、商業出版物或獨立的市場研究機構等。

5.阻礙競爭對手進入市場的障礙

　　阻礙競爭對手進入市場的障礙是進行市場分析的一個最重要的因素。這也是投資者最感興趣的方面之一。阻礙競爭對手進入市場的障礙越大，越有利於你的企業在市場競爭中保持優勢，為投資者贏利。在撰寫這部份內容時。要特別突出指出有那些因素阻礙你的競爭對手的產品進入市場。對那些依靠新技術、新技術或新市場保持市場位置的公司，尤其需要分析阻礙你的競爭對手的產品進入市場的因素。通常，阻礙新的競爭者進入市場的主要因素有：

　　⑴專利。對新產品或技術提供保證不遭受別的企業侵犯。

　　⑵巨額起動資金。是嚴重阻礙小公司進入市場的因素。

　　⑶技術含量高、生產難度大、技術複雜、條件要求嚴格的產品，使競爭對手很難進入市場。

　　⑷市場已經飽和將使新的企業很難再涉足這個市場。

　　市場在不斷變化，上述種種因素也將隨著時代而變化。因此需要認真地分析這些因素的變化。表10-3有助於分析阻礙競爭對手新產品進入市場。對要擠入市場的新企業，需要大量金錢和銷售技巧。雖然專利可以通過證明是新的、獨特的產品，可以幫助企業掙到錢。但是，在現代社會的競爭中，僅靠專利已經不足以保護自己。企業還必須採取其他多種措施保護自己。對於服務業來說，由於競爭對手容易進入市場，所以投資者很少向服務業投資。服務業需要採取特殊的辦法保護自己的市場，說服投資者。

表 10-3　阻礙競爭對手進入市場的障礙

障礙種類	有效因素的程度				長期效益
	高	中	低	無	
專　　利					
高起動資金					
技術程度					
工程，製造問題					
缺少供應商或銷售管道					
執照，政策法規的限制					
市場飽和					
商　　標					
其　　他					

八、未來的競爭

　　除了認真分析現在市場競爭以外，還要對未來市場變化趨勢做一些有科學根據的預測。預測將來市場的格局將會是什麼樣子，你的競爭對手將會有那些變化。市場發展有如列車前進，總是不斷地有人下車，有人上車。一些企業由於跟不上時代的變化或管理不善被淘汰出局，一些新的企業又不斷加入競爭行列。

　　在商業計劃書中要考慮未來可能的競爭對手，目前的競爭對手可能的發展變化等。在未來的三年、五年或十年你的主要競爭對手將會是誰？如果你開發出全新的產品或服務，需要估計大概多少年之後會出現生產同類產品或服務。那時你的新的競爭對手將可能是誰。預測未來五年市場競爭情況必須要根據現在的市場情況、整個產業的變化

趨勢和國家的政策做出合乎邏輯的推論。切忌憑空想像，信口開河。

　　對投資者來說，他們對新的小公司的產品或服務最為擔心。對於現有的大公司他們一般都比較瞭解，或很容易從多種管道獲得有關大公司的信息。而且這些大公司家大業大，有大量的固定資產。萬一這些企業失敗，還有固定資產可以抵債。投資者對新的小公司持格外謹慎的態度。由於缺少瞭解或缺少過去的信息，小公司家小業小。在破產時沒有多少財產可以抵債。所以對那些需要資金創業的創業者，更需要加倍努力撰寫商業計劃書。

 ## 案例　WWW 飲料公司商業計劃書的「市場與競爭」部份

1.無碳酸杖料的銷售趨勢

　　無碳酸飲料是飲料行業中增長最快的產品。僅 1996 年其銷售量就增長了 25%，相當於飲料行業平均增長率 13% 的兩倍。同行業的飲料包括果汁、茶、運動型飲料、碳酸飲料和天然蘇打水。

　　無碳酸飲料的總銷售量已達 731000000 箱，在同行業中遙遙領先，其他各類飲料的總銷量僅為 1900000000 箱。無碳酸飲料所佔的市場比率已超過 39%，去年無碳酸飲料的銷售量又創新高，上升了 3.7%，總銷售量達 758047000 箱，同時運動型飲料與茶飲料也具有相當的競爭力。

2.供應商

　　飲料的主要供應商為：Aqua Health，Water for Life，HZAh！Nutd-Water，Hydration Technologies，Guava Cool，Soft Beveroges 和 Millennium Moisture。這些供應商所生產的各類飲料均擁有以下

特點：富含營養成分，無菌加工，具有多種有機天然口味，如水果和薄荷味。以上各廠家主要將廠址設在美國內陸城市。目前，奧斯丁雖然還沒有這些公司的大批發商，(這同時也從某種程度上說明當地的零售業並不發達)但在德克薩斯州的其他城市，如霍斯坦、聖安東尼和達拉斯已開展了分銷業務。預計貨源不成問題。

3.市場分析概要

奧斯丁是德克薩斯州的首府，位於該州的中心位置，該城市約有 500000 人口，相當於一個大都市的中心地區的人口。奧斯丁擁有全美規模最大的大學，以及許多州政府部門的辦事機構，並且是一個繁榮的商業區，包括戴爾電腦公司的總部以及全美最大的天然食品的零售商——Whole Food Market。

奧斯丁成人中大學畢業生的比率是全美城市中最高的，因此，該城市也被稱為美國西南部時尚生活方式的引領者。

從市場角度來看(包括城市規模及人口)，WW 都相當適宜在奧斯丁開展經營，按人均消費 2.25 美元功能性無碳酸飲料及其他產品計算，總銷售額有望在第三年達到$300000。

4.競爭力分析

目前在奧斯丁還沒有出現專門經營無碳酸飲料的企業，因此產品價格具有相當大的靈活性。並且從產品上市之初便可以吸引大批消費者，在消費群體逐步固定後，會形成相對於其他潛在競爭者的強大進入壁壘。

儘管目前奧斯丁尚沒有專營功能性飲料的零售商，功能性飲料也已經出現在 Whole Foods，Whole Earth Provision Randall´s Markets 及其他零售店的貨架上了。

市場調查表明，加利福尼亞州的三藩市共有 6 個功能性無碳酸飲料的零售商，歷史最久的才剛剛經營兩年多。這些企業可謂蒸蒸

日上，他們所出售的功能性無碳酸飲料價格不等。店內現制現賣的小杯價格為 1.25 美元，冰鎮的外賣瓶裝飲料價格為 4 美元。在三藩市，該行業一個歷史較久一點的企業經營者指出，同 WW 一樣，第一年他也將企業設在大學及高檔住宅區附近，日銷售量為 200 瓶/天，當年即實現收入 78000 美元，也就是說其產品的單價至少為 1.25 美元，只有在競爭不激烈或無競爭的情況下，價格才可以有浮動的餘地。而在與奧斯丁面積相似的密歇根州的阿伯爾市進行的市場調查表明，該地區的兩個零售商在流動櫃檯出售的同類飲料單價為 5 美元。

5.競爭與購買方式

功能性無碳酸飲料的零售在奧斯丁可以說是一件新事物。其競爭者主要是通過雜貨店的銷售方式大量銷售各類飲料，而並沒有專注於功能性無碳酸飲料市場。店內飲用的櫃檯前現制現賣的無碳酸飲料的零售商，也就是我們所說的飲料酒吧。

WW 成功的關鍵就在於要引起消費者對功能性無碳酸飲料的興趣，讓消費者瞭解功能性無碳酸飲料的益處，並且為消費者提供垂手可得的優質產品和優質服務。依據目前的市場狀況，價格競爭並不會有重大影響。

第 11 章

商業計劃書的行銷策略組合

在分析完市場行銷環境之後，下一步就是在分析的基礎上，制定出市場行銷策略。千萬不要忽略行銷策略在商業計劃書中的重要性，它常常是企業失敗的主要原因。

在商業計劃的行銷部份，應該主要從四個傳統方面入手詳述企業的行銷策略，即產品(Product)、價格(Price)、地點(Place)和促銷(Promotion)手段，即「4P」戰略。

一、定位策略

產品要儘快進入市場，變得成商品，才有價值。而市場的唯一要求是：你的產品真有價值。

在以經濟利益為唯一衡量標準的市場中，你的產品必須勝過其他產品，否則就是被淘汰。為了保證勝出，你的產品需要拼命為客戶創造出盡可能多的經濟利益。

客戶為你的產品提供舞台，產品的價值是你為客戶創造收益的副

產品，你的產品為客戶賺得越多，產品的市場價值就會隨之高漲。你的產品是否可以很好地滿足市場、是否定價合適、是否管道完善、是否懂得促銷、是否充滿品牌價值觀……最終的體現在於你的產品能否幫客戶創造經濟利益。然後，你的產品才有競爭優勢。為了更準確地找到自己產品的競爭優勢，你必須對產品所包含的一切進行定位。

　　定位不是行銷的唯一目的和標準，而是客戶衡量產品價值的重要感覺工具。正是投資人帶動了整個融資環境的發展。在融資環境中，只要產品確實有價值，讓客戶掏錢就是產品價值和客戶需求相結合而產生的完美結果。因為每個客戶的興趣不同，無論在什麼時候，你都要盡最大的力量使產品為你的目標客戶增值，這是定位的使命。產品的定位，決定了什麼樣的客戶將選擇你，產品命運也由此開始。

　　你選擇的定位，也會潛移默化地反過來改造你的產品。一個適宜的定位能讓客戶喜出望外，融資之路會越走越寬。想融資的項目很多，能得到的卻很少。沒有明確的定位，什麼投資人都想嘗試，到頭來只會一無所成。因此，開始行銷你的商業計劃書之前，不妨先給自己一點時間，想想你到底希望把項目做成什麼樣子，商業計劃書又想被怎樣的投資人認可，然後朝著這個方向努力。這時候，你必須以高回報為定位的核心，只瞄準對你所在領域感興趣的投資人。例如：「我們以不少於 10 倍的投資回報，尋找對電子商務真正感興趣的投資人。」

1. 市場與產品定位

　　很多人習慣性地把市場和產品分開來，這裏卻把二者放在一起。因為事實上，市場和產品是緊密關聯的，尤其對於商業計劃書這個產品，就更不能分開。從嚴格的意義上講，商業計劃書就是因市場而生的，失去了市場，商業計劃書就沒有存在的價值了。有投資人的投資需求，才有商業計劃書的市場機會。

　　是產品就要找到真正屬於自己的市場，並進行有效細分。商業計

劃書的潛在市場是手裏握有大量資金的任何機構和個人，顯在市場是各類投資機構。如果從客戶價值來繼續細分市場，你的市場就是最有可能給你的項目投錢的那些機構和個人。在市場細分中，你不僅需要知道如何細分，更重要的是要列出這些客戶的名單。在細分時，根據你所做的項目領域，尋找對這個領域有投資興趣的投資人，最簡單的辦法是透過網路搜索。

蘋果公司的信念是「與別人生產相同的產品是一種恥辱」，你也要有這種信念。配合市場細分，以及列出的客戶名單，整理你的商業計劃書所帶領的產品系：明確核心產品、形式產品、附加產品。商業計劃書的核心產品就是商業計劃書的表現形式物，電子版本的、印刷版本的都是；形式產品是你對這個產品的介紹，例如演示稿和產品簡介、你的名片等；附加產品就是你為這個產品進行的一系列的行為，例如講究的聯絡方式、活靈活現的演示表現等。

最常見的情況是透過電郵發商業計劃書給投資人，這時你只需要準備電子版本的，格式一般為 doc、pdf、ppt。為了更好的引起投資人的注意，你可以把商業計劃書刻成光碟，連同產品實物和列印版的，一併郵寄給投資人。

2.品牌定位

客戶憑什麼選你？就像娶媳婦，男人總希望女人出得廳堂、下得廚房，既是賢內助、又是事業狂。投資人對你也有類似的想法。在備選項目條件相當的情況下，投資人就會額外對品牌有要求，希望投了你，說出去長臉。

商業計劃書要體現其商業價值，最好的途徑非品牌莫屬。品牌定位也是一個綜合化的概念，同戰略一樣，也是由若干細節元素系統化建造在客戶腦袋裏的一個印象，不是你自己說了算的。同其他產品一樣，商業計劃書這個產品的品牌定位構成如下：

①受眾定位。有實力、有前瞻性、有可能投錢給你的投資人，你要展示給他們看。

②形象定位。你是誰？一個前途和錢途並重、收益與速度齊飛的產品，還有若干增值，觀感不錯。

③投入定位。相對於同類產品而言，你用 N 分之一的投入就能達到同樣的效果，這是必須的。

④傳播定位。如何讓客戶知道你和你的價值，是電視、報刊、網路，還是製作 DM，一本本的寄？

⑤促進定位。關鍵時刻，有人或事推你一把，絕對不錯。例如你曾經接受過某些媒體的採訪，專訪更佳，當然負面的訪問就不要提了。最好找個貴人來相助，幫你引薦更好。

假設要創辦製藥公司，商業計劃書產品的品牌可以定位如下：

· 形象定位。高速增長的新公司，擁有全球最先進的××病根治藥技術。

· 受眾定位。對醫藥領域有興趣的投資人，以 VC 和銀行為主。

· 投入定位。別人動輒需要千萬美元才能進入生產、上市，而你只需要投入數百萬美元。

· 傳播定位。你製作了一批關於你公司的 DM，一本本寄給全球醫藥領域的投資人。

· 促進定位。因為你的新藥解決了世界難題，引得全球主流媒體紛紛專訪，你把這些專訪拿給投資人看。

二、產品定位策略

位於「4P」之首的策略是產品策略（產品也是產品和服務的簡稱）。許多現代企業的行銷戰略家遇到的首要問題就是「產品」問題，因為

它不僅僅指為用戶服務,那只是你提供給客戶的諸多特點及利益中的重要部份。只需對於產品重新做出定義,使其涵蓋你提供的各種服務,就可以輕鬆地得到「產品」的更新概念。

1.確立產品的整體概念

人們通常理解的產品是指具有某種特定物質形狀和用途的物體。如毛巾、衣服、冰箱等都是產品。這是生產觀念的傳統看法,是對產品的一種狹義理解。從市場觀念來看,產品的概念應包括更廣泛的內容。廣義的產品是指向市場提供的、能滿足人們某種需要和利益的物質產品和非物質形態的服務。物質產品包括產品的實體及其品質、特色、式樣、品牌和包裝等,能滿足顧客對使用價值的需要。非物質形態的服務包括售後服務和保證、銷售聲譽、產品形象等,能滿足人們心理上的需要,給顧客帶來利益和心理上的滿足和信任感。

現代的產品概念是:產品＝實體＋服務。

這種對產品的理解,叫做產品的整體概念。

產品的整體概念,包括以下 3 個層次的內容:核心產品、有形產品和附加產品。核心產品也稱實質產品,是指企業提供給購買者的基本效用或利益,是顧客需求的中心內容,包括產品的品質、功能、效用等。如人們購買化妝品是為護膚美容,而不是為了買一些化學物質。有形產品是指產品的實體和勞務的外觀,由產品的品質、款式、特點、商標及包裝 5 個要素所構成。附加產品指顧客購買產品時所得到的其他利益的總和。它能給顧客帶來更多的利益和更大的滿足,如安裝、維修、諮詢、貸款、倉庫服務等吸引入的服務項目。

2.產品的品牌和包裝策略

產品定位還包括品牌和包裝策略。

(1)品牌策略

品牌是一個名稱、術語、符號、標記,或是這些因素的組合,用

以識別一個企業的產品或勞務，並區別於其他競爭者。商標則是品牌或品牌的一部份，向工商行政管理部門註冊，並受法律保護。商標擁有者具有專用權，可以有償轉讓。

品牌策略是產品決策的組成部份，是指企業依據產品狀況和市場情況，最合理、有效地運用品牌商標的策略。品牌策略通常有以下幾種：

①統一品牌策略。指企業將經營的所有系列產品使用同一品牌的策略。使用統一策略，有利於建立「企業識別系統」。這種策略可以使推廣新產品的成本降低，節省大量廣告費用。如果企業聲譽甚佳，新產品銷售必將強勁，利用統一品牌是推出新產品最簡便的方法。採用這種策略的企業必須對所有產品的品質嚴格控制，以維護品牌聲譽。

②個別品牌策略。指企業對各種不同產品，分別採用不同的品牌。這種策略的優點是：可把個別產品的成敗同企業的聲譽分開，不至於因個別產品信譽不佳而影響其他產品，不會對企業整體形象造成不良後果。但實行這種策略，企業的廣告費用開支很大。

③擴展品牌策略。指企業利用市場上已有一定聲譽的品牌，推出改進型產品或新產品。採用這種策略，既能節省推銷費用，又能迅速打開產品銷路。這種策略的實施有一個前提，即擴展的品牌在市場上已有較高的聲譽，擴展的產品也必須是與之相適應的優良產品。否則，會影響產品的銷售或降低已有品牌的聲譽。

(2)產品包裝策略

包裝指產品的容器與其他包紮物，如包裝袋、包裝箱等。包裝是整體產品中形式產品的組成部份，是產品品質的重要組成，包裝正受到人們越來越普遍的重視。包裝策略是指對產品包裝的形式、結構、方法、使用材料等所採取的各種對策。常用的包裝策略有：

①類似包裝策略。也稱統一包裝策略或產品線包裝策略。企業將

所經營的各種產品,在包裝上採用相同的圖案、色彩或其他共同特徵。

②綜合包裝策略。也稱配套包裝。企業把各種相關聯的產品放在同一包裝物中,如化妝盒、針線包、醫藥包等。

③再使用包裝策略。也稱多用途包裝。指消費者在用完產品以後,原包裝物可做其他用途。

④等級包裝策略。即等級不同的產品實行不同的包裝。

⑤附贈品包裝策略。這是在產品包裝內附贈物品以誘發消費者購買。

⑥創新包裝策略。隨著產品的更新和市場的變化,企業相應改變包裝設計。在消費者眼中,不同的包裝就意味著不同的產品。

三、價格定位策略

產品定價是一項重要、困難且具有風險的工作,價格常會影響著一項產品被市場接受的程度;影響著產品及其銷售者的形象;影響著競爭對手的經營戰略與行動;最終還影響著銷售者的銷售收入和利潤。

創業企業是一種高投入、高風險的企業,其技術的不確定性和市場的不確定性一方面使定價工作中不可把握的因素增多,從而難度大增;另一方面,使定價在企業行銷活動中,對上述諸因素的影響程度更為明顯,研究定價策略對創業企業而言,相當重要。

產品價格構成是指組成產品價格的各要素在價格中的相互關係。從經濟學的觀點來看,商品的價值貨幣形成表現為生產成本、流通費用、稅金、利潤四個要素的綜合構成。具體而言,價格主要與需求、供給、成本、競爭狀態有著密切的關係。

1.定價目標

對創業企業而言,確定定價目標是首先考慮的問題。看起來,定

價的目標似乎是為了獲取最大利潤，但在實際工作中企業很難搜集與利潤最大化有關的成本、需求量和競爭者活動等方面的完整信息。且這些方面的影響因素複雜多變。因此，單純以利潤最大化為目標，往往難以實現，有時甚至事與願違。許多企業認識到這一點，考慮到其他非價格因素對企業長期利潤的影響，紛紛採用與其產品特點、企業間競爭狀況相適應的多重目標或其他目標。總之，價格形成要堅持動態的應變觀點，在價格形成過程中，最關鍵的依據是市場，最基本的目標是企業的收益與發展。這些多種目標反映在：

(1)滿意的投資報酬率目標。有些企業認為，以定價為手段來獲取最大利潤可能有損於公司的聲譽，對企業長期成長發展不利，因此要選擇自認為合理從而滿意的投資報酬率為目標，也可以用淨銷售收入利潤率來代替投資報酬率。

(2)快速回收目標。有的企業認為經營創業企業本身就是一種高投入、高風險的事業。盈利率高與風險大是一對相伴相隨的孿生姐妹。只要有成功的可能，就應以最快的速度盡可能抬高利潤水準，加快投資回收，定價即以這一目標為基礎而展開。

(3)市場滲透目標。這是一種盡快擴大產品影響、提高市場佔有率的目標，與快速回收目標的出發點正好相反，它從企業長期利益方面考慮，當需要立即轉入並佔領大規模市場時往往以此為目標。

(4)以應付競爭為目標。現代市場的競爭愈演愈烈，企業為了及時把握時機，則需採取有效的價格對策。

2.定價步驟

創業企業在制定市場行銷的價格時，一般有以下步驟：選擇定價目標；估算該商品的市場需求量(也可先考慮此點)；測算該產品的需求價格彈性；競爭對手的反應分析；選擇與上述諸項分析內容相適應的價格策略；制定具體的價格；考慮與企業其他行銷策略的配合等。

對於不同的企業、不同產品及產品所處的不同生命週期，特別是高技術產品按其技術含量的不同，應採取與之相適應的定價策略和方法。可供選擇的策略和方法很多，可歸納為接受需求導向、按技術導向、按成本導向和按競爭導向四大類型。按需求導向的主要方法有：區分需求彈性定價、市場價格倒推定價、撇脂定價、滲透定價、心理因素定價、生命週期定價等；按技術導向的主要方法有：理解價值定價、產品線組合定價等。

四、分銷管道策略

行銷管道也稱為銷售管道或分銷管道，是市場行銷理論特有的概念。它是指產品的所有權從生產者向顧客轉移過程中所經過的途徑或通道。

1.影響分銷管道的因素

(1)產品特點。產品種類繁多，特點各異，應按其特點採用相應的管道。對體積大、分量重、價值高、易腐爛變質的產品和技術性強而又需要售後服務的產品，應儘量減少中轉環節或採用直接銷售形式；對日用百貨及生產資料中通用的、標準的產品，則有必要經過中間商。

(2)市場因素。影響選擇銷售管道的市場因素有：市場範圍的大小，用戶購買數量的多少，消費者的購買習慣，市場銷售的季節性和競爭者採用的銷售管道等。對市場範圍小而集中、用戶數量少的情況，宜採用直接銷售形式。相反，就可採用間接銷售形式。如果用戶每次購買的數量較多，宜直接向生產企業購買或只經過一個中間商。相反，就應採用四級的銷售管道。對一般日用消費品，要求購買方便，銷售網站應多而分散，宜採用廣泛的銷售管道。帶有季節性的商品，其銷售時間集中，應充分發揮中間商的作用，以便不失時機地組織好銷售

工作。一般來說，採用與競爭者相同的銷售管道，比較易於佔領市場。除非確有必要改變和把握較大，不宜另選管道。

(3)企業本身條件。企業聲譽的高低、資金和銷售力量的強弱等也會影響到管道的選擇。如生產企業的聲譽高、資金雄厚、銷售力量強、銷售管理的經驗多，可用短管道策略。

2.分銷的基本策略

(1)廣泛分銷策略。通常用於日用消費品和工業品中標準化、通用化程度較高的供應品的分銷。因為這類商品的消費者偏重於迅速又方便地滿足需求而不太重視廠牌商標，其生產者則希望自己的產品能儘量擴大銷路，使廣大消費者能及時、方便地買到所需的產品。所以這類商品的生產者往往採用廣泛分銷的策略。這種策略的特點是，採用間接銷售方式，同時選擇較多的批發商和零售商來推銷商品。

(2)有選擇的分銷策略。這種策略也是選擇間接銷售方式，但是生產者只在一定的市場中選用少數中間商。這種策略適用於銷售消費品的選購品、特殊品和工業品中的零件，因為這些商品的消費者和使用者往往注重產品的牌子。

(3)獨家專營的分銷策略。這種策略也是採用間接銷售方式，但生產者在一定時期內，在一定地區只選擇一家批發商或零售商來推銷本企業的產品。通常雙方訂有書面協議，中間商不得再代銷其他產品。

(4)直接銷售策略與間接銷售策略。直接銷售具有許多優點：

①銷售及時。由於直接銷售中生產企業和消費者之間的交易活動不經過流通領域中的中間環節，這樣就可以簡化流通過程，縮短流通時間。

②節約費用。由於流通時間的縮短和中間環節的減少，就相應地節約了流通資金佔用量，減少了流通過程中人力、物力和財力的消耗和流通過程中商品的損耗，從而節約了銷售費用。

③瞭解市場。直接銷售使產需雙方直接接觸，從而加強雙方的瞭解和協作，生產企業直接掌握市場的需要，掌握用戶對產品品質等各方面意見，有利於企業改進生產和發展適銷對路的產品。

④提供服務。直接銷售就使用戶得到企業更直接的服務，保證商品合理和可靠地使用，有利於企業擴大產品的銷路。

⑤控制價格，增加利潤。直接銷售使生產企業對產品價格掌握了較大的自主權，並且當價格高於批發價時，使企業能增加這一部份的銷售利潤。

隨著商品生產和商品交換的加大，間接銷售具有客觀必然性。對生產企業而言，間接銷售的主要優點是：

①簡化了交易過程，減少了生產企業銷售工作量，同時又方便了消費者；

②有利於生產企業集中力量搞好生產；

③間接銷售使生產企業減少銷售費用，又能更快地取得銷售收入，從而減少了流動資金的佔用量；

④調節產需關係，通過中間商參與的間接銷售，發揮各種經銷單位集中、平衡和擴散商品的功能，才能有效地調節產需關係，解決產需之間數量和品種要求方面的矛盾。

⑤長管道或短管道策略。間接銷售不一定只經過一個層次的中間環節，也不一定只經過一種類型的中間環節。分銷策略的制定，不僅要在直接銷售和間接銷售兩種基本途徑中進行選擇，還要在間接銷售的多種途徑中做出抉擇。

一般說來，在銷售量一定時，每個中間商銷售能力大，中間商配置層次就少，反之則要求增加。技術性較強的產品，由於銷售技術服務要求較高，不宜採用長管道和配置太多的中間商，必要時在一個區域只設置一個特約中間商；而對消費者選擇性不強，要求方便購買的

商品，則可以在較寬的市場區域配置較多的中間商。還應考慮企業本身的銷售能力和財力，企業銷售能力強，運輸和存儲條件好，在財力負擔和銷售收益上又合理時，則可減少中間批發環節，直接銷售給零售商或消費者。

五、促銷組合策略

1. 促銷的基本理論

促銷稱為銷售促進，也稱營業推廣或銷售推廣。按照美國市場行銷學會(AMA)的定義，銷售促進是指「人員推銷廣告和公共關係以外的，用以增進消費者購買和交易效益的那些促銷活動，諸如陳列、展覽會、展示會等不規則的非週期性發生的銷售努力」。

世界著名行銷專家菲力普‧科特勒 1988 年對銷售促進所做的定義為：「銷售促進是刺激消費者或中間商迅速或大量購買某一特定產品的促銷手段，包含了各種短期的促銷工具」。銷售促進具有以下幾個基本特徵：時效性、刺激性、多樣性、直接性。

2. 選擇促銷工具

所謂選擇促銷工具，就是指企業為了達到銷售促進目標而選擇最恰當的促銷方式。促銷工具選擇得當，可收到事半功倍的效果。相反，若工具使用不當，則可能與促銷目標南轅北轍。所以選擇促銷工具時應注意如下三種因素，即銷售促進目標因素、產品因素和企業自身因素。銷售促進目標因素就是說選擇的工具必須能最有利於達到所制定的促銷目標。產品因素是指選擇工具時要考慮產品的類型和所處的生命週期，不同的週期使用不同的促銷工具。而企業自身因素就是要充分考慮企業自身的優劣勢和可利用資源，並要符合企業自身的外在形象。

通常的促銷工具大致分為對消費者，對中間商和對企業內部三大類。對消費者的有：消費者教育、消費者組織化、發佈會展示會、樣品贈送、郵寄廣告、宣傳冊、贈品廣告、獎品獎金；對中間商的有：折扣政策、銷售競賽、公司內部刊物、從業員工教育、廣告技術合作、派遣店員、POP 廣告等；對企業內部的有：公司內部公共關係、行銷人員銷售競賽、行銷業務員教育培訓、銷售用具製作、促銷手冊等。

3.如何促銷組合

促銷組合是指企業為達到特定目的而彈性運用若干促銷工具、促銷方法，包括「人員推銷，商業廣告，公關宣傳和適時促銷」等。組合促銷的目的在於將企業的產品或服務告知客戶、說服客戶，並催促消費者購買。

促銷組合內的各個工具分別有著不同的影響力，例如「公關宣傳」在消費者認知和興趣段裏有強烈的影響力，可形成客戶對企業或產品的好感，但對產品的立即「採用」，影響力較弱。而人員推銷由於面對面的口頭祈求，在評價、試用、催促、採用階段，就有重大影響力。

促銷組合的運用還要考慮產品的屬性與特殊性，例如對一個以銷售工業用品為主的企業而言，也許全部依賴人員推銷。相反地，消費品生產廠商，可能以依靠廣告為主。對一家廠商有效的方法，對另一家可能毫無用處。類似的產品銷往同一市場的廠商，運用不同的促銷組合，也可成功地達成其目標。這就要求我們行銷部門，在運用促銷組合時，需要充分考慮不同產品、不同環境、不同客戶或消費對象，靈活調配，合理組合。

案例　某飲水器公司商業計劃書的「市場行銷」部份

1.行銷策略

總體行銷策略就是要讓消費者瞭解功能性無碳酸飲料的益處，並為消費者購買提供最大的便利。消費者瞭解產品的途徑也將是多種多樣的，包括宣傳單、報刊廣告、促銷宣傳以及專門的促銷活動。

經營地點在行銷和促銷的過程中將發揮關鍵作用，因此經營地點必須選在繁華的市中心。

2.目標市場及市場專業化

產品所面向的消費者將是那些受過良好教育、生活積極向上、注重健康、收入頗豐且不滿足於零售店裏那有限的幾種飲料而願意嘗試新產品，體會新感覺的人群。

3.價格策略

噴嘴式飲水器所製的功能性無碳酸飲料售價分三個檔次：

小瓶：1.00 美元

中瓶：1.50 美元

大瓶：2.50 美元

另外，大瓶裝可外賣或送貨上門，1 升～20 升的塑膠桶裝價格由 2.5 美元～25 美元不等。

產品將以現金交易方式零售，團體購買可望在最初佔相當大的銷售比例，可以憑 30 天的遠期匯票購買。

4.促銷策略

將通過以下方式對產品進行促銷：

在報紙上定期刊登廣告將側重介紹功能性無碳酸飲料的益處。

　　大型宣傳活動將盡力使投資商作為功能性無碳酸飲料方面的專家出現在與健康有關的電視節目、廣播節目以及宣傳單上。

　　以公司所在地為中心，在方圓 1 英里範圍內向附近居民散發宣傳單。

　　對於一些團體，如健康食品公司、有機園林俱樂部、文化協會等等，公司將提供相應的折扣。

5.分銷策略

　　功能性無碳酸飲料主要通過零售管道銷售。其次是通過將瓶裝飲料送達餐館、零售商和某些團體的方式。將在自行車賽、音樂會等體育賽事和文化活動舉辦地增設臨時售貨亭。

6.銷售計劃

　　銷售計劃於 2011 年正式啟動。銷售預測是基於三藩市的同類新興企業的銷售經驗而做出的。預測中包括與其他競爭激烈的市場中各企業銷售經驗相一致的零售預測。也許對於前景的預測有些保守。團體銷售包括辦公室冰鎮瓶裝用水、公司機構及其他類似單位的用水。特別活動銷售預測指在音樂會、體育比賽及其他活動舉辦地設立臨時售貨亭的銷售。第三年的銷售額預計包括增設一個零售分支機構所產生的銷售額。

銷 售 預 測

年　　　度	2011 年	2012 年	2013 年
零　　　售			
團 體 銷 售			
特 別 活 動 銷 售			
總　　　計			

第 *12* 章

商業計劃書的管理團隊

風險投資公司考察企業時,管理團隊是最為重要的因素。沒有一支優秀的管理團隊和有效的組織模式,任何科技成果不可能和資本很好結合創造現實的生產力。

公司管理的好壞,直接決定了企業經營風險的大小。而高素質的管理人員和良好的組織結構則是管理好企業的重要保證,沒有優秀的管理團隊,創業企業不可能獲得風險投資,風險投資商在退出資本時也不可能把企業賣個好價錢。好的管理團隊就是創業企業的品牌,風險投資家會特別注重對管理隊伍和管理模式的評估。

一、組織結構

企業組織結構是指組織機構的橫向分工關係及縱向隸屬關係的總稱。企業的組織結構有不同的形式,大致有如下幾種:直線制、職能制、直線職能制、矩陣制、事業部制。不同的組織形式有不同的優缺點,適應於不同的企業類型。風險投資商會針對企業的特點考察企業

的組織結構是否合理。在介紹企業組織結構時一般採用圖形解說,更加清楚明瞭。

圖 12-1 　某公司的組織結構圖

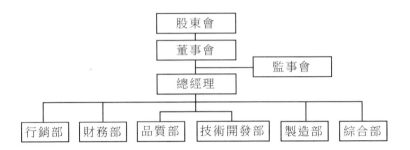

公司管理體系:公司依照「管理科學、權責明確、激勵與約束相結合」的原則,構建和完善了公司「三權分立」相互監督的機制。公司的最高權力機構是公司股東大會,董事會是公司的經營決策機構,監事會履行公司經營活動的監督權。公司的日常經營管理在總經理的統一領導下,實行分級管理,以行銷為核心,建立技術、行銷、品質、製造、財務、綜合六大管理子系統,做到合理分工協作和責權利統一,及時、準確、精幹、靈活地保證了公司經營活動的高效運轉。

製造部下轄五個生產工廠(下料、鈑金、金工、裝配、靜電噴粉),技術開發部下屬三個研究室(結構室、低溫室、自控室),以及微電腦室,資料室等。

二、管理團隊

對於投資人來說,相對於項目的市場價值,他們更關注掌握未來發展方向的管理團隊。團隊的穩定性和可靠性自然就成為他們關心的因素,整體技術能力、運作能力、管理能力,團隊成員的能力、經驗、

個性，以及你在財權、人權、期權、分工等方面的實際操作，都是投資人著重考慮的方面。

在這一部份，你必須解釋清楚：核心成員的管理能力、專業經驗、責任劃分，組織結構、管理結構、激勵機制、團隊控制等方面的措施。

介紹成員的時候，要指出對事業發展具有特別促進意義的那些方面，如團隊和團隊成員的經驗和過去的成功。如果核心位置上的那個人沒有經驗，你一定要準備好充分的理由。

1. 核心團隊

核心團隊裏一定有發起人、主導者、懂運營的、懂財務的、會買東西的、會賣東西的、會指揮的分別是他們中的那一個？用專業的話來說，他們分別是：董事長、董事、總經理、首席執行官、首席運營官、首席財務官、首席技術官，負責市場行銷的、負責銷售的、負責財務的、負責研發的、負責生產的各位副總或總監，還有外援的法律顧問、公共關係顧問，等等。

在介紹成員的時候，每個人都要包括：姓名、職位、性別、年齡、所持有的股份或分紅權、個人經歷、教育程度、專業水準、畢業院校，等等。另外，你最好能提供幾位可作為公司重要崗位候補人員的介紹，以及公司發起人數量、所處職位的介紹。

2. 薪酬

錢是個硬道理，在關鍵時候利益可以維繫團隊的穩定。在這裏，要簡單說出你現在和未來的薪酬結構，最好用表格的形式。

3. 管理舉措

公司管理舉措的好壞，直接決定經營風險的大小。說明你所採取的管理舉措，不必羅列制度、規則等詳細文件，對你的各種相關文件進行總結表述即可。

你需要告訴投資人，你如何留住人才，以及他們是如何形成一個

整體進行工作的：你對管理班子及關鍵人員將採取怎樣的激勵機制，是否考慮員工持股問題，是否與掌握公司關鍵技術及其他重要信息的人員簽訂競業禁止協議，是否與每個僱員簽訂工作合約，是否與相關員工簽訂公司技術秘密和商業秘密的保密合約，是否為每位員工購買保險，董事會、董事、主要管理者、關鍵僱員之間是否有實際存在或潛在的利益衝突，有沒有對知識產權、技術機密和公司機密的保護措施‥‥‥‥

三、管理團隊主要成員展示

在這部份，要介紹創業企業的經營者以及其他對公司業務有關鍵性影響的人。通常，小公司不超過三個關鍵人物；大公司也不宜超過六個關鍵人物。風險投資者對關鍵人物十分關心，你應該從最高者起，依次介紹。

對高級管理人員，主要從以下方面介紹。

1. 教育背景

介紹學歷和相關的高級培訓，強調與所擔任職務的相關性，如果沒有直接關係，則不作詳細介紹。通過教育背景，可以看出一個團隊的知識結構。一個團隊的知識結構越全面越好。一個人既懂經濟，又通曉法律技術和管理最好，在現實生活中，這有點不太現實，所以，就有了「團隊的需要」。

2. 工作背景和業績

過去在那些大公司任職，擔任什麼職務，負責過什麼項目，解決過什麼問題，做過什麼計劃，獲得過什麼重大成績。如果高級管理層中有過曾經獲得成功的人，就會增加投資者的信心。資金投資商在決定投資時，看的不是項目，相當注重是人。

3.領導能力

描述主管在企業管理方面的優勢。包括生產管理、人員管理、刺激員工積極性、財務管理、信息管理等方面的特點。

4.個人品質

創業人吸引風險資本家除了好的創業想法(Idea)、發展計劃、商業報告，企業模式、發展遠景、市場比率外，最重要的是創業人的人品。在風險投資專家的眼睛裏，最最重要的因素，是人、是人、還是人，沒有對人品的信任，一切都是空話。因為人是一切要素的載體。創業項目包括極富說服力的商業計劃是人創造出來的，企業的模式是可以根據創業的需要加以改變的。而惟有人的品質是難以在短的時間內改變的，所謂人的品質就是人的內在價值，主要包括創業者創新意識、敬業精神、誠信程度、合作交往能力、應變決斷能力等等。其中創業人員的真誠與信用程度是風險投資人特別看重的。往往在強手如林、群英薈萃的創業人才之中，能夠一下子吸引風險投資人「注意力」的就是以誠信為主調的個人魅力。

試想，一個創業人員，他創業的初衷和目的都是為了從風險投資人那裏「圈錢」，圈過來錢的做法就是「燒錢」，而不是創業本身，那麼這種「創業精神」誰會欣賞呢？如果你能特別幸運，精明得能夠把風險投資專家也矇騙過去的話，那麼你也只能得利於一時。因為在風險融資和投資市場上，最重要的是以誠信為基礎的風險同擔收益共用的原則。無論是風險資本所有人，還是風險投資專家，有誰願意被騙，有誰能甘心第二次上當？這種「騙子」在信用發達的體系中，會被永遠地釘在恥辱柱上不得再次進入風險投資市場。請創業人士千萬記住，在風險融資、投資市場上，信用是創業人的生命線。

關於個人品質的描述，可以採用下面這樣「肯定聲明」的形式：管理層成員、董事會成員或本公司的主要投資者均不曾受到犯罪指

控；上述人員個人不曾破產，其所從事的事業也不曾破產過，其個人資信報告也能證明每位成員都有良好的信用評級，也不曾有過拖欠債務的紀錄。

　　總之，創業企業家必須向風險投資商證明企業管理團隊的成員都非常「乾淨」。

　　5.整體特點

　　最後需要強調的是，要突出團隊整體在個人知識結構、能力結構、動力結構、年齡結構上的互補性，要讓投資商知道，這個團隊整體上能夠取長補短，個體上能夠用人所長。另外，要突出團隊。高級管理層之間是否能夠相互支援對事業的成敗是非常重要的。

　　對於處在種子期的小型高新技術企業，有時候還需要介紹關鍵僱員。以簡歷的形式列出 3～5 名僱員的基本情況。整個介紹要能證明這些關鍵僱員的確是一些成功人士。總之，必須向投資人證明他們是成功的，否則就得不到投資。

四、公司外部專家

　　世界上沒有一家企業可以脫離社會資源而存在，每家企業都是社會資源中的一滴水，吸取社會營養，這就需要建立企業的外部專家。

　　社會分工越來越細密，創業企業不可能擁有企業需要的所有人才，所以聘請專業顧問，同一些科研機構和高等院校建立固定的聯繫是重要的。風險投資商也很看重這一點。計劃書中應介紹以下顧問團隊：

　　1.律師

　　律師可以提供法律方面的專業諮詢，避免企業做出不符合法律的事情。另外可以幫助處理公司的法律糾紛，使經營者集中精力從事經

營管理。

2.財務顧問

財務顧問不但可以幫助公司理財，而且由於他們精通法律，還可以幫助公司合理避稅。

3.管理顧問

管理顧問可以給企業引進先進的管理理念，幫助企業解決管理中的難題，制定企業發展策略，撰寫商業計劃書。

4.市場行銷顧問

行銷顧問可以幫助企業進行市場調查，設計廣告和促銷手段，組建銷售隊伍。

5.行業專家

每個行業都有自己特殊的知識和技術，有關方面的專家可以提供某個具體領域的專業知識，使企業更好地適應產業的發展變化。

五、管理風格

企業管理的風格多種多樣，或者以生產為中心，或者以人為中心，或者以 X 理論為依據而強調靠監督，或者以 Y 理論為依據強調相信和激勵。根據獨裁和民主在管理中所佔的比重，大致可分為以下類型：獨裁型領導、民主型領導、參與型領導和放任型領導。計劃書中一定要根據自己企業特點描述自己的管理風格。一般來說，高新技術企業，適合放任型、民主型的管理風格。以下是某電腦公司對自己管理風格的描述：

⑴尊重知識，尊重人才（變字形）

⑵追求公平與公正

⑶創造一個讓員工能產生最大貢獻的企業文化環境

⑷簡約、規範的管理制度

⑸暢通、便捷的溝通管道

⑹強調員工的自我管理意識

　作為一家技術企業，我們非常看重員工個人的能力和價值，並努力為所有的員工創造公平和公正的環境。追求公平和公正是我們一貫的目標。在長城公司，無論是總經理還是普通僱員，所有的人都被平等地看待，互相直呼大名，在我們的辦公室裏聽不到「×經理」、「×先生」的稱謂。

　我們相信人的能力是無限的，人是企業最活躍、最重要的因素，員工的潛質和進步就是公司發展的希望和動力所在。為了保證員工能最大限度地發揮他們的能力，我們努力為所有員工創造方便、舒適的工作環境和發展空間，並提倡全方位的溝通和協作，主張知無不言，言無不盡。

六、介紹管理團隊和組織結構應注意的問題

　創辦企業的人員素質，與商業計劃的可信度有直接關係。

　如果公司有輝煌的成就和成功的歷史，則足以說明公司的實力。一個公司要說服外部投資者對本公司投入資金，公司關鍵管理人員的素質是一個非常關鍵的因素。很多風險投資商和其他外部人員在看公司的商業計劃時，首先注意公司管理人員的情況，他們知道人才是企業獲得最終成就的關鍵，因此就要知道管理者是否有駕馭企業使之走向成功的能力。在商業計劃書介紹管理者隊伍應注意以下幾個方面的問題：

1. 突出經營業績

要瞭解一個人未來成功可能性的最簡捷方法是瞭解他過去的經

歷。對創業企業來說，最理想的情況是管理人員或創業者本人經營過類似的企業或在某一些大公司中任過職，並曾取得良好的業績。管理人員的教育背景不是最重要的因素，除非公司是技術導向型的企業。對於一個有一定歷史的現有企業來講，過去的業績是評價一個人的主要標準，如果他在過去做得很成功，那麼他在未來成功把握性就大一些。

2.顯示專有知識和創造力的證據

企業的成功越來越多地取決於高層管理人員的領導能力和獨創能力，例如一家電腦公司的管理者曾經在行業內發動了向每位用戶捐贈活動，這一舉動不僅引起了新聞界的關注，更重要的是在用戶名單上增加了數百萬的用戶，使企業後來順利地為這些客戶提供升級服務。在商業計劃中，應說明公司具有的專門知識以及用這些知識來創造價值的能力。

3.充分利用資源

描述關鍵崗位的每位成員及其責任。很多情況下非常容易忽視那些從事管理工作但沒有頭銜的人員，如果是要尋求外部投資，則應該把公司的整體隊伍描繪出來。

4.董事會成員的助力

如果董事會包括企業內部管理人員，並且這些人是有經驗的管理者、行業專家或其他知名人士，對這些成員的介紹會進一步增強創業企業的實力。

5.保持簡明扼要

對每一位關鍵人員用文章一個段落的篇幅進行描述就可以了。在編寫過程中可以通過回答以下問題進行：

⑴主要管理人員和專業人員的發展路徑是怎樣的？他們具有那些技能？

⑵公司未來的組織機構是怎樣的？

⑶誰將成為部門領導者？

⑷在那些領域的管理應該加強？

⑸報酬機制如何？

 # 案例　美國管理科技公司對公司管理的描述

1.管理總結

我們的管理哲學，是建立在責任感和相互尊重的基礎之上的。在 AMT 工作的員工都很滿意，因為 AMT 提供了鼓勵創造性和成就感的環境。我們的隊伍總共有 22 個員工，1 個總裁和 4 個經理。

2.組織結構

員工有 2 人，1 個總裁和 4 個經理。

主要的管理部門包括銷售、市場、服務和行政。服務部門的工作包括技術服務、支援、培訓和開發。

3.管理團隊

Ralph Jones，總裁：46 歲，1984 年創建 AMT，其時的主營業務是向小型企業出售高性能個人電腦。電腦科學學位，具有 15 年的大型(Large)電腦公司工作經驗，曾任項目經理。Ralph 已經在小型企業發展中心選修了 6 年培訓課程，有條不紊地將商業能力和訓練充實到他的技術背景中。

Sabrina Benson，市場副總裁：36 歲，去年加盟公司，之前在 Continental 電腦公司擔任重要職位。我們是經過了長時間的尋找相比較才決定僱傭她的。在 Continental 公司，她負責管理 VAR 市場部。她將負責把 AMT 改造為銷售電腦的服務和支援型企業，而不

是提供服務和支援的電腦銷售商。她具有 MBA 學位和歷史學士學位。

Gary Andrews，服務和支援副總裁：48 歲，在 Large 電腦公司做了 18 年編程和服務的相關工作，在 AMT 工作了 7 年。具有電腦科學碩士學位和電氣工程學士學位。

Laura Dannis，銷售副總裁：32 歲，做過教師，1991 年在 AMT 開始做兼職，從 1992 年開始正式加盟 AMT。具有非常好的人際溝通能力。基礎教育學士學位。她已在本地的小型企業發展中心選修了銷售管理課程。

John Peters，行政主管：43 歲，從 1987 年開始在 AMT 做兼職，後成為公司的行政和財務骨幹。

4.管理隊伍的缺陷

我們自信擁有一個可以實現商業計劃各個要點的優秀隊伍。Sabrina Benson 的加盟對公司的內部職位調整和重新組織是十分重要的。目前，我們在市場數據庫軟體和升級服務上的技術能力最為薄弱，特別是交叉平臺網路。我們還需要尋找一個培訓經理。

5.人力資源計劃

人力資源計劃的目的是實現人盡其才。今年我們的員工將達到 22 人，在第三年將達到 30 人。附錄中有詳細的月計劃。

6.其他管理人員

律師 Frank Dudley，是創建者之一。在 20 世紀 80 年代，他對公司進行了相當數量的投資。他還是 Ralph 的好友，具有卓越的法律和商業諮詢能力。

Paul Karots，公關諮詢，我們的創建者和合夥人。像 Dudley 一樣，他在公司的早期進行了投資，是我們值得信賴的朋友。他提供公關和廣告諮詢。

研發部門(年薪)

部門人員	1997 年	1998 年	1999 年
經　　理	$12000	$13000	$14000
助　　理	$36000	$40000	$40000
技術人員	$12500	$35000	$35000
技術人員	$12000	$33000	$35000
技術人員	$24000	$27000	$27000
執行人員	$24000	$30000	$60000
執行人員	$18000	$22000	$50000
其　　他	$0	$0	S0

銷售和市場部門(年薪)

部門人員	1997 年	1998 年	1999 年
經　　理	$72000	$76000	$80000
技術銷售人員	$60000	$35000	$35000
技術銷售人員	$45000	$33000	$35000
銷　售　員	$40000	$27000	$27000
銷　售　員	$40000	$30000	$60000
銷　售　員	$33000	$22000	$50000
銷　售　員	$31000	$22000	$50000
銷　售　員	$21000	$22000	$50000
銷　售　員	$0	$30000	$33000
其　　他	$0	$0	

行政部門（年薪）

部門人員	1997 年	1998 年	1999 年
總　　裁	$66000	$69000	$95000
財　　務	$28000	$29000	$30000
行政助理	$24000	$26000	$28000
簿　記　員	$18000	$25000	$30000
書　記　員	$12000	$15000	$18000
書　記　員	$7000	$15000	$18000
書　記　員	$18000	$22000	$50000
其　　他	$0	$0	$0

其他部門（年薪）

部門人員	1997 年	1998 年	1999 年
程　序　員	$36000	$40000	$44000
其他技術人員	$0	$30000	$33000
其　　他	$0	$0	$0

總體情況

部門人員	1997 年	1998 年	1999 年
員工數合計	22	25	30
薪金合計	$674000	$873500	$1058500
其　　他	$107840	$139760	$169360
薪金合計	$781840	$1013260	$1227860

第 *13* 章

商業計劃書的生產與經營

　　這是風險投資商非常關注的內容。商業計劃書的閱讀者經常仔細閱讀計劃書中生產經營部份,他們大多是這方面的專家,有著濃厚的興趣,且喜歡討論這些問題——事實上,這部份內容很容易寫得過於詳細,像技術論文,使人弄不清到底那一個是生產經營的主要因素。製造商和服務公司的計劃書中這部份的內容不一樣。如果是生產企業,將必須向風險投資商介紹企業週圍的基礎設施,已經擁有和將要購置的生產設施和設備,並且列出切實可行的生產計劃和生產過程管理辦法。如果是服務性企業,如零售商業,則必須在這一部份描述自己的僱員、位置優勢和信息優勢等。

一、企業的生產

　　擬訂生產部份的基本原則是,只談論主要方面——原材料、勞力、設備和生產過程(提供主要細節)、生產經營的關鍵和能帶來競爭優勢的部份。如果能做到這一點,回答投資者關於生產經營部份的問題時,

就不會喧賓奪主了。

產品製造企業有著一些共同特徵以區別零售商和服務公司等其他類公司。製造商的區別性是生產運營的複雜性。其過程不是簡單地購買、運輸和出售商品，而且將原料和勞力轉換成出售的商品。

1.生產設施介紹

(1)基礎設施主要對水、電、通信、道路等配套設施的情況做出概略介紹。

(2)廠房和生產設施主要描述企業所擁有的房地產或租用的辦公室和工廠。指出工廠的面積大小和單位面積價格，相關固定資產和生產設備等。風險投資人需要通過本部份來判斷現有廠房和生產設施能否滿足創業企業增長的需要。

如果廠房在一年後就需要搬遷，那麼企業要持續快速增長就有一定困難。值得提醒的是有些風險投資人不喜歡投資那些在很短的時間裏就要搬遷的企業，他們認為這種搬遷會損害企業效益的增長。

(3)設備。規模生產某種產品自然需要設備。製造商需要某種設備，如轎車、卡車、電腦、電話系統以及複合金屬、加工木材、塑膠成型或將原材料加工成產品所需要的各類機器設備。

許多設備很昂貴，而且一旦購入很難移動或售出，投資者自然會對你的計劃很感興趣，計劃書以獨立的章節描述恒溫箱、鑽壓機、堆高車、印刷機以及其他所需設備。

計劃書這部份不能太長，列出預計需要的每一種較大設備，內容包括特徵、操作以及成本。需要購置昂貴的設備時，一定要據理力爭，銀行和投資者不願看到資本設備再出售時的價格遠遠低於買入價。主要內容包括：

(1)詳細介紹本企業已有或打算購買的主要設備；

(2)概要說明固定資產總額及可變現價值；

(3)說明使用現有設備能達到的產值和產量；

(4)設備採購週期。

　　風險投資人是要通過此部份瞭解企業設備採購的難度。如果難度較大而企業目前又是滿負荷生產，那麼要提高生產能力就得有相當長的一段時間來採購新增設備。風險投資人還需要瞭解企業設備的複雜程度和設備運轉有無技能方面的特殊要求。如果對技能的要求較高，那麼他會問：「招聘這些特殊僱員的難度大不大？」此外，如果設備具有專用性，那麼出售起來就比較困難，因此其抵押價值就較低，所有這些在風險投資人看來都很重要。

2.生產過程組織

　　生產過程是指從原材料開始，經過一系列的加工，直至產品生產出來的全部過程。生產過程的組織管理是否科學有效，直接關係到所生產的產品是否達到消費者的要求。雖然產品開發、市場行銷和銷售管道起重要作用，但真正將製造商其他類型的企業區別開的是生產過程。生產過程越先進，生產者就越成功。也就是說，生產過程是製造商的指路明燈。因此，也是風險投資商所關注的。

(1)產品生產過程及生產技術複雜與否，成熟與否？

(2)是否需要員工具有特殊生產技能？

(3)生產過程中那幾個環節最為關鍵？

(4)生產所需的零件種類繁多還是只有少數幾種？

(5)那一種或那幾種最為關鍵？

(6)產品實際附加值有多高？

(7)你正在計劃什麼樣的生產過程？

(8)你的生產量將有多大？

(9)你需要什麼樣的生產工具？

(10)在計劃中有怎樣的品質檢測手段？等等。

　　介紹重點是對產品生產全過程及影響生產的主要因素進行介紹。重點是生產成本的分析與介紹。

　　風險投資人需要企業家對產品銷售成本的構成做出分析。再生產描述過程中，要突出一些先進的生產組織理念和方法，如，準時化生產(Just in Time)，看板管理(看板是記載有前道工序應生產的零件號、零件名稱、數量、運送時間、地點、運送容器等內容的卡片或其他形式的信息載體。看板管理的特點可以概括為，實行後道工序向前道工序的「取貨制」)等。

3.人事和原料

　　在計劃書中，應表明你有足夠且可靠的物資資源。可以建築自己的產品，估算對材料的需要量，再簡述供應商的背景，及一旦發生問題，你有何後備資源。偶爾看看產業巨人，如汽車製造商或鐵路系統工人罷工而全面癱瘓，也是件有意義的事。它告訴我們有可靠、充足技術的人力資源有多麼重要。

　　剛成立的公司可考察競爭對手的人員情況，也可借助其他公司的經驗。已成立一段時間的公司可根據現存業務估計人員的需求，然後，要說明如何合理地僱傭所需的人員。要瞭解當地勞力市場，失業率以及薪資水準，某些信息還可以從商會或類似的實體處獲得。如果打算引進勞務，且數量可觀應考慮住宿問題，再將遷入費用計入預算內。

4.庫存控制

　　許多企業忽視庫存對利潤的影響，如果購買超過實際需要的原材料，或有產品積壓在倉庫內沒有售出，就有大量資金壓在原料和產品上，不僅佔用空間，還佔據大量資金，這些浪費直接降低企業利潤。

　　如果庫存不夠，則無法實現銷售。每個公司都害怕一旦收到大量訂單而沒有足夠的庫存，這時不僅丟失一次買賣，還可能丟失一個顧客，這就是保持低庫存的危險性。解決問題的辦法是建立一套庫存控

制系統，增加從銷售到生產，再到採購等環節的信息流動。這種信息流動可以減少主觀猜測成分，可以知道每日的銷售情況，通過信息流動使庫存保持在合理的水準。由於電腦和通信技術的廣泛應用，許多企業已經或正在實施零庫存計劃。

供應商也可以為你的庫存提供幫助。可以和他們合作，儘量減少交貨期，減少最低訂貨量的要求。一般大企業常常和供應商有密切的關係，供應商提供各方面的優惠政策。小企業也可以和供應商協商，建立一種戰略夥伴關係，使供應商在價格、交貨期、最低定量等方面具有更多的靈活性。

二、企業的運營

對於許多零售商和服務公司來說，提供一項服務的成本主要是勞力的成本。銷售技巧和服務態度在很大程度上決定著工作效率和市場接受程度。

服務的計劃書，必須給僱員高度的重視。還應包括地區勞力市場的各種信息，以便招收僱員，如櫃檯售貨員。地區受教育程度將有助於你能夠僱到熟練或半熟練工人做服務或維修工作。也可涉及一些背景信息，如果可能的話，可談及重要職員，如設計人員、行銷專家、採購員等的僱傭合約。

以合理的價格及時獲得暢銷商品的可靠貨源或許是每一位零售商的重要技能。如果你有顧客要買的東西，而其他零售商沒有，那麼你的銷量肯定會不錯。相反如果你沒有熱賣商品，那麼失望的顧客將離開你的商店，再也不會來了。

零售商的地點選擇包括交通數據，附近的人口統計數據，每平方英里的預計銷量，租賃費用和其他重要經濟指標。餐館類服務公司和

零售商的計劃類似，像開辦旅行社，害蟲防治服務和簿記業務的服務性公司則要提供關於地區收入水準，居住狀況和企業活動信息。

店面設計也應在計劃之內，因為零售在陳列的商品的同時，還給顧客帶來美的享受。所以店內設計非常重要，尤其是精品屋、時裝店設計只畫出平面圖是不夠的，零售商的計劃可能還包括照片，主打商品圖片和店中店等。

在任何行業中，信息技術都越來越顯得強大有力。製造商運用電腦聯網來提高訂貨速度，顧客的電腦將定單直接發送到製造商生產控制軟體上。零售商採用同樣的系統使訂購更快更準。許多服務公司，如旅行社、財會部門和網站設計也與技術緊密相連。如果你已經使用或準備使用某項前景看好的技術來提供服務，不論是支援網上購物的網站，還是使用交互電腦培訓職員，那麼把這些寫進你的計劃吧！投資者們非常注重運營中的尖端技術，如果是尖端技術，就應當在商業計劃書中列出。

 案例　某造紙廠商業計劃書的「生產流程」部份

1. 內部生產流程

內部生產流程如下表所示：

內部生產流程表

支持行動	技術發展(研發、流程改造、品質控制)				
	物流管理(採購、倉儲、運輸)				
	產品服務(維修、能源、熱、水)				
運作流程	配料	打漿	紙張成型	乾燥	裁切、複捲

2.功能設置和職責

為了達到生產目標，我們需要設置三個部門，即生產、科研和物流管理部門。每個部門的職責有具體的說明。另外，熟練的工人是決定能否生產出高品質的水果套袋的重要因素，因此必須從一開始就對操作工作進行嚴格培訓。培訓將由人事部安排，研發部門提供協助。

3.運作方式

租用某一家造紙廠的生產流水線來代替投資建造一家新的造紙廠。

(1)理由

為適應最初的生產需求,我們使用的是寬度為 1575 毫米的汽缸式機器。我們選擇租用一條生產線是基於以下的理由：

規模經濟：在最初的 5 年中，我們的生產量遠遠小於 8600 噸經濟產量，因此我們更偏向於向某家紙廠租用一條生產線來分享他們的公共設施，換句話說，分享他們的規模經濟。

節省投資：租用生產線的費用通常等於機器的折舊費。在案例中，每年的折舊費是 10 萬元。而如果購買一條新的生產線的費用是 100 萬元，還要加上每年至少 40 萬元的能源供應、治汙和蒸汽費用，因此租用一條生產線可以節省93%費用，還降低了沉沒成本的風險。

節省維修費用：既然只租用一條生產流水線，我們就可以分享其他一些輔助設備如蒸汽鍋、能源輸送管道等，而不需分擔很昂貴的維修費用。

有利於今後事業的擴展：我們長期的目標是成為水果套袋紙業的市場的領導者，每年的生產量將超過 1 萬噸。到那時，可以購買所有的固定設備而無需擔憂原有設備的沉沒成本(無法收回的成本)。

(2)可行性

在造紙廠租用一條生產線是一件普通的事。由於造紙廠供大於求，許多造紙廠處境艱難；同時，還面臨當地政府要求不得過分裁員的壓力，因此，有許多造紙廠也願意甚至鼓勵出借部份生產線，只要租借方承諾願意僱傭一部份原廠的工人。在租用期間，我們會按實際使用量支付水、電力和蒸汽費用。

4.選址

滿足我們需求的造紙廠最合適的地點是位於 A 市。

(1)選址原則

①交通便利；

②項目負責人與當地政府有良好的關係，可以得到必要的支援；

③良好的造紙工業背景，容易找到合適的造紙廠和熟練的工人；

④工人觀念開放，能很快適應現代商業模式；

⑤勞力成本低。

(2)選址比較

我們的大多數的原材料都是進口的。因此合適的位址應靠近主要港口。比較結果見下表。

原材料進口的合適位址

原　　則	A 區	B 區	C 區
離重要客戶的距離	適當	√近	適當
與當地政府的關係	√良好	不熟	不熟
造紙工業基礎	√最好	好	普通
觀念開放程度	√最開放	一般	不開放
勞動力成本	低	更低	√最低

5.勞力的需求

鑑於造紙機械一天 24 小時運轉，我們需要全天候的勞力。通常造紙廠的工人會分 4 個班，輪流倒班，每班工人工作 8 個小時。每天有早中晚三班工人工作，另一班工人休息。每隔一天換一班。

年產量等於或低於 4000 噸時所需勞力見下表。

勞動力需求表

	項目	獨立紙廠	租用機器
需四個班 組來運行	配料	1	1
	打漿	4	4
	成型	5	5
	一個班組	10	10
小計		40	40
需一個班 組來運行	裁切	2	2
	維修	12	6
	能源	50	0
	水治理	10	0
小計		74	8
服務所需 勞動力	倉儲和運輸	4	4
	質檢	2	2
	採購	1	1
	研發	1	1
小計		8	8
總計		122	48

6.研發

保持領導地位。鑑於水果套袋是一種革新性產品，不斷提高產量和研發新產品至關重要。我們的研發策略包括兩個方面。

(1)職責

調整生產流程以適應造紙機械。

根據用戶的最終回饋提高產品品質。

發展新產品，延長產品——除蘋果和梨以外，其他一些水果也開始使用水果套袋。我們可以研發桃子、葡萄、芒果和鳳梨的套袋。萬一水果套袋的銷售發生困難，準備生產其他產品。

(2)策略

建立研發實驗室，履行上述職責，特別著重於研製新的配方和發展新的產品。與其他一些研究院合作，研製新的化學附加原料或建立行業標準。

(3)其他關鍵因素

從長遠利益出發，擁有技術訣竅是關鍵。因此所有的化學原料的採購和組合均由主要經理負責，並在實驗室內完成所有的配製工作。市場行銷部應及時把市場需求回饋給研發部門。研發工作應被列入高層會議的議事日程。在實驗室內完成小規模的測試後，副經理應協調生產部門和研發部門進行進一步的測試。公司應鼓勵革新以保持在行業內的領先地位，並制定相應的制度來保證這一點。

7.物流管理

(1)原材料及配件的供應和採購

採購是為了保證所有所需的原材料以及機器維修備件都保持一個合理的庫存。我們選用進口纖維(紙漿和廢紙)，因為它比國產纖維更牢固。

紙漿供應：紙漿是需求量很大的商品，1997年年進口量達到150

萬噸。我們所需的牛皮紙紙漿 1997 年進口量也達到 12 萬噸。市場
上有成百上千個紙漿經銷商，因此可以很容易地採購到所需的紙漿。

廢紙供應：自 1995 年起廢紙的進口量超過了紙漿。1997 年時超
過了 160 萬噸，其中牛皮紙紙漿的廢紙達到 57 萬噸。其進口管道和
紙漿的類似。紙漿和廢紙供應供大於求，它的價格連續 4 年保持穩
定。作為最大的出口商和最大的供應商，美國廢紙的價格已經好幾
年保持穩定。

本地紙漿和廢紙：萬一進口紙漿和廢紙價格急劇上升，我們會
使用當地紙漿和廢紙，進口產品的惟一差別就是本地產品纖維的強
度不如進口產品強。我們可以通過使用更多的(大約 10%)化學添加
劑來克服這個問題。

我們將購買紙漿和廢紙，因為這些原材料最大的分銷中心。標
準的庫存量為兩個月的生產量，運輸工具可以是貨車或貨船。

(2)庫存控制

保證兩個月所需原料的庫存。

成品庫存在旺季時保證 50 噸，而在淡季時低於 25 噸。

(3)運輸

基本運輸方式：按照常規產品價格是不包括廠外運輸的。但如
果客戶需要，我們也可以安排運輸服務，只是價格要由客戶來承擔。

時間安排：我們的成品庫存量一般可以滿足訂購量。對於緊急
訂單，我們可以在一週內安排生產和運輸。運輸工具有火車、貨車
和貨船。根據客戶的所在地和所需運輸量來決定。

(4)其他物流服務

其他物流服務包括電力、蒸汽和水的安全供應，我們會直接向
造紙廠購買。消費量和費用見下表。

消費量和費用表

項目	消費量	單位價格	費用
電力	850 度	0.52	442
蒸汽	2 噸	85	170
水	100 噸	0.4	40
總費用			652

8.品質控制

成品的品質將決定這個項目是否能夠成功，因此，品質控制是十分必要的。所有的品質控制工作主要由質檢部負責。同時，質檢部還要負責指導監督一線工人進行生產過程。品質控制工作從原材料的檢查開始。

9.產量計劃

第一年的總產量為 1300 噸。

心得欄

第 *14* 章

商業計劃書的風險分析

　　每一個投資者都關心其投資的風險與收益，風險投資不同於一般意義上的投資，主要在於投資企業體在可能獲取高額收益的同時，也蘊含著巨大的風險。

　　風險投資的風險是可以通過科學的管理、管理方法和管理手段加以控制的，在承擔了投資的高風險後，他們將獲得高額的回報。

　　因此，風險投資商會對商業計劃書中有關風險的分析非常重視。他們想盡可能地弄清創業企業可能面臨的風險以及風險大小的程度，創業企業將採取何種措施降低或者防範風險、增加收益等。你在計劃書中必須予以說明。

　　風險投資風險是在風險投資過程中客觀存在的，它不僅存在於生產運營的某一特定的環節，而且存在於運營風險、技術風險、市場風險、行業風險等。

一、技術的風險

1. 開發風險
新技術的成功開發，會給投資者滿意的回報。然而，開發受阻或選擇了不成熟的技術，也會導致風險投資的失敗。

2. 轉化應用風險
新技術轉化為現實生產力的過程是一項複雜的社會過程，一項龐大的系統工程。它除了涉及投資資金的支持外，還涉及到科技成果自身是否配套以及政策、市場體制、環境保護等方方面面的問題。由於生產技術不完善，配套技術欠缺或原材料供應跟不上，難以形成現實的生產線；由於企業的生產實施能力受到限制，難以上規模、上檔次進行批量生產；由於選用的高新技術可能對生態環境造成不利影響或與現行政策相抵觸等等，都會使投入的風險資本處於風口浪尖。

3. 技術壽命風險
高新技術發展日新月異，選擇的技術何時被更高、更新的技術代替，很難準確確定。當更新的技術提前產生，原有技術被提前淘汰，風險投資風險將大大增加。

二、市場的風險

市場風險是指新產品、新技術與市場需求不適應以及新產品的生產設計能力與市場容量不匹配而引起的風險。市場風險是導致新技術、新產品商業化、產業化過程中斷甚至失敗的核心風險之一。

國際著名大公司，如美國的 IBM、蘋果電腦公司等，都曾因市場風險而蒙受過重大損失。市場風險主要體現在以下幾個方面：

1.市場接受程度的風險

風險投資企業的產品一般是新穎的。產品推出後，客戶對其功用性能缺乏瞭解和認識，往往持觀望態度，有的甚至做出錯誤的判斷，直接影響了市場對新產品的接受和市場容量。

2.市場接受時間的風險

社會的進步、生活的改善、科學文化知識水準的提高，使新產品被市場接受的週期愈來愈短。然而，從產品的推出到誘導出需求存在時滯，有的產品時滯還比較長，過長的時滯將影響企業資金的正常週轉，降低資金的利用水準，甚至導致企業的生產經營難以持續。

3.新產品市場容量的風險

理想狀態是新產品的設計生產能力與市場容量協調一致。對市場容量的調查方法雖然很多，但企圖較準確地摸清市場對新產品的容納程度還是不易辦到的，如果設計能力過小，或者設計能力超過了市場的實際需求都會增加投資風險。

4.市場競爭力的風險

市場本質上是一種競爭型經濟，競爭是提高市場活動效率的關鍵所在。家電、手機以及 IT 業的激烈拼殺，說明高新技術產品同樣面臨著激烈的市場競爭，能否經受住市場的洗禮，對剛剛起步，尚未建立起強大銷售網路的高新技術企業，是嚴峻的考驗。

三、財務的風險

財務風險有兩個方面，一是風險投資企業發展到一定階段，隨著經營規模的擴大，對資金需求迅速膨脹，能否及時獲得後續資金的支援，將直接關係其擴張與成長。

另一個是風險投資對高新技術客體作用，簡要地說有一定時效

性，適當時候應從所投資的企業或項目中退出來，然後進行新一輪投資。風險資本需要具備一定的流動性、週轉率，才能不斷地獲取項目在高成長階段的高利潤，用以彌補其它失敗項目上的損失，如果退出機制不完善，退出管道不順暢，風險資本被鎖定在投資客體中,「風險投資」將失去其功能。

四、管理的風險

管理風險指創業企業因管理不善而導致的風險，它也是風險投資風險的核心問題之一。

1.意識風險

企業在生產經營過程中，若過於追求短期效益，目光局限於產品項目創新，忽視管理創新、制度創新、技術創新、售後服務創新以及企業文化平臺在更高層次上的構築等，也會大大增加風險。

2.決策風險

現代企業管理的重心在經營，經營的重點在決策。風險投資的客體主要是高新技術企業，而高新技術發展迅速，產品更新換代快，有的產品時間更短，影響因素又多，不言而喻，失誤的決策必然造成失敗的企業。

3.組織人事風險

人是生產力諸要素中最主要最活躍的因素，人才是創業企業中最寶貴的財富之一，其數量、品質、結構在很大程度上決定著企業的成敗興衰。由於企業組織的調整、創新滯後，造成高素質人才流失，企業的技術開發、內控管理、市場行銷受到很大影響的事例時有發生，因此組織人事風險應引起足夠的重視。在此，創業企業家還應說明企業對核心人物的依賴程度。如果核心人物離開，會對該企業帶來什麼

影響？誰會接管此人的位置？

五、行業的風險

政策因素、自然因素、行業因素及世界經濟狀況因素等，都會給風險投資帶來或大或小的風險，這類風險是投資者不易預測，難以控制。

企業主千萬不要為了獲得風險投資而隱瞞或者縮小風險，這將會使風險投資商失去對你的信任。實事求是，誠實坦誠的品質才是風險投資商最讚賞的。

六、企業主提出降低風險的相應措施

風險是客觀存在的，但並不可怕，只要在每一條風險後面有相應的解決策略，讓風險投資商放心，創業企業的管理者有能力、有辦法控制風險。

1.針對行業風險的一般對策

(1)充分發揮企業在生產技術、產品品質、管理水準、科研水準方面的優勢，加快新產品的研製、開發和生產，擴大生產規模。

(2)堅持質優價廉和優質服務方針。

(3)發揮系列產品的集約優勢，增加產品的競爭力，提高產品市場佔有率。

2.經營風險的對策

(1)充分利用各廣告媒體，加強企業和產品宣傳。

(2)強化銷售隊伍和售後服務，保持與客戶的良好合作關係。

(3)快速推進其他系列產品的開發，從而相對減少對單一產品的依

賴。

(4)利用一切優勢使本產品成為國內知名品牌，力爭將產品打進國際市場。

(5)積極營造良好的工作環境和科研環境，改善福利待遇，吸引更多科技人員和高素質人才來企業工作。

3.市場風險的對策

(1)在加強產品銷售的同時，建立一套完善的市場信息回饋體系，制定合理的產品銷售價格，增加企業的盈利能力。

(2)加快產品的開發速度，增加市場的應變能力，適時調整產品結構，增加適銷對路產品的產量。

(3)實行創名牌戰略，以優質的產品穩定客戶，穩定價格，以消除市場波動對本企業價格的影響。

(4)進一步提高產品品質，降低產品成本，提高產品的綜合競爭能力，增加產品適應市場變化的能力。

(5)進一步拓寬思路，緊跟市場發展方向。

4.管理風險的對策

降低管理風險的一般策略是加強組織機構的建設，建立適應性強的組織機構和有效的激勵制約機制。減少企業對主管的過分依賴，加強對管理者的培訓，培養創新意識。

5.技術風險的對策

說明本技術在國際上的領先地位，進一步加大科技投入，以保證技術和應用產品的先進性，持續保持技術的領先地位，同時，加快科技轉化為產品的速度，迅速佔領市場。企業密切注視國內外最新科技動態，及時調整研發方向和戰略。

案例 「密碼技術產品」商業計劃書的風險分析部份

1.風險因素

投資高新技術產業是一種風險投資，具有高的投資回報，同時也存在一定的投資風險，投資風險主要包括以下幾種：

(1)政策風險

政府正在加強對資訊安全的立法，特別是對密碼產品，從研發到生產、銷售各個環節國家都實行專控管理，目前已有一些法規和管理辦法，但還有待進一步的完善。立法的速度和內容都將對本公司的經營和發展產生不確定的影響。同時，國家其他相關法律、法規的頒佈與修訂以及產業政策、稅收政策等方面的調整都可能會給公司的運營帶來一定的風險。

(2)管理風險

對高科技公司的管理，目前還沒有成熟的模式和經驗，需要公司管理層不斷摸索出符合公司實際和行業特點的管理模式。

(3)技術風險

公司的 ABC 信息安全核心技術，目前在國內外處於領先水準，能否持續保持領先地位，領先地位能保持多久都具有不確定性。

高新技術項目的研發週期以及技術轉化為產品的過程中，不確定因素較多，因此，不能完全把握是否能達到預定的進度、預定的目標和預定的用途。

(4)市場風險

新技術、新產品推出後，消費者在使用新技術替代舊技術時往往會持觀望態度，公司不能準確地確定市場的接受能力。

網路安全產品，特別是數據加密產品的推廣應用很大程度上取決於各應用行業主管部門的行業標準和規範的修改與制定，市場預測具有很大的不確定因素。公司將會面臨市場激烈競爭的威脅，在競爭中，我們最終能佔領多大的市場，事先難以完全準確地測算。

(5)人才風險

公司目前擁有優秀的管理隊伍和研發隊伍，但隨著公司業務的擴大，公司對技術、管理、資本運營的高級人才將會有持續的需求。若不能挖掘到合適的人才，將會對公司的發展帶來嚴重的影響。

公司的優勢在於擁有先進的技術，先進的技術來源於公司的高級技術人員，能否培養和留住人才，能否保持人才結構的穩定和優化，也存在一定的風險。

(6)知識產權風險

政府對知識產權的保護政策和措施，公司對擁有自主知識產權的核心技術的保護，公司對工作人員的保密意識的培養和控制力度等，也會影響到公司的發展。

(7)融資風險

公司經營業務的擴大有賴於資本的大量投入，在公司自有資金不足的情況下，需通過融資解決資金問題。

公司不能完全確保能按計劃增資擴股，獲得發展資金，也不能保證上市計劃會得到有關主管部門的及時的批准。

(8)其他風險

不可抗拒和不可預測事件的出現，可能導致公司的投資損失。

2.風險控制

(1)針對政策風險

本公司為有限責任公司，公司的設立和運作嚴格遵守法令、法規和政策。

公司將加強對有關政策、法規的研究,掌握法規政策的最新動態,及時調整公司的發展目標和經營戰略。

公司加快研發速度,縮短科技轉化為產品的週期,減小政策變化所帶來的風險。

公司將充分利用國家對高科技企業的優惠政策,提高企業的實力和抗風險能力。

(2)針對管理風險

加強企業組織機構建設,建立具有充分彈性、敏感性和適應性的組織機構。同時建立合理的監督制約機制。加強管理者自身素質的提高,掌握先進的管理知識和科學技術知識,培養創新意識。

在股權結構上,採用分散的股權結構,以分散投資風險,使公司的發展不至於受制於某一投資方。

(3)針對技術風險

本公司的核心技術,在國際上處於領先地位,在國內沒有強有力的競爭對手。由於政策上的限制,國外競爭對手對我公司不構成威脅,國內對手近期在技術上難以趕上。

公司將進一步加大科技投入,以保證公司的 ECC 核心技術和應用產品的先進性,持續保持技術的領先地位,同時,加快科技轉化為產品的速度,迅速佔領市場。

公司將密切注視國內外最新科技動態,並根據情況及時調整研發方向和戰略。

(4)針對市場風險

ABC 項目具有巨大的市場,公司將加大投入,保證公司產品的技術先進性,以先進的技術,優質的產品和服務,創立公司的品牌,從而佔領市場。

尋求與同行業公司建立合作發展聯盟,充分利用合作公司的生

產和行銷網路，迅速將我公司的先進技術和產品得到推廣應用，產生巨大的效益。

公司將密切關注國內外市場動態，並根據情況及時調整經營和行銷策略。

(5)針對人才風險

公司努力為員工事業的發展提供良好的平臺和機會，不斷提高企業的凝聚力和創造力，培養企業團隊精神，為企業的高速發展奠定堅實的基石。

公司對高級管理人員和高級技術人員採用期股和期權的方式進行激勵，使員工的利益和公司的發展緊密結合。

(6)針對知識產權風險

公司將加強知識產權管理和保密控制，員工和公司簽訂保密合約，公司聘請資深法律顧問處理有關知識產權糾紛。對公司具有領先地位的自主知識產權，將以公司的名義申請專利保護。

(7)針對融資風險

公司的股本金已經到位，為公司的發展提供了必要的種子資金。

公司具有一批有經驗的資本運作的人才，保證融資管道的順暢和資金的合理使用。公司擁有自主知識產權的 ABC 信息安全技術，及其廣闊的市場前景，對投資者具有巨大的吸引力，為融資奠定了良好的基礎。

公司將科學合理地安排融資結構，加強募集資金的使用管理，合理地進行利潤分配和債務償還，保證投資者的合理利益，增強投資者的投資信心。

第 *15* 章

商業計劃書的財務分析

　　財務分析資料是需要花費多時間和精力來編寫的部份。風險投資者將會期望從財務分析部份，來判斷你未來經營的財務損益狀況，進而從中判斷能否確保自己的投資獲得預期的理想回報。

一、商業計劃書的財務預測

　　創業者花費在尋找投資上的時間較多，而在賺錢上花的時間卻較少。創業者一般在其資金的使用上沒有很好地計劃。為了更好地決定你的資金需求，必須制定準確的財務預測。提供一個清晰的、有邏輯並且有根據的財務預測，是贏得投資的很重要因素。如果你沒有財務預測的能力，不妨聘請財務專家。

　　財務預測的信息主要有：銷售估計、管理成本、產品成本、銷售成本、資金支付、邊際貢獻、債務利率、收入稅率、應收賬款、應付賬款、存貨週轉、減價計劃和資產利用率等。

(一)損益預測表

損益表反映企業在一定時期內的盈利和虧損情況，損益預測讓所有者或管理者提前瞭解每月或每年的公司盈利情況，這些預測以每月的銷售收入、成本和費用作為依據。

1. 銷售收入

⑴比較現實地估計一下，若按你所期望的價格每月能賣出多少單位的產品或服務？

⑵期望的收益是多少？

⑶定價是否合理？

⑷是否會打折或減價？

2. 銷售成本和銷售費用

精確計算銷售成本並不是不能忽略某些小的事項，計算所有的產品和服務以便計算與之相匹配的銷售成本，銷售費用是為銷售產品所發生的各項費用，包括廣告宣傳、展覽，也包括為銷售而設置的專門機構的各項經營性開支和專職銷售人員的薪資福利費等，如果涉及到存貨，千萬別忘了運輸費用和直接的費用。

3. 毛利潤

用銷售收入減去銷售成本、減去銷售費用、減去銷售稅金及附加即是毛利潤(銷售利潤)。

4. 毛利率

毛利潤除以銷售收入即為毛利率。

5. 管理費用和財務費用

管理費用是指為組織和管理生產經營活動而發生的各項費用，如管理人員薪資及福利費、業務招待費、租賃費、折舊費、無形資產攤銷、諮詢費、審計費、房產稅、土地使用稅、印花稅等等。

財務費用指企業為籌集資金而發生的各項費用，包括貸款利息支

出、金融機構手續費以及其他財務費用。

6.淨利潤(或淨虧損)

稅前利潤：毛利潤總計減期間費用和各種營業外收支淨額

稅款：主要是所得稅

稅後利潤：稅前利潤減去所得稅款

7.損益預測表參考格式

在第 1 年這種表格可用來估測每月的收入和開支。在這以後的 4 年中，每年記錄一次就可以了。

表 15-1　損益預測表

	第 1 年	第 2 年	第 3 年	第 4 年	第 5 年
銷售收入					
銷售成本					
銷售費用					
銷售稅金及附加					
銷售利潤					
管理費用					
財務費用					
營業外其他收支					
利潤總額					
所 得 稅					
淨 利 潤					

(二)資產負債預測表

1.資產

列出企業擁有的有價值資源，這些資源可以在未來的經營中為企

業帶來效益。總資產包括流動資產和長期資產，長期資產又包括長期投資、固定資產、無形資產、遞延資產等，資產的折舊和註銷（無形資產如專利、版權等逐年減少）應當扣除。

流動資產，包括以下主要資產。

⑴貨幣資金：現金，在 12 個月（或一個運轉週期）之內能兌換成現金的其他資源，包括現金，銀行存款等。

⑵短期投資：也稱為暫時投資或可銷售有價證券，包括一年內可將股息或紅利兌換為現金的股票，列出股票、債券、存單等的市場價值。

⑶應收票據：企業銷售產品或提供服務而得到的商業匯票、包括商業承兌匯票和銀行承兌匯票。

⑷應收賬款：顧客購買商品或享受服務應付的報酬。

⑸預付賬款：提前購買或租用的商品或服務。如辦公用品、保險和交易場地。

⑹待攤費用：企業已經支出但應當在今後一年內分攤的各項費用。

⑺存貨：現有的原材料：正在加工的和已完成的商品，製造的產品或轉售的產品等等。

⑻長期投資也稱作長期資產：即在一年以上的時間裏可產生利息或紅利的資產，股票、債券以及指定特殊用途的存款。

⑼固定資產，包括以下資產：

①廠房和設備，一切不用於轉售的、企業所有或用於生產的資源，固定資產也可以出租。固定資產的價值和被租用財產的責任必須在資產負債表中列出。

②土地：列出原始購買價格（不包括市場價值補貼）。

③建築、改進或改建設備（包括租賃物的改進）、辦公傢俱、汽車或交通工具等

2.負債

流動負債一般包括以下內容。

⑴短期借款：期限在一年以內的各種借款；

⑵應付票據：對外發生債務時所開出、承兌的商業匯票；

⑶應付賬款：在企業運行中購買商品或服務應向其提供者支付的費用；

⑷預收賬款：企業預先收取的貨款或定金；

⑸應付利息：短期和長期借用資金的利息；

⑹應交稅金：在會計過程中由企業會計估計的金額；

⑺應付薪資和福利費：應付給員工的薪資和各種福利費。

⑻長期負債主要包括以下內容。

①長期借款：一年以上的各種借款；

②長期應付款：除長期借款和應付債券以外的其他各種長期借款。

3.淨資產

淨資產也被稱做所有者權益，淨資產是企業主對企業資產的所有權。在獨資企業或合夥企業中，股東原有投資加上企業留存收益即為股東權益。對於公司來說，淨資產等於成立時的實收資本加上資本公積金、盈餘公積金和未分配利潤。

4.總負債和淨資產

負債加上所有者權益，等於資產。

5.資產負債預測表參考格式

表 15-2　資產負債預測表

時間＼項目	第 1 年	第 2 年	第 3 年	第 4 年	第 5 年
流動資產					
貨幣資金					
短期投資					
應收票據					
應收賬款（減壞賬準備）					
預付賬款					
其他應收款					
存　貨					
待攤費用					
其他流動資產					
流動資產總計					
長期投資					
固定資產					
固定資產					
在建工程					
無形及遞延資產					
無形資產					
遞延資產					
資產合計					
流動負債					
短期借款					
應付票據					
應付賬款					
預收賬款					
其他應付款					
應付薪資					

續表

應付福利費					
未交稅金					
未付利潤					
預提費用					
流動負債總計					
長期負債					
長期借款					
長期應付款					
其他長期負債					
長期負債總計					
所有者權益					
實收資本					
資本公積金					
盈餘公積金					
未分配利潤					
所有者權益合計					
負債及所有者權益合計					

二、現金流量預測表的編制

現金流量表是反映一家公司在一定時期現金流入和現金流出動態狀況的報表。其組成內容與資產負債表和損益表相一致。

透過現金流量表，可以概括反映經營活動、投資活動和籌資活動對企業現金流入流出的影響，對於評價企業的實現利潤、財務狀況及財務管理，比傳統的損益表更好。

　　現金流量表是一家公司經營是否健康的證據。如果一家公司經營活動產生的現金流無法支付股利與保持股本的生產能力，那麼它得用借款的方式滿足這些需要，這給我們一個警告，這家公司從長期來看無法維持正常情況下的支出。

　　現金流量表透過顯示經營中產生的現金流量的不足和不得不用借款來支付無法永久支撐的股利水準，從而揭示了公司內在的發展問題。

　　現金流量預測是什麼？銀行往外貸款時需要一個這樣的預測表，那怕只是把錢貸給僅有一人的小公司。這是因為銀行認為現金流量預測表至少可以告訴他們有關貸出的錢能否收回，以及何時收回的相關信息。

　　現金流量預測表的列通常是各個月份的名稱，你期待獲得的收入通常用銷售收入來表示，例如業務啟動經費等。比較現金流入和支出，你就能夠確定存款餘額、材料費用、管理費用、設備費用，以及將企業日常開銷所需費用。

　　這並不是對企業盈利能力的預測，只是對在短時間內，企業的收入能否大於支出的一種設想。所以現金流量預測表沒有必要和盈利能力表一樣面面俱到。另外，即使你的利潤不足於支付公司的管理費用、抵消設備成本，你可能會虧本，但你的現金流量也可能足以償付銀行貸款。

　　另一方面，有些盈利的企業（其中很多企業的淨資產在不斷增長）卻存在「現金荒」的現象。這些企業可能擁有很好的利潤率，但其需要用來增加股份或支付給客戶的資金比流入公司的資金還要多。所以這些企業不但無法很快償還銀行貸款，還會繼續向銀行申請貸款。遲早有一天銀行不再繼續向其提供貸款，這個企業可能就會關門大吉了，儘管其潛在的盈利能力可能很強。

1.對現金流量表的基本認識

⑴編制現金流量表及其附表，將創設新事業構想數量化並用於檢測創設新事業商業計劃的可行性。一般的投資決策叢書或創業叢書，通常教導創業者必須對創設新事業商業計劃先做市場可行性評估，可行以後再做產品開發，但是讀完後，還是不知如何進行。其實，編制好現金流量表及其附表即做完了上述工作。

編制現金流量表及附表是每個創設新事業者在創設新事業必須做的功課，功課未完成，不宜籌募外界資金，也不宜輕率把錢投入。

編制現金流量表及附表，是將創設新事業的構想數量化，有系統地檢測創設新事業商業計劃細節，籌劃者必須花時間收集足夠的資訊來支持表上所列出的數字，往往需花一年半載才能達成，是整個創新事業商業計劃最耗時的步驟。

⑵現金流量表的編制並非很難。現金流量系估計新設立公司後各年度各種現金流量，完全是現金流入、流出概念不難掌握。即使是純技術者，經過半小時的解釋後就能瞭解如何編制。

投資顧問機構如果希望每位投資經理人 1 個月內輔導 4 個創設新事業，就要依賴創設新事業者提供其編制好的現金流量表及其附表。而一般的純技術者，最快大約兩週就可提出該表，有的需要 3 個月以上，這就要看其創設新事業構想成熟程度而定。創設新事業的構想愈成熟，則時間愈短；創業構想愈模糊，則時間愈長，因其信息不足，無法馬上填制現金流量表中之數字。

⑶現金流量表可作為技術者與財務顧問間最省時的溝通工具。財務顧問或投資專家可借著技術專家、創設新事業籌劃者所提供的現金流量表及附表瞭解公司整個商業計劃的大部份重要細節。

⑷較複雜的創設新事業商業計劃用電子試算表試做現金流量表及附表。現金流量表及附表從開始編制至完成，約需修正 15 次以上，一

般的創業者或財務顧問、投資專家皆視這樣的「模擬分析」、「檢查改正」為苦差事。

⑸踏出實現創業構想的第一步便是拿出現金流量空白表，試著去填滿。

2.編制現金流量表的準備工作

⑴找到合適人員負責溝通協調並撰寫。現金流量表的編制，首先需設法找到合適人員負責，所謂合適人員通常指對新企業及所處之產業有充分的認識，對生產、行銷、財務、技術、環保、工程或其他方面有專長的人員，該人員未來可能到新公司任職，該人員必須能善於溝通協調並彙集各方面的意見，取得市場產業資訊以確認影響新企業營運的關鍵因素，建立各項基本假設，並據以編制現金流量表。

⑵確認影響現金流量表的關鍵因素。關鍵因素系指影響企業未來營運相關的重大事項，並用來建立合理假設以作為編制現金流量表的基礎，例如，人工成本若為設立新公司的營運關鍵因素之一，則應說明人力需求、薪資率等以建立基本假設。

⑶建立編制現金流量表所需的各項假設。現金流量表的可靠與否取決於基本假設的優劣。現金流量表中每項科目數字之產生皆需以基本假設為基礎，例如，營業收入的基本假設可能為目前市場量(例如，新企業所生產的某產品 1992 年銷貨額為 2 億)，未來市場增長率(例如，1993 年增長 20%，變為 2.4 億)，公司市場佔有率(例如 5%)，則銷貨預計收入可得知(1993 年營業收入為 1200 萬)。

3.如何編制現金流量表及其附表

⑴準備好現金流量表格式。下面的現金流量表所列出的科目是以較複雜的製造業為例，服務業、買賣業的投資案可能省略某些科目。此外，有些特殊的投資方案有特殊的收入或特殊的支出，則需加入某些科目。

(2)產品觀念的形成與市場調查。界定產品名稱、種類、競爭者、市場容量及行銷策略,這可能是編制現金流量表最難的部份。

(3)預測銷售收入。編制未來 5 年可能的銷售收入明細表,並將銷售收入匯總額填進現金流量表。

(4)預測廠房投資金額。土地面積多大,租或買;廠房面積多大,租或買;廠房的冷氣機設備,隔音設備。編制廠房投資金額明細表,並將匯總金額填進現金流量表。

(5)預測生產、實驗或質檢、設備投資金額。產品生產及品質管制圖,設備名稱、何種規格、所需數量、金額,編制生產、實驗或質檢、設備明細表,並將其匯總金額填入現金流量表。

(6)預測辦公設備投資金額。辦公室面積多大,租或買,辦公室的裝潢、冷氣、桌椅、電話、傳真機、電腦及公務車等。編制辦公室設備明細表,將匯總金額填進現金流量表。

(7)預測未來 5 年管理部門與銷售部門的人事和薪資。包括組織結構、各部門人數、人員資格、薪資水準,編制薪資明細表,將匯總額填進現金流量表。

(8)預測未來 5 年因為銷售收入引起的直接人工成本。包括直接人員資格、薪資水準、人數。編制薪資明細表,並將匯總金額填進現金流量表。

(9)預測未來 5 年因為銷售收入引起的直接原材料成本。包括直接物料成本,編制成本明細表,並將匯總金額填入現金流量表。

(10)預測未來 5 年因為銷售收入引起的變動銷售費用。包括傭金等,編制附表並將匯總金額填入現金流量表。

(11)預測各項管理與銷售的成本。如水電費、郵電費、交際費、辦公費用、其他業務費用,編制明細表,將匯總金額填入現金流量表。

(12)其他。如技術轉讓費等。

表 15-3　現金流量預測表

時間＼科目	第1年 第1月	第1年 第2月	第1年 第3～12月	第2年	第3年
1. 現有現金(起始月)					
2. 現金流入					
銷售收入現金					
貨款或其他現金收入					
3. 總現金收入					
4. 總可用現金					
5. 現金付出					
採購					
總薪資(扣除提留)					
稅費等支出					
外部酬勞費用支出					
辦公用品支出					
修理和維護費用支出					
會計和法律費用支出					
廣告費用支出					
汽車、遞送和差旅費支出					
租金支出					
電話費支出					
公共事業費用支出					
保險費支出					
稅收支出					
利息支出					
其他支出					
零星支出					
6. 總現金支出					
7. 現金頭寸					
重要經營數據(非現金流信息)					
A、銷售總額					
B、應收賬款					
C、壞　　賬					
D、存　　貨					
E、應付賬款					
F、折　　舊					

⒀可以根據企業未來經營情況的預測,將產品銷售收入、回收固定資產餘值、回收流動資金作為現金流入,而將固定資產投入、流動資金投入、經營成本、銷售稅金、所得稅作為現金流出,預測企業淨現金流量,從而分析企業在獲得風險投資資金後,未來幾年的投資評價和預測。

表 15-4　未來幾年的投資評價和預測

時間 科目	第 1 年	第 2 年	第 3 年	第 4 年	第 5 年
現金流入					
產品銷售收入					
回收固定資產餘值					
回收流動資金					
現金流出					
固定資產投資					
流動資金					
經營成本					
銷售稅金及附加					
所 得 稅					
淨現金流量					
累計淨現金流量					

三、商業計劃書的盈虧平衡分析

企業在創業初期失敗,很多是因為創業資本被過多地用於購買固定資產。除非有些設備明顯是初期所必需的,其他的購買應盡可能推

遲。固定成本越高，達到收支平衡，並開始獲利的所需的時間就越長。虧損太大、時間過長，不利於新企業的成長。新企業需要儘快獲利，否則它將面臨虧損甚至破產。收支平衡分析不僅可以適用於企業前期的項目規劃，而且還適用於企業的日常運營。

線性盈虧平衡的分析步驟和方法介紹如下：

1.線性盈虧平衡分析的假設分析

(1)生產量(Q)等於銷售量；

(2)固定成本(F)不變，單位可變成本(V)與生產量成正比變化；

(3)銷售價格(P)不變；

(4)只按單一產品計算，若項目生產多種產品則換算成單一品種。

2.盈虧平衡分析的圖解法和代數解析法

由假設條件可知：

銷售收入：$S＝P×Q$

生產總成本：$C＝F＋V×Q$

(1)圖解法

圖 15-1　圖解法

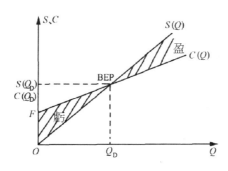

⑵代數解析法

①以實際產量表示的盈虧平衡點(Q*)

$$Q* = \frac{F}{(P-V)}$$

②以銷售收入表示的盈虧平衡點(S*)

$$S* = P\frac{F}{(P-V)}$$

③以生產能力表示的盈虧平衡點(E*)

$$E* = \frac{Q*}{Q_{max}} = \frac{F}{(P-V)Q_{max}}$$

④以最大產量時的產品單價表示的盈虧平衡點(P*)

$$P* = V + \frac{F}{Q_{max}}$$

四、商業計劃書的融資說明

闡述融資需求和相關問題。

1.提議的融資方式

企業家可以在普通股、優先股、可轉換債權券、認購股權證等幾種融資工具中,向風險投資人提議一種。注意要對有關發售這些金融工具的眾多細節問題予以說明,以免風險投資人產生過多的疑問。

⑴如果出售的是普通股,通常要求說明:

①是否分配紅利?

②紅利是否可以累積?

③經過一段時期後股份是否回購以便風險投資人撤回投資?

④估計的發售價格是多少?

⑤該種股權是否有所限制？

⑥普通股持有人具有什麼樣的投票權和註冊登記權（安排上市從而變為公眾公司）？

⑵如果發售的是優先股，則需要說明：

①支付何種股利？

②股利是否可以累積？

③對優先股有何回購安排？

④優先股是否可以轉換為普通股？

⑤優先股股東是否具有投票權？

⑥對優先股權有何限制？

⑦是否在董事會具有控制權？

⑧如果是可轉換優先股，那麼轉換價格是多少？

⑨優先股具有那些優先權？

⑶如果發售的是可轉換債券，也需要對相關條款做出說明，包括：

①債券期限是 5 年，還是 10 年？

②債券利率以多高為宜？

③是固定利率還是變動利率？

④該債券可以轉換為普通股還是優先股？

⑤如果上述條款還可以協商，那麼也應該在這裏予以說明。

⑷如果是發售股票期權，那麼需要對風險投資人必須支付的期權購買價格做出說明：考慮風險投資人兌付期權時的執行價格和購股數量，並說明期權的期限是多長。

⑸如果提議的融資方式及有關條款還有協商的餘地，應該予以特別說明。

2.資本結構

要求對本企業的普通股、優先股及長期負債做出說明，以便風險

投資人對企業融資前後的資本結構有全面的瞭解。

3.融資抵押

如果是債務融資，則需要就債務抵押情況做出說明。

4.擔保

說明對風險投資人的投資提供個人或公司擔保的情況。如果是個人擔保，通常需要提供擔保人的個人財務狀況資料。

5.融資條件

本企業是否允許風險投資公司的代表進入董事會？資金到位後企業要達到什麼樣的目標？那些階段性目標必須達到？等等。

6.報告

主要介紹本企業打算通過何種方式向風險投資人報告經營管理情況，如提供月、季損益表，資產負債表和年度審計後的財務報表等。

7.資金運用

說明本企業將如何運用資金，最好不要使用「營運資金」這樣模糊的字眼，而要盡可能分項詳細論述，如固定資產購置、流動資金的使用計劃等。

8.所有權

介紹現有股東持股數量及風險投資人在投資發生後的持股數量。指出獲得該項所有權所支付的金額，每位股東的股權比例等。對企業創始股東已經或將會獲得股份(而不是現金)的情況更要詳細加以說明，如果考慮給予土地、建築物、機器設備或是創業股份，那麼對這些資產目前的市值也需加以說明。

9.面值攤薄

說明投資本企業資產、淨資產以及盈利帳面值，將被攤薄到何種程度。

10.費用支付

　　說明融資過程中，是否需要支付諮詢顧問費、律師費用及如何支付等問題。

11.風險投資人對企業經營管理的介入

　　風險投資人一般要求在企業董事會中佔有 1～2 個席位，如果本企業希望風險投資人對經營管理的介入更深一些，那麼可以在此加以說明。例如，可以要求風險投資人在企業融資方面給予幫助，甚至要求提供某一特定類型的融資，但企業也承諾對此支付一定的費用。

　　也可以為風險投資人安排私募支付費用，如將私募金額的 2%給予風險投資人等。總之，應該在此將企業希望在資金到位後由風險投資提供的增值服務的內容和要求加以說明。

 案例　某公司商業計劃書的「財務與融資」部份

1. 公司(三年)投資計劃
(1)投資方向和資金使用項目

　　公司在 2010 年 5 月～2013 年 6 月的第一個三年計劃期內，重點投資方向將理智地限制在信息安全技術和應用產品的研發與合作生產、經營等方面。

　　公司第一個三年計劃內，資金的使用和投資項目包括：

　　①公司管理費用；

　　②公司固定資產購置(不包括信息安全實驗室部份)；

　　③投資建設一流的信息安全實驗室；

　　④投資於 ABC 信息安全理論和核心技術的研發和優化，保持技術的國際國內領先地位；

⑤投資於 ABC 信息安全應用產品的研發、合作生產、銷售等;

⑥市場拓展、公關宣傳、廣告等費用。

(2)投資計劃(第一個三年計劃內)

第一個三年計劃投資計劃表

(2010 年 5 月～2013 年 6 月)

項　　目	2010 年 5 月 ～2011 年 6 月	2011 年 7 月～2012 年 6 月	2012 年 7 月～2013 年 6 月	合　　計
1.公司管理費用	150 萬元	250 萬元	300 萬元	700 萬元
2.公司的固定資產購置	100 萬元	100 萬元	100 萬元	300 萬元
3.信息安全實驗室投資	840 萬元	2310 萬元	350 萬元	3500 萬元
4.信息安全理論和核心技術的基礎研究投入	200 萬元	150 萬元	150 萬元	500 萬元
5. ABC 信息安全應用產品的研發、合作生產、銷售	1500 萬元	1000 萬元		2500 萬元
6.市場拓展、公關宣傳、廣告等費用	300 萬元	400 萬元	300 萬元	1000 萬元
合　　計	3090 萬元	4210 萬元	1200 萬元	8500 萬元

初步計劃，三年內公司將完成投資 8500 萬元，主要包括：

①公司管理費用(估算)：700 萬元。

初步估計，公司的人員規模和管理費用如下：

2010 年 5 月～2011 年 6 月，公司人員控制在 25 人左右，管理費用為 150 萬元；

2011 年 7 月～2012 年 6 月，公司人員控制在 35 人左右，管理費用為 250 萬元；

2012 年 7 月～2013 年 6 月，公司人員控制在 50 人左右，管理費用為 300 萬元；

三年合計：700 萬元。

②公司的固定資產購置：300 萬元。

如，購置辦公設備、汽車、房產等較大的固定資產，初步計劃年均投入為 100 萬元，三年共計 300 萬元。

③信息安全實驗室投資：3500 萬元。

公司計劃在三年內，投資興建一個全國一流的信息安全實驗室。預計三年內信息安全實驗室投資額將達到 3500 萬元(不含人員費用)。

④信息安全理論和核心技術基礎研究投入：三年累計投入約為 500 萬元。

⑤投資於 ABC 信息安全應用產品的研發、合作生產、銷售等。

計劃投資 2500 萬元，用於 3～4 個產品的合作開發、生產和銷售工作。

⑥市場拓展、公關宣傳、廣告等費用：初步概算為 1000 萬元。

安全實驗室建設投資估算

項　目	2010 年 5 月～2011 年 6 月	2011 年 7 月～2012 年 6 月	2012 年 7 月～2013 年 6 月	合　計
1.房地產投資(佔地 20 畝，建築面積 9267 平方米)	840 萬元	960 萬元		1800 萬元
①土地	50 萬元			50 萬元
②規劃與設計費	40 萬元			40 萬元
③土建	750 萬元			750 萬元
④裝修		800 萬元		800 萬元
⑤綠化		80 萬元		80 萬元
⑥其他		80 萬元		80 萬元
2.實驗設備投資		1200 萬元	300 萬元	1500 萬元
3.其他設備和固定資產投資		150 萬元	50 萬元	200 萬元
合　計	840 萬元	2310 萬元	350 萬元	3500 萬元

2.資金來源(三年內)

公司在 2010 年 5 月～2013 年 6 月的三年內，資金來源包括公司股本金(含增資擴股)，營業收入和銀行貸款三部份。

(1)公司股本金

目前，公司股本金 600 萬元已全部到位，其中，420 萬元是以現金投入，這是公司發展的種子資金。

(2)增資擴股

公司計劃在 2010 年底或 2011 年初，引進新的投資者，爭取擴

大註冊資本，組建成立規範化的股份公司，初步計劃股本金增加到2000萬股，新增加股份1400萬股，初步估計按 1：2.5 的比例溢價發行，從而獲得 3500 萬元左右的股本金投入。

(3)營業收入

初步估計，公司在 2010 年上半年，能夠將 ECC 加密技術和產品得到商業應用，2010 年 5 月～2011 年 6 月可實現營業收入 1000 萬元，2011 年 7 月～2012 年 6 月，可實現營業收入 8000 萬元，2012 年 7 月～2013 年 6 月，可實現營業收入 12000 萬元。

(4)銀行貸款

由於政策不斷向科技企業、中小企業有利的方面發展，估計公司將能在 2011 年底或 2012 年初進行實驗室投資時，用固定資產進行抵押，可爭取 1500 萬元左右的銀行貸款。

(5)資金平衡分析

從上述分析可以看到，公司從 2010 年 5 月～2012 年 6 月的兩年內，需投資 7300 萬元，公司股本金(含增資擴股)現金為 3920 萬元，銀行貸款為 1500 萬元，合計為 5420 萬元，資金缺口為 1880 萬元，依靠兩年的營業收入解決。預計 2010 年 5 月～2012 年 6 月的兩年內公司將實現營業收入 9000 萬元，因此，保證資金的供應是有保障的。

3.效益預測

(1)股東投資回報的來源

①產業經營的收入和股利分配：主要包括產品銷售收入、專利技術許可及轉讓收入、技術投資入股或技術合作收入等等。

②資本經營：包括股票上市的收入，股權轉讓的收入等等。

股票上市：公司將股票上市(以國內創業板為首選目標)作為公司實現遠期戰略的重要步驟。公司上市有助於加強公司的持續籌資能力和提升公司形象。我們亦充分理解上市對風險投資人的重要意

義。因而我們從公司組建就開始為上市做好鋪墊,在人員、股權結構和組織結構上均做了充分安排。

股權轉讓:股權轉讓是風險投資退出的另一選擇。由於本公司具有優良的內外資源和可預期的市場前景,必將會成為國內外很多公司,包括上市公司的投資目標。我們預計,公司經過兩年的創業經營,風險投資會從股權轉讓中獲取可觀的收益。

(2)投資收益預測

①營業收入

初步估計,包括產品銷售收入、專利技術許可以及轉讓收入、技術投資入股或技術合作收入等:

2010 年 5 月～2011 年 6 月	1000 萬元
2011 年 7 月～2012 年 6 月	8000 萬元
2012 年 7 月～2013 年 6 月	12000 萬元

三年合計:21000 萬元

②經營成本

高新技術產品的附加值很高,初步估計,經營成本按收入的 50%計算:

2010 年 5 月～2011 年 6 月	500 萬元
2011 年 7 月～2012 年 6 月	4000 萬元
2012 年 7 月～2013 年 6 月	6000 萬元

三年合計:10500 萬元

③稅前利潤

經營收入扣除經營成本後,稅前利潤為:

2010 年 5 月～2011 年 6 月	500 萬元
2011 年 7 月～2012 年 6 月	4000 萬元
2012 年 7 月～2013 年 6 月	6000 萬元

三年合計：10500 萬元

④稅後利潤

扣除營業稅及附加(銷售收入的 5.45%)，企業所得稅，稅後利潤

為：

10500 萬元－21000 萬元×5.45%－(10500 萬元－21000 萬元×

5.45%)×15%＝7952 萬元

　　由此可見，公司在三年內，將創造稅後利潤至少 7952 萬元(如果計算所得稅減免，還可以提高利潤)，按增資擴股後組建的股份公司股本 2000 萬股計算，每股稅後利潤合計將達到 3.98 元，投資收益十分可觀，並將為公司的長遠發展和資本經營奠定良好的基礎。

(3)結論

　　經初步的分析，公司通過產業經營和資本經營，將為公司投資者創造十分巨大的效益和社會效益。盈利預測見下表。

盈利預測表

年　　限	2010 年5 月～2011 年 6 月	2011 年7 月～2012 年 6 月	2012 年7 月～2013 年 6 月	合　　計
經營收入	1000 萬元	8000 萬元	12000 萬元	21000 萬元
經營成本	500 萬元	4000 萬元	6000 萬元	10500 萬元
稅前利潤	500 萬元	4000 萬元	6000 萬元	10500 萬元
稅費(營業稅及附加按銷售收入的 5.45%，企業所得稅率按 15%計算)	121 萬元	971 萬元	1456 萬元	2548 萬元
稅後利潤	379 萬元	3029 萬元	4544 萬元	7952 萬元

現金流量預測見下表。

現金流量預測表

年　　限	2010 年 5 月～ 2011 年 6 月	2011 年 7 月～ 2012 年 6 月	2012 年 7 月～ 2013 年 6 月
期初現金餘額	420 萬元	1709 萬元	6028 萬元
現金流入	4500 萬元	9500 萬元	12000 萬元
經營活動的現金流入 籌資活動的現金流入 投資活動的現金流入	1000 萬元 3500 萬元 0	8000 萬元 1500 萬元 0	12000 萬元 0 0
現金流出	3211 萬元	5181 萬元	8656 萬元
經營活動的現金流出 繳納稅費 股利分配的現金流出	3090 萬元 121 萬元 0	4210 萬元 971 萬元 0	7200 萬元 1456 萬元 0
淨現金流量	1289 萬元	1229 萬元	3344 萬元
期末現金餘額	1709 萬元	6028 萬元	9372 萬元

第 *16* 章

商業計劃書的長期發展計劃

　　企業的長期發展計劃，是商業計劃書的最重要部份之一，也是投資者最感興趣的部份之一。

　　商業計劃書是企業達到成功的工具。企業的目的地在何處，3～7年之後企業將要達到什麼目的？投資者最關心的是 3～7 年之後，企業的生產將要達到什麼規模？利潤是多少？他們的投資屆時將得到什麼樣的回報等問題。他們還關心如果意外事件發生，他們會有多少損失。如果企業從銀行貸款，則此部份內容對銀行並不重要。因為銀行在貸款之前就已經從貸款利率知道了 3～7 年後他們應該得到多少回報。

　　作為風險投資，風險投資的核心是投資風險，投資者期望在一種充滿風險的投機活動中獲得高額的利益回報。

　　風險投資者與商業銀行家不同，他們是一些風險投機家。他們不怕風險，因為他們知道投資回報與風險成正比。他們追求的是在風險中把握機會。因此風險投資者十分看中企業的發展計劃和撤出計劃。他們最關心的是什麼時候撤出、如何撤出、風險何在、回報多少等問題。所以在商業計劃書中要給一個明確的解釋。風險投資者不怕風險，

怕的是企業家不能分析風險。

作為企業本身也應有明確的目標,並且應該在商業計劃書中寫明具體的目標和如何達到此目標的方法。在長期計劃中還要標明各個階段的目標,良好的長期發展計劃就是一條清晰可見的通向目的地的道路。沿著路標和里程碑最終達到成功的頂峰。

一個好的長期發展計劃應該包括這樣幾項內容:目標、發展策略、發展的里程碑、經營風險和合理的撤出計劃等。

一、畫出你的願景和使命

願景和使命,就是你想做什麼、做成什麼樣,就是你的理想以及如何實現理想。戰略規劃是你整個企業、項目的出發點和回歸點。

這內容要求你首先說清楚你的戰略是什麼,即你的宗旨是什麼,給你的公司、項目定位;然後逐步說明你的戰略機會所在、實現戰略的手段、戰略的階段劃分、明確的戰略目標以及終極的戰略目的。

你的重點是給公司定位,再說清楚你的業務性質、市場和產品(服務)領域,確立的公司的戰略是什麼。簡述願景與使命時,主要說明公司(或項目)的創辦思路、形成過程以及目標和發展戰略,也就是告訴讀者你在幹什麼。一言以蔽之,願景與使命就是商業計劃書的宗旨,沒有宗旨就等於盲人騎瞎馬,一定要簡明扼要地說清楚你的宗旨。

你可以在這裏簡單描述公司的相關信息和背景,如公司的法定性質、投資者、所有者的組成等內容。但是,考慮到「執行摘要」已經有了這些內容,為了節約篇幅,就不要寫了。

這裏的「宗旨」與執行摘要裏的「願景與使命」不同的地方在於:「宗旨」除了包含執行摘要裏的「願景與使命」之外,還闡明了母體的宗旨,是綜合的願景與使命的前提。

英雄資訊公司將專注商業資訊服務的方向，順應市場變化和發展需求，秉承專業、高效、共同成長的宗旨，為客戶提供超值而永無間斷的世界級服務與產品，更佳地滿足客戶的需求，成為客戶商務活動中永續的夥伴。

「英雄資訊」W 項目集新興媒體與傳統媒體、電子商務與資訊服務、授權終端連鎖店、定向業務協作等為一體，提出「演繹你的地理，激活小城」的概念，配合「區域經營」的思路，秉承「分享信息與資源，共同成長與發展」的理念，以「用最穩定的技術解決最直接的問題」為指導，採用低成本運營方式，致力於為小範圍地理區域及其相關利益人提供全方位、深層次的服務，幫助客戶確立優勢並獲得所需價值。

二、企業的發展目標

小的私有企業和創業者，在寫明企業將來一個具體時間所要達到的目標的同時，也要寫明企業家和企業者個人的目標。目標一定要定的實際可行，不可超出常識範圍。

例如，國際生產率公司的總裁，他在長期發展計劃中就明確地寫到：「我個人用第一年時間熟悉業務。第二年企業開始發展，第三年我們的業績要達到大公司的水準」。這就是一份比較實際，並且容易被投資者所接受的發展計劃。對大企業則不需要個人的發展目標，僅需要提供企業的發展目標就可以了。

制定目標的要點在於具體和實際，並且需要有實實在在的證據支援。否則難以取得投資者的信任。例如申請一筆 300 萬元的投資，可以這樣描述發展計劃，根據企業現在的情況和市場發展趨勢，如果本企業能夠得到所需要的 300 萬元投資，第一年主要用於改造現有設備；

第二年開始投產達到某某水準，銷售額為幾千萬元，利潤為幾百萬元；第三年生產達到某某水準，銷售額達到某某元，利潤達到某某元。具體的計劃比籠統的計劃好。有具體的數字擺在紙上更容易打動投資者的心。企業在書寫具體長期發展計劃時可以從下述幾個方面入手：

(1)簡單扼要的概述；

(2)職工數目；

(3)店面數目，規模；

(4)年銷售額；

(5)純利潤；

(6)產品或服務的種類和數量；

(7)其他。

三、企業的發展策略

為了證明上述目標的實際與可行，企業要列舉出為達到此目標所採取的策略和具體行動，以及對具體市場所採取的不同優先順序。

1.市場滲透
市場滲透指的是引進新的產品或服務，擠進現有的市場。

2.市場改善
通過加強企業現有的市場，改善現有產品或服務的品質，增加銷售額和利潤率。

3.市場擴張
增加產品的種類或類型，經營多樣化，增加銷售網站，提高銷售量等。

4.市場集中
縮減產品或服務的種類，特別是低利潤的產品或服務。集中精力

到高利潤的項目。

5.市場轉向

企業根據市場的變化,改變現有的經營項目。

表 16-1 企業發展策略優先順序表

考慮因素	具體描述	優先順序
增加新產品		
增加市場佔有率		
增加生產能力		
增加職工人數		
增加銷售網站		
增加研究發展		
增加利潤率		
減少債務		
增加投資		

對上述策略,企業可以根據具體情況選擇一種或多種,具體情況具體分析永遠是企業發展的靈魂。針對不同的策略應該採取不同的行動。如果重點放在改善產品或服務的品質,則要把精力集中到貨源管理、生產過程的品質控制、發展研究等方面。如果重點放在市場擴張,則應該把精力集中在購買新產品或服務,增加店鋪數量,增加經銷商數量等方面。針對某一具體市場策略,不同的企業在具體行動上採取不同的優先順序。下述一些因素可以為企業選擇優先順序提供參考。各個企業可以根據本企業所要採取的行動制定自己的順序表。在順序表中每個內容包括 3 個部份:考慮因素、具體描述和優先順序的級別。

四、企業發展的階段里程碑

　　為了向投資者證明你的商業計劃書是確實可行的，是一步一個腳印向前進行的，明確寫出本企業發展的具體的階段性指標。例如第一年達到什麼水準，賣出多少產品或服務；第二年達到什麼水準，賣出多少產品或服務；第三年達到什麼水準，賣出多少產品或服務等。有時還要分得更詳細一點，展示出一幅清晰的圖畫，讓投資者看到有跡可尋的發展路徑。他們也會根據你提供的里程碑分析其可行性和可信程度。

表 16-2　制定里程碑參考分析表

項　　目	具體內容	時　間　表
公司規模		
公司人員(數量、品質)		
財物擔保		
完成產品設計		
完成市場探測		
第一個新產品出廠		
銷售金額		
產品銷售量		
達到的利潤水準		
第二個新產品的開發		
第二個新產品的生產		
第二個新產品的銷售		
銷售店鋪數量		
其　　他		

里程碑應該是企業在某一個具體時間要達到的一些具體的可以測量的客觀指標。不可以用含糊不清，籠統的說法。例如不可以用「3年後我要建立起龐大的顧客群，我要達到世界先進水準」等這樣一些含糊不清，不可測量的指標。而應該明確說明「3年後本企業要達到年銷售額500萬元，或5年後我們要達到年銷售100萬台」等。凡事說起來容易做起來難，理論與實際總是存在差距。在制定階段性指標時企業應該考慮到實際情況，數字保守一點，給自己留有餘地。每個企業都有本企業自己的實際情況，企業應該根據本企業的具體情況做出合乎實際的里程碑計劃。

五、風險評估

任何企業都存在風險，沒有風險的經營是不存在的。

世界著名的軟體帝國微軟公司的總裁比爾·蓋茨時時告誡員工，微軟雖然已經是世界上最大的軟體公司，但是「微軟距離公司破產只有70天」。比爾·蓋茨以此警示員工風險時時存在，即使像微軟這樣的超級帝國依然面臨風險。

如果企業能夠預見在生產和銷售產品、服務的各個環節上有可能出現的各種潛在性危險，並且制定相應的應變措施，則可以把風險降低到最小程度。投資者並不在乎企業有風險，他們是否投資不是根據有無風險，而是根據他們對風險和回報的評價來做決定。在投資者眼中找不到自己風險的企業一定是對未來缺少預見的企業，或者為達到某種目的掩蓋風險。投資者絕對不會投資這樣的企業。

風險因素涉及地理、時間、政治、社會大環境、氣候、自然環境、某些不可預見的情況等各項因素。企業要從上述各個因素中結合本企業的特殊情況加以分析做風險評估。風險評估的內容應該包括各種風

險可能出現的時空條件,即什麼時間在什麼地點有可能出現什麼風險。還要分析這種可能的風險對企業生產和銷售將產生什麼影響,以及影響程度如何等。更重要的是需要闡述企業針對可能出現的風險將會採取什麼相應的措施,化險為夷。

表 16-3 風險因素評估表

領　　域	風　　險	等　　級	企業的相應措施
材料/貨源			
生產過程			
管　　理			
成　　本			
售　　價			
市　　場			
代 理 商			
顧　　客			
技　　術			
財　　務			
國家法規			
其　　他			

第 *17* 章

投資者撤出計劃

　　風險投資人(VC/VE)最終想要得到的是現金,而非投資。你要描述的是怎樣使風險投資人最終以現金的方式收回其對本企業的投資。風險投資者還有最後的兩個問題需要予以解答:

　　一是他將獲得多少投資回報?二是他的投資資金如何退出?這兩個問題直接關係到風險投資者本次風險投資是否成功,因此這是他十分關心的關鍵性問題。

　　這一部份中必須對你公司未來上市公開發行股票的可能性、出售給第三者的可能性、你自己將來在無法上市或出售時回購風險投資者股份的可能性給予週密的預測,任何一種可能性都要讓風險投資者明瞭他的投資報酬率。

　　所謂撤出計劃,就是如何把投資者的投資,以金錢的形式歸還給他們。投資者向企業投資的意圖十分明確,即用他們的錢通過你的企業為他們賺更多的錢,但是投資者與銀行和各種信貸機構不同,銀行和信貸機構貸款給企業其利益十分明顯而且固定,本金加利息。銀行和信貸機構對企業的評估基於企業的效益能否達到他們要求的利息。

而投資者是企業的股東之一，他們的利益與企業的經營直接緊密相關。他們的投資沒有固定的報酬率，其賠賺與企業休戚相關。

他們之所以投資一個企業，完全是一種商業投機行為。其主要目的在於通過直接投資企業，成為企業的原始股的股東。他們期待可以通過賣出企業的股票獲利，他們是被動投資者，雖然是企業的股東和董事會成員，但是他們並不直接參與企業的營運。投資者是對企業投資見好就收，他們不會永遠投資在一個企業，也不會任意撤出資金。他們一定要在最佳的時機，以最好的方式撤出企業。投資者要求企業在申請投資的同時，就事先明確闡明他們的投資到底最後如何轉變成現金。因此撤出計劃也成為商業計劃書的重要內容之一。

企業可以根據各自的情況指定各種各樣的撤出計劃，一般說來，投資者只對以下幾個方面的撤出計劃感興趣。

一、股票上市

投資者期望企業未來可公開上市，即 IPO(Initial Public Offer)，進入股票交易市場。

通常企業上市後，原始股至少立即可以翻幾番、十幾番，甚至幾十番。投資者看中的就是這種投機機會。股票上市是投資者最希望的方式。企業一旦上市，他們便可以隨時把手中的股票變成現錢，他們的投資在幾年內就可以翻幾番、十幾番，甚至幾十番。除此之外沒有更好的投資機會。投資者把股票在股市出售後，可以轉而投資另外的企業，繼續做為另一家企業的原始股股東。如此重複達到快速積累資金的目的。

二、企業被收購

如果不能做到股票上市，投資者會希望企業將來有機會被其他企業收購，他們可以在出售企業的同時出售股票，其獲利方式與股票上市的情況基本相似。而企業被收購時，他們向收購企業的公司出售股票。這種股票收買是由另外一家公司收購而不是由市場上的股民購買。

三、企業收回股權

被投資的企業在一定時間後回收投資者的股份是投資者的另外一種撤出方式。這種方式的現實可能性不大。其原因在於：如果企業經營狀況良好，則投資者不願意出售；如果企業經營狀況不佳，投資者願意出售，可是企業又沒有現錢購買。這兩者之間的矛盾比較難以調和，故此不是十分現實的選擇。

四、股權轉讓

投資者也可以在適當的時候把手中的股份轉讓給另外的投資者，這種另外的投資者有可能是投資團體。在這種情況下，投資者收回資金的方式與企業被收購相似。他們把股票轉賣給第三者。與公眾性交易的股票上市相對，這種方式被稱為私下交易。對投資者來講，二者是殊途同歸。

五、與其他企業合併

這種方式也類似於企業被收購。投資者可以在交易過程中向新的企業出售手中的股票。

投資者實際關心的是投資方式，用錢變成錢，變成更多的錢。所以他們最關心的是企業怎麼幫助他們實現這個目的。至於採取什麼方式是次要的。因此在商業計劃書中，一定要以讓人信服的方式，向投資者闡明你能幫助他們以最快的速度把錢變成更多的錢。

六、投資報酬率(ROI)

投資回報對風險投資人來說當然很重要。你要向他表明如果他投入了所要求的資金量，他會得到什麼樣的回報。

例如：如果某個投資人向企業投資 30 萬元購買了 30%的股權，四年後，公司成為擁有 300 萬元稅前利潤的上市公司，300 萬元乘以 8 倍市盈率就是 2400 萬元，這就是公認的企業價值。2400 萬元乘以 30%，就是 720 萬元，即該投資人用 30 萬元換得了 720 萬元。假定四年後，該投資人即把 30%的股權出售，則他的投資回報為 720 萬元。

第 *18* 章

商業計劃書的附錄

　　為了使正文言簡意賅，許多不能在正文中過多敍述的內容，可以放在附錄部份。特別是一些表格、個人簡歷、市場調查結果、相關的輔助證明材料等，都應該放在附錄部份。因此，附錄是正文的重要補充，附錄絕不是可有可無的東西。

　　大部份人在寫商業計劃書時，並不重視附錄這部份內容，認為附錄和附件可有可無。事實上，它們對整個商業計劃書起著極為重要的作用，讀者將為你剖析：

　　·評估你的能力是否滿足發展需要。

　　·審視你的戰略跟實際是否相容，穩步發展還是投機取巧。

　　·觀察你的實際行為與所擬訂的發展規劃是否一致。

　　·看你在實際的市場環境裏，如何向目標邁進。

　　·看你是否在嘗試跟客戶（顧客、消費者）、供應商、合作夥伴認真建立好關係。

　　·看你盯的是眼前小利，還是可持續發展。

　　也就是說，附錄和附件其實就是你為自己進行的一場展覽，真實

的、赤裸裸的展覽. 不要怕, 有什麼就拿出來, 熱情地在讀者面前裸露吧, 拿出你的熱情。

一、〈附錄〉和正文的關係

利用附錄增強商業計劃書正文的內容。

撰寫商業計劃書是一個非常棘手的問題, 是要在有限的篇幅之內表達企業經營所有內容。你可能對自己開發的新產品、設計的新包裝、與顧客簽訂的大合約或市場調查結果非常理想, 但是沒法把這些內容都寫在商業計劃書之內。否則商業計劃書將會顯得冗長, 不能很好突出重點。所以可以把各種需要詳細登記的情況放在附錄部份, 為商業計劃書提供更充實的材料。附錄部份為商業計劃書提供補充資料, 不能把商業計劃書所必需的資料放在附錄部份。所有必需的資料一定放在商業計劃書的正文之內。

二、〈附錄〉的撰寫原則

並非所有的資料, 都可以放在附錄部份, 附錄部份的內容必須遵循以下的準則:

(1)商業計劃書必須與附錄分開。如果你有許多附件, 應該把它們按功能分類, 分開裝訂。這樣可以使商業計劃書顯得薄一些, 更能突出主體, 不會喧賓奪主。許多投資者在第一次看商業計劃書時不讀附錄部份。如果附錄不與正文分開, 他們一看商業計劃書很厚, 首先產生厭倦的心理, 影響繼續讀下去的興趣。

(2)附錄部份為商業計劃書提供必要的補充資料。不必把所有的東西都放在商業計劃書的附錄部份。在附錄中只放那些你認為確實可以

增加正文力量的內容。讓附錄確實起到對整個商業計劃書產生強有力的補充作用。

(3)要在附錄部份放進正文沒有提到的信息。附錄中所有的信息必須與正文的內容有關，千萬不可以畫蛇添足。

(4)附錄也必須盡可能短，避免長篇大論，空洞無物。附錄的長度不能超過正文的長度。撰寫附錄應該遵循與撰寫正文一樣少而精的原則。

三、〈附錄〉的內容

1.主要合約資料
這部份內容是附錄的最主要的部份。主要顧客簽訂的大宗合約，對支持商業計劃書正文特別有用。因為它向投資者表示，只要資金到位，你馬上就會有大筆進項，或顯示你的產品或服務有很大的市場。主要合約最容易刺激投資者的興趣。

2.信譽證明
各種可以證明公司的信譽的文章、信件、銀行證明、顧客證明等都對在投資者面前建立企業信譽有極大的正面作用。這些材料可以在投資者面前顯示企業有能力生產出好的產品或服務，或者，你有能力經營好企業，創造出豐厚的利潤。如果企業曾經被主要報刊雜誌正面報導過，更可以顯示是一個非常有實力、有良好信譽的公司。

3.圖片資料
圖片絕對不能放在商業計劃書的正文部份，所以所有的圖片都應該放在附錄部份。圖片一般包括：

(1)新產品圖片。對於一些必須展示但又不好用文字敍述的產品，附錄無疑為這類產品的圖片提供了展示的天地。

(2)經營地點規劃。

(3)重要的基礎設施和生產設備等。

在大多數情況下一般不要使用人物的照片。

4.分支機構列表

如果企業有一些分支機構，例如分店、分公司、分廠、辦事處等，可以用列表的方式附在附錄部份。

5.市場調查結果

如果在準備商業計劃書時，進行了大量的市場調查研究工作，可以把調查研究結果詳細地列在附錄部份；如果政府的發展計劃對企業的發展有積極的影響，應該在附錄中儘量附上有關各級政府的文件。如：五年發展計劃，所屬行業的發展計劃，或所在地區(省、市、縣、區等)的發展計劃等等。這些文件很可能是影響企業將來發展的關鍵性文件。所以應該儘量附上對自己有利的各種與政府計劃和法規有關的文件。

6.主要關鍵人的履歷

如果企業的主要領導人或關鍵人物的經歷，對讀者特別有吸引力，可以把這些主要人物的履歷附在附錄部份；如果這些人物不是特別有吸引力的人物，則附錄中可以略去。注意：在個人簡歷中容易犯的五個錯誤及特例：

(1)過於冗長。最初的簡歷最好一頁，十年簡歷可以增至兩頁。求學簡歷可以完全擴展開來，而且要註明個人所發表的論文以及所參加的學術活動。

(2)過於個性化。簡歷的語氣、內容及形式通常是保守的，切忌嘩眾取寵，更不要提及太多的個人信息。如果你做的是廣告娛樂這一行，則完全可以把每一細節都一一列出。

(3)過於乏味。簡歷不僅是一張列舉你工作和求學經歷的清單，更

應該強調你在以前的任職期間學到過什麼東西。

(4)前後脫節或漏洞百出。如果你聲稱自己有過行銷軟體的經歷，卻未能列出與之相應的職位，這難免讓人奇怪。如果你拼錯了此前所在公司的名稱，或把受聘日期搞錯，結果都很不妙。

(5)過於注重細節。除非是高科技人員想留下博學的印象，否則，太重細節容易給人留下斤斤計較的印象。

7.技術信息

如果企業開發和使用了新的技術，而投資者又對這些技術具有一定的知識，或比較熟悉這個領域的情況，則需要在附錄部份提供有關這些技術的詳細資料，有時還需要提供圖紙。當然，必須在不洩露秘密的情況下提供所有這些信息。

8.生產製造信息

如果企業屬於製造業，需詳細地描述整個生產過程，或用方框圖表示生產過程和技術流程。這些內容不能佔用正文的篇幅，因此可以放在附錄部份。

9.宣傳資料

企業為了銷售，往往印刷各種宣傳品，如產品介紹、說明書、促銷宣傳品等。這些東西都不放在正文部份，如果你認為有必要讓投資者更多地瞭解有關產品的信息，可以把這些內容放在附錄部份。

10.工作時間表

有時企業為了顯示對勞力的使用情況，或企業生產管理的詳細情況，特別是那些有兩班或三班工作制的企業，可以在附錄部份附上工作時間表或排班表。

11.平面佈置

對於零售企業和製造業為了顯示合理充分利用空間，提高生產率，單位面積產量，或單位面積銷售額等，還可以附上設備安裝平面

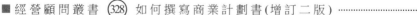

圖或貨架擺放平面圖。通過平面圖展示設備或貨架的合理佈局，並且向投資者顯示良好的管理能力。

12.其他方面的信息

根據不同企業的商業計劃書的具體情況，還可以在附錄部份補充其他的一些信息以充實商業計劃書的內容。至於應該加什麼信息，不應該加什麼信息，完全要依企業情況，具體問題，具體分析。對此，並沒有一個固定的原則或模式。只要你認為對加強商業計劃書有利的信息都可以增加進去。但是，無論補充什麼內容都要本著簡明精煉的原則，不要使篇幅過長。特別是在撰寫競爭分析、市場銷售預算、設備購買計劃等，更要注意以最精煉的語言，最清晰的方式，表達最多的信息。

四、保密協議

由於在正式的投資談判中，將會涉及到大量的商業機密，其中有些可能對創業者的業務有著重大影響，威脅到創業者切身利益。因此，在談判開始前，簽署一份正式的保密協定是必要的。事實上，在國外風險投資被稱為保密性最強的行業，風險投資者和融資方均對投資細節和有關方案持高度保密態度。這是有原因的：投資談判過程和投資實施過程中會涉及到許多商業機密，而這些商業機密往往是構成該投資盈利前景的基礎；風險投資在對股權分配、創業企業定價方面有著較強的隨意性，價格和其他條件常常是由雙方的談判力量決定的，經常出現這樣的情況：兩個相似的項目，談判得出的定價完全不一樣。因此，保密對雙方都有重大利害關係。

簽訂書面形式的協定是有必要的，因為任何口頭的協定都不能保證信息的安全。雙方公司的法律顧問應詳細復核、檢查這份協定，以

確保協定內容已包含最近一次經雙方協商確定的技術。

甲公司希望能保證保密資訊共用後的安全性，而另一方乙公司希望能獲得這些資訊。協議書的末尾是雙方公司的簽字與簽署日期。

鑑於甲公司(公司坐落地址：　　　　　　)擁有有關專業技術和產權，乙公司(公司坐落地址：　　　　　　)有意願獲得這些信息(以下被稱為「保密信息」)。

鑑於乙公司已經充分理解這些信息被甲公司視為機密，並且甲公司希望乙公司同樣能就此嚴格保密，不得洩露給與本協議無關的第三方。因此，雙方達成如下協定：

保密信息涉及到上述專業技術和貿易秘密的任何信息和數據，包括披露或傳遞給乙公司的專業技術和所有載有記錄的媒體材料。

未經甲公司的事先書面同意，乙公司不能將保密信息洩露給本公司指定的正式員工以外的任何人，也不能私自複印所有保密信息。

自協議生效之日起，乙公司就保密信息的以下事項或狀態不承擔責任：

⑴在乙公司獲得保密信息時，應簽訂適當的規範的文書；

⑵保密信息被公眾所知，並不是由於乙公司的過錯；

⑶甲公司已允許其他任何人無限制條件地使用這些保密信息；

⑷經由甲公司的書面批准，乙公司合法地將保密信息提供給他人。

在甲公司的書面要求下，乙公司應將所有載有記錄的媒體材料和影本回遞給甲公司。

乙公司關於保守本協議中指定甲公司保密信息的所有義務，將於本協議簽訂之日後第三年末終止。

(乙公司與甲公司的簽字、日期)

保密協議

本商業計劃書屬於商業機密，所有權屬於(公司名稱)。所涉及的內容和資料僅限於已簽訂投資意向書的投資者使用。收到本計劃後，收件人即可確認，並遵守以下規定：

⑴若收件人不希望涉足本計劃書所屬項目，請按上述地址儘快將本計劃書完整退回；

⑵在沒有取得(公司或項目名稱)書面同意前，收件人不得將本計劃書的全部或部份予以複製、傳遞給他人、影印、洩露或散佈給他人；

⑶應該像對待貴公司的機密資料一樣對待本商業計劃書所涉及的所有機密資料。

商業計劃書編號：　　　　　　收方：

公司：　　　　　　　　　　　簽字：

日期：

 心得欄 ------------------------

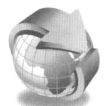

第 *19* 章

怎樣和風險投資商進行成功接觸

一、為面談做準備

1. 心中有數

要對計劃書的每個部份瞭若指掌。計劃書完成後，您需要對計劃書做準備，就像寫完畢業論文需要為答辯做準備一樣，因為投資者一旦對你的計劃書感興趣，就極可能會約你面談。

創業者應該與他的會計師、律師和高級管理人員一起來為面談做準備。一些比較專業的問題需要這些成員的幫助。如果覺得還不保險，也可以找一些投資專家做顧問。

在準備會談之前，最好對計劃書的各個部份都要瞭若指掌，做到有備無患。例如：

⑴公司發展上的里程碑事件。

⑵公司得以生存和發展的特點。

⑶產品是否有市場，有多大的市場。

⑷專利和無形資產是否有相應的證明、是否完全屬於公司。

⑸每年有多少設備維修費用。

⑹公司的管理人員十年來都在從事那些業務？

⑺管理人員的職業道德。

⑻為什麼付給管理者高薪資？

⑼公司技術人員與非技術人員的比例。

⑽每年投入的研究開發費用有什麼成效？

⑾在分發股利上有沒有時間表？

⑿在投資後能擁有多少股權？是否能給投資者以特殊的否決權？

⒀那些因素可能使公司陷入困境？

⒁公司如果破產，給投資者什麼補償？

⒂公司毛利率為什麼會時升時降？

⒃為什麼您的收入預測數這麼高？等等。

有些問題可能會比這問得更細，有時候可能問題問得很少。但千萬不要存在僥倖的心理而不好好準備。因為如果有一個或幾個問題您回答不上來，很可能風險投資就此告吹。好好準備總是沒錯的，畢竟這是公司的頭等大事，關係到公司的美好發展前景。

所以有關法律、財務、生產領域的問題多多請教專家。投資回報領域的問題就多多請教投資管理顧問吧。

2.文件齊備

準備好必要的文件，提前遞交商業計劃書並爭取得到風險投資人外延網路的推薦。

在準備和風險投資人洽談融資事宜之前，企業家應該準備好四份主要文件。這四份文件是：①《商業計劃書摘要》；②《商業計劃書》，對創業企業的管理狀況、利潤情況、戰略地位、業務發展戰略，市場推廣計劃、財務狀況和競爭地位等做出詳細描述；③《盡職調查報告》，即對創業企業的背景情況和財務穩健程度、管理隊伍和行業做出深入

細緻調查後形成的書面文件；④行銷材料，這是任何直接或間接與創業企業產品或服務銷售有關的文件材料。

　　文件準備好之後，下一步是開始和風險投資人進行接觸。在正式接觸之前，一般需要提前向風險投資人遞交《商業計劃書》。在遞交《商業計劃書》時，企業家要儘量得到該風險投資人的某個外延網路成員的推薦。這通常是使本企業的《商業計劃書》得到認真考慮的很重要的一步。因為大部份風險投資人每個月都會收到成百上千份《商業計劃書》，誰也沒有足夠的時間和精力來對每一份計劃書進行細緻的考察，而那些得到其網路成員推薦的企業的《商業計劃書》通常會引起風險投資人的注意，這樣在前幾輪篩選中入圍的概率就要大得多。在大多數情況下，能夠承擔這種推薦任務的可以是律師、會計師或其他網路成員，因為風險投資人最容易相信這些人對業務的判斷能力。

3.做好心理準備

　　在和風險投資人正式討論投資計劃之前，創業企業家還需做好四個方面的心理準備，即：準備應對一大堆提問，準備應對風險投資人對管理的查驗，準備放棄部份業務和準備做出某些妥協。

(1)準備應對一大堆提問

　　如果風險投資基金經理對創業企業的商業計劃書感興趣，他們通常會向企業家提出一大堆問題，以考察投資項目潛在的收益和風險。基金經理們對他們的投資決策會非常謹慎和認真。

　　一般來說，風險投資人所提的大多數問題都應該在一份詳盡而又精心準備的商業計劃書中已經有了答案。值得提醒的是，不要自認為自己對所從事的業務非常清楚並認為自己的資歷很好，這樣的錯誤務必要避免，否則會讓你非常地失望。為了避免可能發生這種情況，企業家可以請一名無需擔心傷害自己的專業顧問來模擬這種提問過程，雖然請這樣一名顧問的費用並不低，但和有可能吸引到的投資額相

比，付出一點代價通常是值得的，畢竟給風險投資人留下好的第一印象的機會只有一次。

(2)準備應對風險投資人對管理的查驗

不要認為這種查驗是對管理層或個人的不信任甚至理解為侮辱。舉個例子來說，你 10 年以前就開始從事某個行業裏的業務，這份工作使你讓家裏的每一位成員都過得很好，並讓你自豪於已取得的成就。儘管如此，一名風險投資基金的經理卻可能會問你：你既沒進過商學院，又不是律師或會計師，也沒有畢業文憑，你憑什麼認為你可以將這項業務開展得合乎我們所設想的目標？對這樣的提問，大多數人可能會非常氣憤並反應過激，而作為創業企業家，在面對風險投資人時，這樣的提問確實很有可能會碰到，因為這已構成了風險投資人對創業企業的管理進行查驗的一部份，因此需要提前做好準備。

(3)答辯陳詞

準備 15 分鐘的答辯，以推銷企業的商業計劃。這是為了提供第一次(也許是最後一次)機會來向一群投資家推銷你的公司。陳詞應當強調你公司的關鍵因素，但這並不是把你的商業計劃執行總結用口頭方式表達出來，用看得見的一些東西來讓你的聽眾眼花繚亂。用簡潔的市場分析和可靠的數據來給投資家留下深刻的印象。準備應付聽眾對計劃顯著特性的提問。

(4)準備放棄部份業務

在某些情況下，風險投資人可能會要求企業家放棄一部份原有業務以使其投資目標得以實現。理由很簡單，如果保留一部份業務就能使風險投資人在 3～5 年內實現 5～7 倍的收益，而保留全部業務卻只能達到 30%～50%的收益率(儘管企業家很滿意)的話，為什麼不放棄一部份業務呢？況且這種放棄並不需要增加什麼資本。放棄部份業務對那些業務分散的創業企業來說，既很現實又很必要，因為在投入資本

有限的情況下，企業只有集中資源才能在競爭中立於不敗之地。

(5)準備做出某些妥協

從一開始，企業家就應該明白，你自己的目標和風險投資人的目標不可能完全相同。因此，在正式談判前，企業家要做的第一個也是最重要的一個決策就是：為了滿足風險投資人的要求，企業家自身能做出多大的妥協。一般來說，由於風險資本不愁找不到項目來投資，寄希望於風險投資者做出這種妥協是不太現實的。

4.掌握必要的應對技巧

引資談判通常需要通過若干次會議才能完成。在大部份會議上，風險投資人和企業家將就企業家先前遞交的《商業計劃書》進行探討、論證和分析。這裏有兩點需要注意：

要盡可能地讓風險投資人認識、瞭解本企業的產品或服務。如果能提供一種產品的樣品或者成品的話，這種認識和瞭解就會變得更加直觀並且印象深刻。

要始終把注意力放在《商業計劃書》上。有時候會議往往會延續數小時之久，這時企業家有可能會變得非常健談，從而自覺不自覺地會談到一些關於未來的宏偉計劃，並提到某些在《商業計劃書》中並未提及的產品。這一點千萬要避免，因為這樣的談話會使風險投資人認為你是一個幻想者或是一個急於求成的人。

一些有經驗的風險投資專家還指出，在應對風險投資基金經理的問詢和查驗時，為了做到對答如流，並給基金經理留下深刻的印象，創業企業家最好事先對基金經理們可能問到的問題有所準備。

二、推薦信怎麼寫

在尋求風險投資家融資的時候，找人推薦是聯絡風險投資家的一

個很好途徑。一個有權威的推薦可以吸引風險投資家的注意，如果再能搭配一份出色的推薦信，就可以得到一個與風險投資家會面的機會。

推薦信的作用一般來說有 3 個：一是從第三者角度對申請者自述信及項目等的確認和重新解釋；二是對申請者的陳述進行補充；三是以同行的身份向風險投資者提供自己的看法。由此可見，推薦信的作用是不可忽視的，好的推薦信可以幫助得到風險投資家的投資。

對於推薦人的郵件，風險投資家一般會有興趣看完推薦信的內容。推薦信中最重要的內容是，對被推薦者的優點介紹及評價，這是推薦信的核心，主要包括被推薦者的項目、市場情況、團隊等方面。如果順利的話，風險投資家還會查看附在郵件後面的商業計劃書執行摘要，執行摘要可以決定風險投資家是否願意給一個面談的機會。如果推薦人名聲不錯或者推薦信很誘人，很多風險投資家也會直接給面談的機會。

三、如何與風險投資家談判

商業方案本身是不會為公司帶來金錢的，但是它應該可以使得投資者和公司的管理團隊相遇，這種相遇是經營者使得潛在的投資者成為現實的投資人的機會。

無論是在尋找資金的過程中，還是在表述自己思想的方式上，企業家都有可能會犯這樣或那樣的錯誤，而兩三個錯誤合在一起就有可能對公司的籌資活動造成嚴重的傷害。為此，企業家應對公司的商業機會和現在管理隊伍的優勢和劣勢有客觀的認識。那些只談優點不談缺點的企業家常會造成一種缺乏信任的印象。

風險投資是一種伴隨著極高風險的中長期投資。因此，投資者最需要的就是和他們所資助的風險企業家建立一種可依賴的持久的夥伴

關係。對於製作商業計劃書並與投資者進行磋商等方面有這樣一些建議，也許會對那些尋求資金的企業家有所啟示。

1. 清楚、直觀地表述，不迴避任何問題

企業家應以一種簡潔的、有條理的、誠懇的方式來表現自己。同時，在服飾穿著上，企業家應著裝正式、穩重，給人一種踏實可靠的感覺。在交流中，企業家應誠實地表現自己，因為達成一項風險投資交易，企業家和投資者之間就達成了一種與婚姻相似的關係。儘管在雙方會談之前，企業家已經預先遞交了一份商業計劃書，但企業家在表述時仍應把經營計劃的主要內容復述一遍，只有這樣才能保證風險投資公司瞭解你的計劃（有些參加會談的風險投資家可能還沒有讀過商業計劃書）。

此外，企業家應儘量以直觀的方式表述自己，少用抽象的詞名。如果可能，最好製作一些幻燈片就更好。企業家的演講內容就包括與這一商業機會有關的所有重要因素。他應該準備和組織自己的材料，以便演講能在 20 分鐘之內結束。這樣一方面可以保證內容的簡明、清楚，另一方面還可以節省更多的時間來回答投資者的提問。而面對投資者的提問時，不要規避責任而扯開話題或給予模棱兩可的答案，更不要虛構內容、過多修飾方案，預先做好充足的準備會給你帶來更多自信。

2. 利用數據說話

那些努力收集數據信息的企業家總會取得最大的成功。他們總是可以充滿自信地說：「根據我知道的情況，我會這樣做……。」所謂的現代管理，實際上就是通過數字來進行的管理。每個企業家都希望市場像水晶球一樣透明，以便他們可以瞭解市場增長有多快、規模有多大。但並不是每個企業家都願意花心思去收集市場信息和數據，他們總是依賴於第三方對市場的預測和評估。這些企業家不僅不能說服投

資者，實際上他們自己也常常受到這些預測的愚弄。

3.保持客觀、現實的態度

風險企業家在做財務預測和分析時，應該基於基本的客觀現實和數據進行推論。在一個特定的行業中，絕大多數企業都只能獲得一般利潤或稍高一點。如果一項經營計劃顯示該企業能獲得行業平均利潤的幾十倍，那麼，它往往會被風險投資家以為不可信。因此，企業家在與風險投資家談判過程中，在用事實數據說話的同時，還應儘量保持客觀和現實的態度，給對方以可信的認知感。

4.在價格上不要太苛刻

跟風險投資公司談判如何定價，往往是整個接觸過程裏的最為重要問題。所謂融資，最主要就是定價問題。

通常來講，風險投資符合任何一個投資的規律，就是風險和回報是成正比的。如果你在種子期，就是說你剛剛有一個商業計劃，這時成功的希望只有 0.1%，風險非常大。風險投資商就要求一個非常高的回報，通常在種子期的回報至少要求 20 倍。也就是說現在投 1 塊錢進去，上市的時候的 1 塊錢變成 10 塊錢或更高。如果沒有這麼高的回報，他就無法補償這個風險。

當產品做出以後，風險就會隨之降低，這時再去融資，所要求的回報也會降低，可能就會降到 10 倍；當市場已經開發出來的時候，風險又進一步降低；在本類比軟體中，我們在第四季才開始通過風險投資機構融資，而此時市場已經開發出來，並且企業已經在行業內有了一定的影響和地位，融資的目的主要是為了擴大生產規模或增加研發投入，此時融資的報酬率要比種子期融資報酬率低很多。

因此，在與風險投資家談判過程中可以多強調這一點，爭取能以對等的方式來吸引風險投資，例如你要融資 400 萬元，而你公司的資產價值(實物資產和無形資產)已經為 400 萬左右，那麼你在談判中就

應儘量爭取各佔50%的股份,不要過於壓低自己的股份而在將來蒙受太大的損失。不過也不要對風險投資家施加壓力,對於風險資金的數額有苛求,應預先有一個預計數字和期望的浮動範圍,如果價格上不能得到一致,可以通過調整獲取收益的方式、佔有股份等來進一步溝通價格,或者採用分期談判降低每期投入資金額的方法等。方式方法有很多,但是一定不要在風險資金的數字上過多的苛求。

5.自我評估

如果談判進行的順利,投資者可能要求評價此項目及債務結構。經營者應該討論公司佔多少股份及得放棄多少股份。

經營者為了準備談判,應該在與潛在的投資者見面前評價此項目。在作出此評價後,經營者應該會有一定的彈性,因為風險投資者希望在此交易的結構組成中佔有主導權。

所建議的結構涉及普通股、優先股、可轉換公司債或上述這些的結合嗎?可以形成研發合夥關係嗎?或者公司可以公開上市嗎?

四、推銷你的商業計劃書

演示商業計劃是短暫的,但也是決定性的。如果你的項目或者企業非常地好,當然可以相信即便你的演示過程平淡無奇,甚至有些差,也足以吸引風險資本家拿出大把的鈔票。但是,絕大多數的商業計劃並不能達到這樣的高度。更何況風險資本家投資的時候,除了考察項目本身的優劣外,更重要的是考察創業者的能力和個人魅力,而向風險投資商推銷商業計劃正是創業者展示自己能力的難得機會。很難想像,風險資本家會把巨額的資金投給一個說話結結巴巴、連自己的創意都講不清楚的企業家。

演示商業計劃往往涉及到創業者們在無數個會議或展示活動中的

連續作戰，對此需要在心裏做好充分的準備，而且要有一個基本的演示戰略。下面幾點是我們認為創業者在演示商業計劃時應該注意的一些基本問題。

準備充分。當創業者奔波於多個演示會時，在前一輪會議結束後管理層的協商應該是具有重要意義的「總結和準備大會」，而不僅僅是一次例行小結。事先推測對方可能會提一些什麼問題，展示的重點何在，還要準備回答在會議期間出現的其他問題，對此千萬敷衍不得。

演示時不要只顧自說自演，創造機會讓到場的投資者也參與發言或演示，實現相互間的交流和互動。演示應保持條理清晰的風格，突出市場前景，刺激投資者的興奮點。演示一開始，就聲明演示過程允許雙向參與，任何時候都可以被提問或被打斷。如果在最初的五分鐘內無人提問，本方成員應主動提問，有意地打斷演示過程。這樣做的意圖是活躍現場氣氛，帶動投資者的參與積極性。

不要過分強調技術因素或使技術環節複雜化。關於技術問題，可以準備一份專門介紹的活頁，在需要的時候可以適時插入。演示技術類圖表的出發點應該是為支援市場與產品定位預測服務，沒有特殊要求，不必畫蛇添足地多做解釋。

分別做兩份完整的計算表，一份面向技術背景有限的私人投資部門，另一份則面向熟知專業技術的精明投資者。演示應針對投資者的技術基礎和專業背景。例如說，如果投資者的背景是財會專業，則有側重地應用賬務舉例。

引用業內專家或行業期刊的評論，其觀點明顯支援產品和市場定位。如有必要，在演示前應先簽一份保密協議。通常，第一次演示不要披露太多的專業信息。所以非不得已，不要強求對方簽訂這種協議，不要在與項目無關緊要的地方滋生不必要的矛盾。

實際執行演示的人員應具備突出的溝通表達能力。演示者不一定

是經理，這樣安排的效果可能更好。因為此時經理可以觀察聽眾們的反應，當注意到聽者出現困惑或茫然表情，或發現投資者的參與熱情有所減退，應及時打斷演示，再次強調一些能激起興趣和參與熱情的方面，增加內容的可信性。

有備而戰！對一些尖銳問題或令你窘迫的問題要有所準備。在演示前或演示過程中，不要發放有關管理經營費用的材料。切忌和本方的其他成員發生意見上的分歧或爭執。如果演示者沒有妥善處理某個問題，可以這樣打斷：「另外，需要補充的是……」

保持團隊合作精神。這並不是任何一個人個人能力的展示。

真正打動聽者的是熱情洋溢、有理有據的言語表達。

在會議延期前，必須明確下步該做什麼、怎麼做、何時做。

投資者離場後，召開一個簡短的總結會，討論如何改進演示方式和效果。

使用幻燈片等輔助設施工具，捕捉投資者的興趣。

接著介紹關於公司、主要產品和管理層的信息：你是誰？產品是什麼？為什麼這樣做？將向那裏發展？言語誠懇、熱情、有說服力。

在演示即將結束時，插入一頁表格說明五年內的財務狀況，包含市場規模以及本行業的公司平均價格收益比率（PE 比率）和管理費。

PE 比率有助於增強基於最終管理費用的計算結果的信服力，表明投資機遇的絕佳性！

五、面談時的表現技巧

風險投資很大程度上是對人的投資，創業者在面談時必須充分展示自己的企業家素質。

1.展示企業家素質

面談時要注意保持風度,但不要過分自命不凡。風險投資者一般認為有以下素質的人會是他們尋找的理想企業家。

(1)忠誠正直

投資者把一大筆錢放在你這裏,誰知道你會用它幹什麼。所以您要表現出正直、可信、守法、公平。每個風險投資家都希望所合作的創業傢俱有忠誠正直的品質。儘管風險投資家認識到某些不忠誠的創業家只欺騙其他人而不欺騙自己,並且拼命地為自己賺錢。然而,絕大多數的風險投資家還是希望與忠誠正直的創業家合作。因為,他們深刻瞭解,一個不忠誠的人遲早也會對自己不忠誠。在這裏,忠誠正直通常包括很多方面:正直,即創業家要講真誠,對企業投資者胸懷坦蕩;可信,即創業家在各種交易行為中是可以信賴的;守法,即創業家信守合約,遵紀守法;公平,即創業家奉行公平交易準則。

(2)有獲利的強烈慾望

如果您從投資者手中拿了一筆錢去搞非營利性的活動,為什麼他要給您錢呢?要表現出您的最終目標是盈利。因為投資者只對盈利感興趣,什麼時候盈利,盈利多少。

(3)精力充沛

創業是艱苦的,沒有良好的體力和堅韌的毅力是無法成功的。創業家不僅要實現自己確定的奮鬥目標,而且還要完成投資計劃規定的任務,必須通過艱苦的奮鬥過程來達到這些目標。因此,如前所述,創業家必須擁有執著的精神,但是執著的精神必須建立在一定的基礎之上,如健康的體魄和樂觀的社會觀和世界觀,也就是說要精力充沛。俗話說,身體是本錢,如果失去了這樣的根基,創業家即使有再好的想法也沒有能力將它付諸於實施,而且風險投資家也不會認為一個連自己都無法照顧而且時刻要別人來鼓勵的創業家能夠成功地創業。在

這裏，精力充沛還指的是腳踏實地地進行奮鬥，那些不知天高地厚的空想家是不會受到風險投資家的歡迎的。

(4)天資過人

商場如戰場，沒有過人的本領，要戰勝對手是難以想像的。要聰明，更要高明。風險投資家看重的天資過人的創業家不是指那些從名牌大學裏畢業的人，而是指所有的善於思考、善於邏輯推理、善於創新並能夠根據事態的變化做出果斷判斷的人。

當然，擁有名牌大學的學位在一定程度上可以證明創業傢俱有一定的開發能力和知識基礎，但這不是全部。在歷史發展的過程中，很多成功的創業家並沒有獲得名牌大學的學位，有的甚至沒有機會來讀大學，但是他們都成功了，不僅創建了世界知名的企業，而且企業的發展影響著該國甚至全世界該行業的發展趨勢。

他們共同擁有一種素質，那就是善於認識複雜的局面，通過綜合分析，認識事務的本質，能夠根據自己的知識和經驗進行充分的分析，進而做出正確的判斷和進行最優決策，來改善已有的局面，同時敢於承擔必要的風險。

(5)學識淵博

不是說一定要是教授或博士畢業才行。只是要求對本行業十分熟悉，有豐富的經驗。成功的創業家不僅要接受良好教育，獲得扎實的基礎知識，而且還要有足夠的實際操作經驗，從而能夠在實際生活中使自己已經獲得的基礎知識得到良好的改善，形成更加穩固的知識結構。成功的創業家不僅應該是一個能夠在技術上領先的人才，而且應該具有一定的市場認知能力和預測能力，應該是一個具有各方面知識的通才。良好的教育背景、以往的成功和失敗、過去從事的行業、在頭腦中積累的促使自己獲得成功的資信方面的信息等，都是使創業家達到學識淵博的知識源泉，同時這也是一個創業家成長過程中應該刻

意去培養和思考的問題。學識淵博的創業家會很快和風險投資家找到共同的話題,容易相互溝通。

(6)領導素質

一個企業再小也是一個團隊,各種人都有他們自己的慾望和想法,怎樣領導他們去勇攀高峰,您必須具備這樣的素質。

如果一個創業家只是具有一定的研究和開發能力,而缺乏必要的領導素質的話,風險投資家也不會將自己的資金投給他。

目前,隨著世界先進技術的發展,任何個人很難獨自完成一項大型的技術開發,因此,進行研究和開發的過程中,通常會組成一定人員參加的開發團隊。在這個團隊中創業家不僅要能夠和大家一起進行研究和開發,而且還要能夠運用各種領導能力將所有的研究和開發團隊的人員集結在一起來攻克難題。創業家要創立團隊內部良好的交流溝通管道,並不斷協調合作過程中出現的各種問題,同時能夠將項目或者企業的發展狀況與風險投資家進行良好的溝通,能夠把團隊的要求及時地反映到風險投資家那裏,爭取得到更好的研究和開發條件。

創業家的領導能力還表現為有勇氣承擔整個公司的責任,走前人未走過的路,且身處逆境時,有勇氣承擔並衝破阻礙,善於處理日常問題,敢於攀登前人未攀登過的高峰,為了追求更高目標,敢於修改既定計劃,眼界開闊,不僅僅只熱心於解決僅有利於自己的問題。總而言之,領導能力既表現為獨立處理問題的能力,更表現為組織他人共同解決問題的能力。

(7)創新能力

現代化的企業要求得發展,最重要的已不是規模,而是不斷地創新。創業家在學識淵博的基礎上,還要善於思考,善於傾聽,善於與外界進行信息交換,從而頭腦靈活地對每天獲得的新信息進行處理,並在這個過程中,使原來的狀態獲得改變,這就是創業家的創新能力。

只有具備創新能力的創業家才能夠開發出新產品、尋找到新市場、把握新技術，進而開拓一項嶄新的世界，而且創新能力還可以使創業家在遇到意外事件時，能夠創造性地解決問題。

(8)有苦幹精神

創業家一定要具有肯苦幹的精神，缺乏這種精神，即使創業傢俱有創新的能力以及天資過人的素質，也難以達到成功創業的目的。

美國矽谷中的創業企業，國民半導體公司的副總經理曾經得過一種罕見的血液病，住院期間，他進行了 24 小時靜脈滴注治療。但他離不開自己的創業公司，就說服醫生讓他出院，用一種特殊裝置把靜脈滴注瓶帶在身邊，不論是開會還是駕車上下班，都可以隨時滴注。他說：「只要我離開工作 6 個星期，等我回來時就會發現自己落後潮流太遠了。」

如果上述素質都具備，會談成功已有了一半把握。還有另一半把握，就要看臨場發揮。

首先，要精通公司業務。在準備階段，您已對公司業務瞭若指掌。為了保險，可以帶一、二個公司財務人員或技術人員來幫助您，就萬無一失了。

其次，不要隱瞞什麼。公司如有重大危機，不妨直說。小公司總難免有危機，不然就不叫風險投資了，萬一隱瞞什麼而讓投資者察覺，他就會懷疑您的人格了。

最後，要非常明確地說出投資者的回報和權益。這是投資者最關心的。他很關心以後能賺多少錢和萬一公司出現問題能避免多少損失。回報的計算方法主要靠預測，而權益則取決於對公司的估價。關於怎樣估價，顧問會給您建議。

2.面談注意事項

在會談過程中，創業企業家應遵守「六要」和「六不要」原則。

所謂「六要」是指：

⑴企業家要對公司的產品或服務保持主動和熱情：

⑵企業家要瞭解自己所出的最低價，並在必要時堅決地離開；

⑶企業家要牢記自己和風險投資家之間要建立的是一種長期的合作夥伴關係；

⑷企業家要瞭解這些風險投資家(談判對手)的個人情況；

⑸企業家要瞭解風險投資公司以前資助的有那些項目，瞭解它目前投資項目的結構組合；

⑹創業企業家要只對自己可以接受的交易進行談判。

所謂「六不要」是指：

⑴不要迴避問題；

⑵不要答案模糊；

⑶不要隱藏重要的問題；

⑷不要期望對方立即做出決定，一定要有耐心；

⑸不要把交易的價格定死，要有靈活性；

⑹不要帶律師參加會談，以免在細節上過多地糾纏。

六、投資家的關心重點

成功的商業計劃書首先應描述能為客戶創造多少價值，因為沒有客戶價值就沒有銷售，也就沒有利潤；其次要描述能為投資者提供多少回報，如果不能給投資者帶來收益，也就不可能會有人來投資。

站在風險投資者的立場上，一份好的商業計劃書應包括企業的戰略目標與團隊優勢、企業的發展歷史資訊、市場表現及評估、截至目前的績效表現、市場戰略、生產戰略、財務戰略與財務預測以及能為風險投資者帶來的好處等內容。那些既不能給投資者以充分的信息也

不能使投資者激動起來的商業計劃書，其最終結果只能是被扔進垃圾箱裏。為了確保商業計劃書能起作用，撰寫過程中應注意以下風險投資家會關注的方面：

1. 對潛在風險投資對象的關注

企業家和管理團隊不是投資成功後的唯一受益者，投資者也是需要獲得回報的。這樣可以把企業管理團隊和投資者間的關係看作是個戰略聯盟，只有在可能受益的情形下，風險投資者才可能進行投資。潛在的投資者會尋找這樣的風險投資對象：

(1)與他們的知識和經驗範圍相符。

(2)提供更高價值的新產品或服務。

(3)為一個長遠的需求服務。

(4)隨著源源不斷的新產品或新市場而增長。

(5)成功概率大。

投資者還希望企業家是負責任的，管理團隊經驗是豐富且具有綜合平衡能力的，並且投資計劃思考得也是很週密的。

2. 關注公司的目標

企業家和風險投資家都是人，都有獲利的目標以及可供選擇的多重機會，企業家必須在其中尋找可以互贏的目標。在企業家邀請有著同樣想法的潛在投資者時，他首先必須清楚地表達自己的需求。一個企業家需要清楚地知道他(她)想從投資者那兒得到什麼，然後著手設計一系列能獲得成功讓投資者產生興趣的方案。

首先，企業家必須是誠實的，在艱難的尋資途徑上，別人不僅僅要評價他的想法，還要評價他的管理團隊。「企業家的風險存在於你自身、你的團隊和你的創業計劃的任何致命缺陷。你首先要理智地評價這些風險，然後再從整體上審視你的商業計劃和許多初期所犯過的錯誤。」

同樣地，創業者也應該對合作的投資者進行必要的選擇，此合作關係在決定商業計劃成功與否方面至關重要。

在面對風險投資者時，首先應該向他詳細闡述公司的戰略目標和發展定位，包括公司的願景(Vision)、在本產業中的未來位置、自身運營定位以及如何實現這些戰略目標的措施等。通過向風險投資者介紹公司的戰略目標，讓他們初步瞭解公司的發展藍圖，從而激發起他們對公司的興趣，這是成功獲得風險投資的第一步。

3.關注管理團隊的平衡

企業家很少能獨自管理一個企業的運作，假設有個人經營的話，也不可能做到擁有企業裏所有的技能，並且單獨地運作一個企業。「一個企業家需要同時管理市場和銷售，調查和開發，工程和生產，但並不意味著他必須擁有所有的領導力和推動公司前進的技巧來將企業導向成功。」一個企業家應該建立一個管理團隊，他通過邀請其他的經理人來共同組成一個管理團隊，每個人都有特別的技能，並且加入到企業的運作中，而團隊中的人的優點正是企業家的弱點。

企業管理的好壞，直接決定了企業經營風險的大小。

高素質的管理人員和良好的組織結構則是管理好企業的重要保證。沒有優秀的管理團隊，創業者的創業目標可能也很難實現，一流的商業創意沒有一流的團隊進行運作往往是不會取得成功的。一旦一個管理團隊組建好了，它的成員必須學會作為一個團隊來工作。一個團結的管理團隊更專業也更容易走向成功，從而也增強了投資者的信心。不能很好工作的團隊一眼就可以看出，而且它也不會吸引投資者。

有許多經驗可以導向成功，考慮到管理團隊管理水準的好壞會影響到企業的經營風險，風險投資家在選擇投資項目時會把對管理團隊的考察放在比較重要的地位上，他們傾向於認為成功的企業經營，團隊管理是關鍵要素。有的專家甚至認為「沒有正確的團隊，其他任何

部份都起不了作用」。風險投資者寧願看到「優秀的管理者擁有一般的商業計劃」，而不願意看到優秀的商業計劃存在於一般的管理者」。因此在商業計劃書中，必須要對主要管理人員加以闡明，介紹他們所具有的能力，他們在本企業中的職務和責任，他們過去的詳細經歷及背景。除此以外最好再對公司結構作出簡要介紹，例如公司的組織機構圖、各部門的功能與責任、各部門的負責人及主要成員、公司的報酬體系等。

4.關注公司歷史發展資訊

公司起步階段的業績表現會成為吸引風險投資者的重要因素，同樣，風險投資者為了比較全面瞭解公司發展潛力也會對其前期的成長概況表現出較大的興趣。為此，在商業計劃書的撰寫過程中，對於以往運營情況進行一定的介紹，包括產品定位，市場細分、市場佔有率、與競爭者的比較以及截至目前的市場表現和業績等，讓風險投資者能夠較為全面地瞭解公司在前期發展中取得的一些良好業績和基礎，增強未來發展的信心。

5.關注投資對象的競爭分析

在商業計劃書中，公司應細緻分析本行業的競爭態勢。競爭對手是誰？他們的產品是如何工作的？競爭對手的產品與本企業產品相比，有那些相同點和不同點？競爭對手採用的行銷策略是什麼？要明確每個競爭者的銷售額，毛利潤、收入及市場比率，然後再討論本企業相對於每個競爭者所具有的競爭優勢，向投資者展示顧客偏愛本企業的原因是什麼？本企業的產品品質好，送貨迅速，定位適中，價格合適等等，商業計劃書是要使讀者相信，這個企業不僅是行業中的有力競爭者，而且將來還會是確定行業標準的領先者。在商業計劃書中，企業還應闡明競爭者給本企業帶來的風險以及本企業所採取的對策。

6.關注市場表現

商業計劃書要給風險投資者提供企業對目標市場的深入分析和理解。要細緻分析經濟、地理、職業以及心理等因素對消費者選擇購買本企業產品這一行為的影響以及各個因素所起的作用。商業計劃書中還應包括一個主要的行銷計劃，計劃中應列出本企業打算開展廣告、促銷以及公共關係活動的地區，明確每一項活動的預算和收益。

行銷計劃以一個季為基準，著眼於與行銷組合變數(產品、價格、分銷及促銷)有關的決策，並考慮如何將計劃加以實施。具體包括：

(1)市場機構和行銷管道的選擇；

(2)行銷隊伍和管理；

(3)促銷計劃和廣告策略；

(4)價格決策等內容。

這一部份內容是向投資者說明企業如何來賺錢的。因為沒有好的行銷計劃，企業就完成不了市場開拓，無法完成實現其利潤，進而使整個計劃成為空談。既使商業計劃書中描述出了產品良好的市場前景也並不意味著這個市場一定能被創業者所佔有，沒有良好的行銷計劃做支持，創業者的利潤可能只是一個計算數字。

7.關注投資對象表明未來的計劃

隨著生產規模的擴大和市場競爭的加劇，公司在以後的發展中還需要大量的投資活動，這也是為什麼公司進行融資的原因所在。為此，在商業計劃書中應該明確下列問題：企業未來的研發投入和規模、企業市場推廣費用、下一季的生產規模、企業擁有那些生產資源，還需要什麼生產資源、生產和設備的成本是多少、企業是買設備還是租賃設備等。通過對未來投資計劃的介紹，可以讓風險投資家清楚地瞭解公司未來的發展戰略和投資趨向，便於其評估公司未來發展是否具有投資價值。

8.關注投資對象的生產營運戰略

經過組建團隊、測試市場、戰略調整，公司對每一類產品的生產規模應該有了一定瞭解。為此，為了不至於出現丟失顧客的現象，公司應及時調整生產運營戰略以滿足越來越大的市場需求。針對公司未來的生產運營戰略，在商業計劃書中應包括以下內容：生產製造和技術設備現狀與未來的戰略調整計劃、新產品投產計劃、技術提升和設備更新的要求、品質控制和品質改進計劃等。

9.關注投資對象的財務預測

財務預測是對投資項目做的經濟上的可行性分析，一般要包括以下內容：

(1)商業計劃書的條件假設。

(2)預計的資產負債表；預計的損益表；預計現金流量表、資金的來源和使用等。

這部份內容要詳細列舉項目的投資總額和每個單個項目需要投入的費用；並指出投資規模的市場根據；詳細說明項目投資的建設期、推論損益平衡期與回報期、回報利潤率，項目的成熟期等內容。

商業計劃書通過以上這些組成部份分別向投資者說明企業如何賺錢，憑什麼賺錢，能賺到多少錢，需要多少錢等內容。所以說商業計劃書是創業過程中必不可少的一塊敲門磚，其中的每一部份內容也都為創業計劃的實現發揮了積極的作用。

10.關注對風險投資家所帶來的好處

通過以上公司各個方面的介紹，風險投資家已經對公司的戰略、團隊、產品以及市場表現等方面有了一定的瞭解，而事實上，風險投資家此時最為關心的則是他如果向公司投入資金將會帶來那些好處。因此，結合公司未來發展向風險投資家闡述其投資回報將對於能否獲得其資金支援具有重要作用。在商業計劃書的撰寫中，應全面地向風

險投資家介紹公司的未來發展將給他帶來的回報，包括目前每股價值、盈利預期和每股收益率、無形資產等，但在此過程中一定要給值得信服的財務分析和理由，避免毫無根據信口開河。

一個有效風險投資的投入是全方位的，「因為只有你是可以達成目標的人，所以要相信你」。所以作為風險資本家希望企業家能投入其所有的資源——特別是時間、精力和金錢。

(1)在時間上，不是簡單的 8 小時或 10 小時上班，也不是像一個工作努力的管理者，可能有些企業家每天都要工作 15～16 個小時，每週 7 天，沒有假期等等。

(2)另外一個就是企業家的熱情和進取精神。他們的情感必須是真摯的，風險投資者將對此十分重視。

(3)企業家必須願意投入他們所有的金錢。如果不是這樣的話，風險投資者不敢確信企業家是否真正願意負責任。

七、投資者可能問到的問題彙總

風險投資基金經理們通常會問到的問題如下：

1. 該投資企業(指被投資企業，下同)管理層具有什麼樣的業務經驗？

2. 管理層的每一個成員各有什麼樣的成就？

3. 管理層的每一位成員對引入風險資本又各有什麼樣的動機？

5. 管理層是否能夠順利完成其在《商業計劃書》中所勾畫的每一項工作？

6. 貴企業及其產品對其所在行業的適應程度如何？目前行業的市場走向如何？

7. 在此行業裏取得成功的關鍵因素是什麼？

8. 創業企業家如何判斷該行業總的市場容量及其增長率？

9. 行業內何種變動因素對企業利潤產生的影響將最大？

10. 行業記憶體在那些季節性因素？

11. 在行業內，貴企業的業務有何與眾不同之處？

12. 該項業務為什麼具有較高的成長潛力？

13. 是什麼原因使得這項業務在行業中具有特殊的地位？

14. 該項業務為什麼將取得成功？

15. 為何說貴企業的產品或服務對社會是有益的？對顧客的價值體現在什麼地方？

16. 產品預期的生命週期有多長？

17. 技術進步對貴企業產品或服務會產生什麼樣的影響？

18. 產品的可靠性如何？

19. 企業業務和產品的獨特性體現在什麼地方？

20. 企業業務在和更大一些的公司競爭時靠什麼取勝？

21. 企業產品如何滿足顧客的特定需求並適應這種需求的敏感性和細微特徵？

22. 顧客對產品是否已經有了品牌認知度？

23. 產品是否具有重複使用價值？

24. 這是一種高品質還是低品質產品？

25. 產品的顧客是否是產品的最終消費者？

26. 該產品是一種具有廣泛吸引力的產品還是只有少數大宗買主？

27. 誰是企業主要的競爭對手？相對於企業而言，他們具有那些競爭優勢？

28. 貴企業相對於這些競爭對手又具有那些競爭優勢？

29. 面對這些競爭對手，企業在價格、服務、銷售管道、促銷手段

和產品品質保證等方面如何應對？

30.貴企業產品是否存在替代品？

31.你認為那些競爭對手對貴企業的興起會如何反應？

32.如果你打算拿到一定的市場比率，你會如何去做？

33.在企業的行銷計劃中關鍵的要點是什麼？

34.該行銷計劃主要遵循的是一種零售行銷戰略還是一種產品市場行銷戰略？

35.在貴企業的行銷計劃中，廣告的重要性如何？

36.當產品或服務步入成熟期時，企業的行銷戰略會如何變動？

37.直銷對企業產品的銷售很重要嗎？

38.產品或服務的客戶群有多大？

39.在全部客戶中那些人是最典型的顧客？

40.從產品最初與顧客接觸到形成實際銷售，這中間的時滯有多長？

 # 案例　透過推薦人發信給投資家

推薦信可以透過推薦人發給風險投資家，也可以自己寫郵件發給風險投資家，還可以當面交給風險投資家，例如，在某次的俱樂部活動或論壇中，找機會跟風險投資家聊上幾句。更有甚者，你還可以將濃縮簡介寫在名片的背後，直接跟風險投資家交換。

一般，發送電子郵件是最常用的方式。可以給推薦人發送一封簡單的郵件，以便推薦人看完之後，非常樂意地轉發給風險投資家。

下面是杜撰的一封濃縮簡介的範例，成立了 ABC 公司，想向某知名公司×××融資，尋求李開復先生的推薦。示例如下：

主題：推薦 ABC 公司給×××

開復，你好！

謝謝你能夠答應把我們推薦給×××。附件是我們 ABC 公司商業計劃的執行摘要。(提醒對方注意查收附件)

簡單來說，ABC 可以幫助用戶透過 Internet 免費獲得海量的優質電子版的圖書、雜誌內容，用戶可以自由下載和使用這些內容。(產品是什麼？解決什麼問題)就像使用 Google 和百度一樣簡單方便。(形象說明產品的易用性)網址是：http：www.abc.com。(讓風險投資家方便試用)

創立兩年來，我們已經與國內 90% 以上的出版社及雜誌社建立了長期內容合作關係，獲得了 1000 多家集團客戶，個人註冊用戶超過 500 萬，網站頁面訪問量每天 5000 萬，並且每月以 10% 的速度在增長。(發展速度、市場地位、客戶認可度)之前公司除了我個人投資 500 萬元之外，還接受了阿里巴巴的 100 萬美元的天使投資。(投資人認可)而且 ABC 在保護知識產權的基礎上，突破了傳統出版模式的傳播、成本、用戶互動、商業模式等方面的瓶頸，是出版行業的一次重大革新及發展趨勢。(巨大的市場機會)

在做 ABC 之前，我做過×××公司(被微軟以 1 億美元收購)和×××公司(被雅虎以 2.5 億美元收購)。(團隊背景)

我一直很欣賞×××的投資理念和成就。(找該風險投資家的原因)我們準備從下週開始跟風險投資家洽談融資的事情，我希望能有機會給×××展示一下我們在 ABC 所取得的成績。(推進風險投資家儘快行動，並造成競爭氣氛)

> 祝好!
>
> ×××
>
> 0930872873135 (方便風險投資家直接聯絡)

　　每個風險投資家都是認真地對待每一個有潛力的項目的。風險投資家每天都會接收到很多推薦的郵件和執行摘要,因此,他們通常只會花費幾分鐘的時間評估一個項目。有些為了得到風險投資家的注意,就會採用一些「聰明」的技巧,希望能夠提高自己的「曝光率」。例如,在郵件中會提到公司還在跟其他那些風險投資家溝通,或者貼上媒體對公司的報導,有些還會給風險投資家寄「完整版」的商業計劃書、產品樣品、寫的書等。

　　這樣做有兩方面的目的:一是希望風險投資家能夠看看附件的「執行摘要」;二是讓風險投資家對公司產生興趣,並希望對公司有更多的瞭解。對於第一條,也許有些技巧管用,但最管用的還是將郵件發給那些有針對性的、有聲譽的風險投資家,只有適合你的風險投資家才能保證會看你的執行摘要。對於第二條目的,就需要有一份看起來專業的、完善的執行摘要了。

　　然而,上面的一些技巧有時不但幫不上忙,還會產生反作用。寄一個產品樣品有時會有用,因為可以幫助風險投資家更好地瞭解你的產品;而寄一份列印出來的「完整版」商業計劃書、自己寫的書之類的,好像對風險投資家的決策就沒什麼影響了,甚至破壞在風險投資家心目中的印象。

　　跟風險投資家說你同時還在跟其他某些風險投資家談也是有一定風險的,也許會讓風險投資家覺得你很誠懇,但一旦風險投資家跟你提到的其他風險投資家聯絡一下,而恰好那些風險投資家並不看好你的公司或者已經放棄了,那這家風險投資家估計也不會在乎

你，畢竟你的公司是被別人挑剩下的、淘汰的。引用最新的新聞報導是有用的，這表示公司有一定的影響力，風險投資家也可以透過報告對你的公司有更多瞭解。

其實，對於一個有市場潛力的項目來說，自己找風險投資家和有人引薦的效果差別並不大。至多是熟人介紹的商業計劃書，風險投資家可能會找時間快點兒閱讀而已，但對於是否會投資這個項目的決定，引薦人也許起不到多大作用。

在尋找風險投資家的時候，可以在網上搜索一下，幾分鐘內就可以找到全世界所有風險投資家的名單。建議不要將商業計劃書用群發的形式發給所有人。在發送郵件之前，要做點功課，透過合適的管道，把它發給合適的風險投資家。否則，只會有去無回。

歸根到底，找風險投資家融資就是在私募市場上兜售自己公司的股份，就像賣任何一件產品一樣，要找對自己的可能買主，做精準行銷。不過做好準備，出售公司股份不一樣，只有很小一個圈子裏的很少一部份人會對你的項目有興趣，千萬別夢想風險投資家會爭先恐後追逐你的項目。

心得欄

第 *20* 章

如何說服投資公司

一、準備並發表精彩的商業計劃演講

　　當創業者向投資者介紹自己的商業計劃書時，首先需要考慮的是如何著手準備這項任務，以及如何進行一次精彩的商業計劃書演講，怎樣透過演講的方式，將計劃書的內容展示給投資者，以及怎麼與演講對象進行互動。

　　在做演講的時候，演講人的動作、表情、語言以及幻燈片的製作水準等，都直接影響到風險投資者對創業者的評價。同樣，當創業者向別人推薦你的計劃時，你的觀眾不僅僅只關注你的計劃書，他們同樣關注你和你的團隊。所以，如何有效地準備和進行商務演講至關重要。

　　首先，是演講的準備。

　　演講前，創業者一定要盡可能多地搜集聽眾的信息，掌握這些信息之所以重要是基於兩點：

　　第一，如果你可以把自己正在演講的這項商業計劃和與考官有關

的一些活動聯繫起來的話，考官會感受到支持你計劃帶來的更多益處。

第二，掌握相關信息是為了找到與這些決策人之間的個人聯繫。任何蛛絲螞跡的聯繫，都能夠幫助創業者打開話題，儘快和風險投資者建立關係。當然，創業者必須在演講中採用合適的方式來建立這種關係，或在演講開始前的日常交談或在演講完之後提及。只要你表現得真誠，他們會把你這樣不辭辛苦地「攀關係」看作是對他們的一種讚美。

獲取信息有很多的管道，基本上所有的風險投資公司都有自己的網站，網站上會列有公司曾經投資的企業和合作夥伴，透過網路搜索和仔細調查也很容易找到有關風險投資公司的背景信息。如果你的商業計劃書要與其他對手一起競爭，那麼瞭解考官的姓名及其背景資料十分必要。

在演講的時候還要嚴格控制時間。一般來說，一次演講的時間往往只有 10 分鐘，即使是預約的投資者見面，其時間也不會超過 20 分鐘。當然，投資者是絕不會根據這 10 分鐘來確定投資的，如果真的感興趣，他們會在後面深入地大量地探討，會投入幾天甚至幾個月的時間。演講的 10 分鐘除了簡要瞭解項目之外，還會看創業者是否有值得投資的潛力，是否是經過訓練的。投資者到底如何看創業者，什麼是他們欣賞的創業者等。如果投資人告訴你擁有一個小時的發言時間，但最後半小時是用來接受提問的，你就必須在 30 分鐘內結束演講，不能延時。

為了保證演講的效果，反覆練習演講也同樣重要。許多有經驗的創業者在同事和其他觀眾面前反覆練習，以期準確控制演講時間和獲得大家有用的回饋。觀摩別人的演講也是個好辦法，從中能總結出一些成功和失敗的經驗。在許多領域都有商業計劃書競賽，如果條件允許最好能親臨比賽現場。在演講前，創業者還要盡可能多地瞭解演講

場地的情況。如果要在一個大會議廳裏演講，幻燈片的字體就要相應的調整得大一些。而如果場地較小，通常不需要做過多的調整。

二、創業者開始精彩的演講

在進行演講之前，還要確定由誰來完成演講。如果你是單獨創業，很顯然演講將由你獨自完成。如果你們是一個團隊，就必須決定到底有多少成員參與演講，這個問題需要一定的決斷力。充分的理由證明可以讓更多的團隊成員參與進來。

演講的效果與團隊的協作能力有關。如果整個團隊都參與了演講並且進展十分順利，說明你們這個團隊成員之間合作良好，沒有任何一個人因作用過於重要而成為焦點。這樣可以激起聽眾的興趣與注意力，使得演講節奏變化有致，也使得聽眾對每一個參與演講的人都有所瞭解。

在演講的時候，演講人還要抓住演講的重點。因為時間有限，演講者又要盡可能地全面闡釋商業計劃書，因此演講者必須有的放矢，儘量將重點展現給投資者。

保持精彩演講最重要的一點，就是使演講生動有趣、充滿激情。一個枯燥乏味的演講，一般沒有人願意聽，所以即使是再有潛力的投資項目，也很容易喪失融資成功的機會。演講者可以透過一些小技巧，如與觀眾互動、保持幽默、透過一些肢體語言等吸引觀眾的注意。

麻省理工學院做過的一項權威調查驗證了這些技巧的有效性。根據那項調查，溝通涉及 3 個層面，視覺(身體語言)佔 55%，聲音(語音語調)佔 35%，口頭表達(用語用詞)佔 7%，還有一些其他技巧更好地幫助演講者與觀眾溝通。如在演講中透過觀眾提問而有意停頓，或提高你的聲調，使用豐富的表情來吸引觀眾的注意。

演講幻燈片的製作有不少經驗。一些專家建議在製作幻燈片時可以遵循 6-6-6 法則，即每行不要超過 6 個單詞，每頁不超過 6 行，連續 6 張純文字幻燈片之後需要一個視覺停頓(採用帶有圖、表、插圖的幻燈片)。演講者必須審時度勢，適應不同需要。太多花哨的點綴也會使幻燈片顯得過於煩瑣過於密集，如戴爾波特最先提出的「致命幻燈片」「幻燈片毒藥」。一場 20～30 分鐘的演講最多不超過 12 張幻燈片，6-6-6 法則也是不錯的參考。

創業者有了好的想法和思路，會去尋找投資者尋求支持，但是創業者一定要清醒地認識到，投資者投資的曰的不是幫助你實現夢想，施展才華，而是投資者自身的回報。所以在提出策劃書時都要圍繞著投資回報重點敘述，要讓投資者看到可能的回報，也要讓投資者看到我們對投資者回報的重視。

三、商業計劃書的演講內容

演講的內容是一次精彩的商業計劃書演講的一個決定因素。如果演講的內容考慮欠妥或是遺失了一些關鍵要點，那麼創業者的演講很難取得成功。

創業者在創業階段都是熱血沸騰的，對自己的項目充滿了熱情，尤其是對自己的技術優勢感到非常自信。而且，很希望讓別人能夠理解自己的技術，這也是某種換位思考的做法，本來是好事，但是由於對投資者的經驗和考慮方法缺乏瞭解，所以導致這種「換位思考」沒有換對位置。所以創業者必須預先確定觀眾關心的敏感問題，然後依此組織演講內容。

對於風險投資者來說，關注的可能是企業的發展速度及預期收益率。對銀行家來說，關注的往往是企業的現金流是否可以預測以及怎

樣最大限度地降低風險。如果是一個天使投資人,可能關注別的問題。

許多商務演講的專家學者都給出過一些商業計劃書演講的範本。這些範本清楚地說明了幻燈片的數目、順序以及每頁所涵蓋的內容。雖然在不同的演講者之間可能有所差異,但一場 20～30 分鐘的商業計劃書演講應包含的內容大體上並無二致。接下來的演示是集合不同方法的一個公用範例,你必須根據你計劃書的內容和你要演講的觀眾進行調整,採用合適的方法。顯然,你不可能在一份 25～35 頁的商業計劃書或一場 20～30 分鐘的演講中傳遞所有的信息。所以,你必須把重點放在觀眾認為最重要的部份。

一些日常接觸許多創業者以及他們的商業計劃書和演示的風險投資者,建議在準備商業計劃書 PPT 的時候應該遵循 10/20/30 法則。具體而言就是:商業計劃書 PPT 不超過 10 頁,演講商業計劃書 PPT、時間不超過 20 分鐘,演示商業計劃書 PPT 使用的字體不小於 30 號。

10 頁:不要用很多的內容來使你的商業計劃書 PPT 顯得很充實,10 頁足矣,太多的內容讓人更無法記住重點。而如果你是寫給風險投資者。建議可以寫 10 個要點,即問題、你的解決方案、商業模式、關鍵技術、市場推廣計劃、競爭、團隊、業務預測及里程碑、現狀及時間表、總結。

20 分鐘:雖然創業者可能有 1 個小時的時間,但安裝投影可能就會需要很多時間,而觀眾可能會遲到,可能會早退,何況與聽眾的互動與問答時間非常重要,所以只說 20 分鐘時間是個明智的選擇,而且聽眾往往對於超過 20 分鐘的商業計劃書 PPT 演講會分心和感到厭倦。

30 號字體:30 號字體的話,在一頁商業計劃書 PPT 裏可放不下多少字。不過使用大字體寫更少的內容除了能夠讓聽眾看得更清晰之外,更重要的是這能夠讓你認真思考自己需要寫出來的主要觀點是什麼,並能夠更好地圍繞這個關鍵點進行闡述和解釋。

其實這個法則用一個詞來概括就是簡潔，只是大多數的人都會覺得寫得越多，內容越豐富，看起來就越有力。因此，在演講的時候可以將更豐富的數據、論據等內容作為商業計劃書 PPT 的附件，而讓正文變得直接和簡潔。

在演講的時候，想必你的聽眾已經人手一份你的商業計劃書了，如果你不確定，演講時多帶幾分計劃書備用。這在參加商業計劃書競標時尤為重要，也許有些觀眾是初次聽你的計劃，很想看看整份計劃書的內容。

四、投資者希望看到什麼

那種商業資本具有點石成金的神奇力量？誰是創造創業英雄的幕後推手？答案一定是投資者。

創業企業因為具有高風險性，一般很難透過銀行貸款等方式獲得資金，「高風險、高收益」的風險投資正好符合這些企業的融資特點。而投資者向創業者提問的最核心的問題就是，你所創建的這個公司，是不是一個高收益的公司？投資者希望看到的就是高收益和低風險。

投資者在投資的時候，一般會遇到 3 種企業類型：

第一種是在合適的時機，一個優秀的團隊在一個好的行業從事一個好項目。

投資者非常喜歡這類企業，創業者也容易融資成功，最後大家一起分享勝利果實。例如 IDG 投資的百度、如家、攜程、騰訊等。投資者在投資這些企業的過程中，基本上不用怎麼幫忙，但是最後取得了巨大的成功。這是投資者都希望看到的，「把錢給別人，等著收穫就可以了」，不過這樣的案例也許只能佔投資者投資案例的 20%。

第二種是那些有發展潛力的高成長企業，但是存在一些缺陷，例

如管理團隊或戰略不清晰等。

這樣的企業很多，投資者面對的主要是這一類的企業。投資者除了投入資本以外，還需要參與到該企業的日常運作中，和企業一起努力，以實現目標的最大化。

以投資者投資過的金融界來說，一開始它就是幾個很小的公司拼在一起。投資者和創業者共同努力，一起往前推進，幫他融資、幫他找人，幫他不斷地擴充團隊，最後成為一個納斯達克上市公司。這種案例在整個成功的案例裏面，有 50%～60%。

第三種就是那些很有可能投資失敗的企業。

很多創業者把融資成功當成創業成功，拿到投資者的錢就算達到人生目標，從此以後就不思進取了。最後的結果是投資者賠了錢，但是對這些創業者來講，更多的是丟掉了他們的信譽，丟掉了他們未來成功的機會，這樣的案例也很多。

以上的 3 種企業是投資者在投資時遇到的。對投資者來說，在投資時，存在以下投資特點和喜好：第一，大多投資集中在項目初期，股東結構簡單的公司，大多投資資金量比較小；第二，喜歡投資創新領先項目；第三，一開始投資介入的時候，不會去考慮贏利模式；第四，中期介入項目投資較喜歡佔大頭。

投資者在考慮投資那種企業時，一般都要參考創業者的商業計劃書以及創業者的演講內容。而這個時候，投資者特別希望創業者拿出真實有效的信息，因為投資者只有得到正確的信息，才能給這些企業提供增值服務。但是很多企業因為害怕融不到資本，對自己的企業盲目誇大，對這樣的公司投資往往以投資失敗告終。

在西方國家，投資者每投資 10 個項目，只有 3 個是成功的，而 7 個是失敗的。正是因為這樣，在風險投資界才會奉行「不要將雞蛋放在一個籃子裏」的分散組合投資原則。「在高風險中尋找高收益」，可

以說，投資者具有先天的「高風險性」。

那麼，伴隨著「高風險性」，投資者就希望在投資前的項目篩選上最大限度地進行規避或者盡可能地減少風險。規避或減少風險往往與整個經濟形勢的發展息息相關。投資者向來是追求高收益的。雖說在西方國家，投資者每投資 10 個項目，只有 3 個是成功的，但僅僅這 3 個成功帶來的收益卻依然是比較高的，因為通常一個企業的上市便會帶來 10 倍以上的收益，而如果按此計算 3 個企業成功那就是 30 倍以上的收益。

但即便如此，對於風投機構來說也盡可能最大限度地規避可能存在的風險，然而實際上一些原始的風險是無法人為規避的，例如一個行業中只有幾家發展成熟的龍頭企業相對會比較穩定，而對於一些新興企業而言，其在成長期是毫無規則可言的，而只有當其佔有一定的市場比率、發展穩定後才可能會得以很好的發展。因此，企業在經營過程中通常會面臨著較大的風險，對於風投來說必須要有自身非常完善的風險控制措施，包括財務、法律、產業政策等各個方面，只有對被投資企業最大限度地充分瞭解，才能更好地進行風險規避。但也必須承認，由於風投本身就具有高風險性，因此風險不可能完全被迴避掉，投資者必須要在最短的時間裏，以最低的成本，最快的速度進行交易。

而對於創業者來說，首先要能夠真正 100% 地信任自己的想法或者項目，要先打動自己才能打動投資者。

實際上，投資者希望看到一個熱情執著的創業者。結合那些成功的 Internet 企業，最終成功的並不是說當時它的隊伍最強，融資最多。而是它能堅持信念，堅持原來認準的方向，在艱苦的環境下，願意跟投資者一起，度過艱難的日子。投資者非常強調增值作用，在現在和將來的日子，喜歡跟那些有好機會的企業一起合作來追求成功的

結果。因此創業者應該擁有創業的激情，不畏懼失敗的執著精神，還需要樂觀的積極態度，這三樣是成功的創業者不可或缺的 3 個要素。

好的項目也是投資者希望看到的。特別是處於創業初期的企業，在資金有限、資源有限、精力有限的情況下，找準一個方向，結合自己的優勢，在這個方向走深、走遠，才有可能做出一家成功的企業。事實上，各行各業都暗藏著很優秀的企業，這就需要用敏銳的嗅覺挖掘。

五、抓住風險投資家的關注重點

商業計劃書是創業者尋找風險投資者的敲門磚。沒有一塊有分量的敲門磚，創業者很難敲開風險投資者的大門。風險投資者每天都面對堆積如山的商業計劃書，怎樣讓自己脫穎而出，打開風險投資者的大門，一份有分量的商業計劃書就成了關鍵。

站在風險投資者的立場上，一份好的商業計劃書應包括企業的戰略目標與團隊優勢、企業的發展歷史信息、市場表現及評估、截至目前的績效表現、市場戰略、生產戰略、財務戰略與財務預測以及能為風險投資者帶來的好處等內容。那些既不能給投資者以充分的信息也不能使投資者激動起來的商業計劃書，其最終結果只能是被扔進垃圾箱裏。一份有分量的商業計劃書應包含以下風險投資者關注的方面：

(1)項目簡介

項目簡介猶如電視廣告，如果它不能在 15 秒鐘內引起觀眾的興趣，觀眾就會按遙控器換頻道。項目簡介像是商業計劃書的「迷你版」，在一頁紙的項目簡介裏，創業者要用最簡潔的話清晰描述企業的商業模式、市場佔有率競爭優勢、創業閉隊、希望融資多少、如何在最短的時間內讓投資人得到回報等。

(2)關注公司的目標

產品和服務就是創業者的商業模式，換言之，你的公司靠什麼去賺錢。創業者在面對風險投資者時，首先應該向他詳細闡述公司的戰略目標和發展定位，包括公司的願景在本產業中的未來位置、自身運營定位以及如何實現這些戰略目標的措施等。透過向風險投資者介紹公司的戰略目標，讓他們初步瞭解公司的發展藍圖，從而激發起他們對公司的興趣，這是成功獲得風險投資的第一步。

(3)關注管理團隊的經驗

風險投資家在選擇投資項目時會把對管理團隊的考察放在比較重要的地位上，他們傾向於認為團隊管理是成功企業運營的關鍵要素。有的風險投資者甚至認為「沒有正確的團隊，其他任何部份都起不了作用」。風險投資者寧願看到「優秀的管理者擁有一般的商業計劃，而不願意看到優秀的商業計劃存在於一般的管理者」。一個團結的管理團隊更專業也更容易走向成功，從而也增強了投資者的信心。

因此創業者在設計商業計劃書時，必須要對主要管理人員加以闡明，介紹他們所具有的能力，他們在本企業中的職務和責任，他們過去的詳細經歷及背景。除此以外最好再對公司結構做出簡要介紹，例如公司的組織結構圖、各部門的功能與責任、各部門的負責人及主要成員、公司的報酬體系等。

(4)關注投資對象的競爭分析

創業者要想融資成功，就一定要讓風險投資者相信，這個企業不僅是行業中的有力競爭者，而且將來還會是確定行業標準的領先者。因此，在商業計劃書中，創業者應細緻分析本行業的競爭態勢。競爭對手都是誰？競爭對手的產品與本企業的產品相比，有那些相同點和不同點？競爭對手所採用的行銷策略是什麼？要向投資者展示，客戶偏愛本企業的原因是什麼？另外，在商業計劃書中，創業者還應闡明

競爭者給本企業帶來的風險以及本企業所採取的對策。

(5)關注公司的發展信息

公司起步階段的業績表現也會成為吸引風險投資者的重要因素，同樣，風險投資者為了比較全面瞭解公司發展潛力也會對其前期的成長概況表現出較大的興趣。因此，創業者要對公司的產品定位、市場細分、市場佔有率、與競爭者比較以及截至目前的市場表現等運營情況進行一定的介紹，讓風險投資者能夠較為全面地瞭解公司在前期發展中取得的一些良好業績和基礎，增強未來發展的信心。

(6)關注行銷計劃與市場表現

企業行銷計劃是向投資者說明企業如何來賺錢的，而市場表現又展示了企業的市場佔有率。良好的行銷計劃可以幫助企業開拓市場，實現贏利。即使商業計劃書中描述出了產品良好的市場前景也並不意味著這個市場一定能被創業者所佔有，沒有良好的行銷計劃做支持，創業者的利潤可能只是一個計算數字。

(7)關注投資對象的財務戰略與預測

財務預測是商業計劃書中最重要的部份之一。但是在早期的創業企業中，這是最容易被忽視的方面。除了在 PPT 中有大致的財務計劃介紹外，通常風險投資者對感興趣的項目一定會要求詳細的 EXCEL 檔。在做財務分析叶，創業者至少做 3 年的財務汁劃，最好做 5 年，把重點放在第一年。

(8)關注對風險投資家帶來的好處

當然最後一個重要部份就是投資回報和退出了。風險投資人希望你幫他們計算他們能賺多少錢，記住要確保計算的結果表明他們的投資將會帶來很大的回報。因此，結合公司未來發展向風險投資家闡述其投資回報，將對於能否獲得其資金支援具有重要作用。

在商業計劃書的撰寫中，應全面地向風險投資家介紹公司的未來

發展將給他帶來的回報，包括目前每股價值、贏利預期和每股收益率、無形資產等，但在此過程中一定要給出值得信服的財務分析和理由，避免毫無根據地信口開河。

　　一個有效風險投資的投入是全方位的，除了關注以上各個方面外，風險投資者還希望創業者能投入其所有的資源，特別是時間、精力和金錢。風險投資者重視的是一個創業者的熱情和進取精神，以及創業者願意投入自己的時間和金錢，對自己的企業負責。

六、演示文件的形式

　　創業企業家把商業計劃書或計劃書摘要發送給幾家合適的投資者後，可能在一個星期到一個月內收到回饋。一旦創業者的推薦信郵件或執行摘要發揮作用了，風險投資家通常會要求跟你見面，以便多瞭解一些公司的情況。創業者跟風險投資家見面必須要做的一件事是：作融資演示，這個時候就需要融資演示文件了。

　　融資演示其實是把執行摘要的內容豐富、完善一下，再透過 Power Point 幻燈片(PPT)的形式，由創業者面對面地解釋給風險投資家聽，並在演示的過程中，接受風險投資家的質疑、解答風險投資家提小的問題。一份好的演示文件是簡練的、高度針對性的，包含的內容和幻燈片頁數最好按照下面的要求來做：

　　⑴在 1 頁的幻燈片上，用一兩句話介紹公司價值定位。

　　⑵公司簡介：企業背景、現狀，使命與遠景，需要 1 頁的幻燈片。

　　⑶管理團隊：證明企業具有強大的人力、管理資源和有效的組織結構，盡量在 1～2 頁的幻燈片裏說明清楚。

　　⑷產品或服務要解決的問題，說明企業未來價值的基礎，佔用 1～2 頁幻燈片。

⑸說明細分市場，闡明客戶情況，大概 1 頁幻燈片。

⑹商業模式：用 1～2 頁幻燈片說明實現未來價值的可行性模型。

⑺市場、行業分析：企業經營的藍海、機會和外部環境，需要 1～2 頁的幻燈片。

⑻市場行銷策略，佔用 1 頁的幻燈片。

⑼公司發展規劃，1 頁幻燈片。

⑽競爭分析：在對比中揭示企業勝出的原因，在 1～2 頁幻燈片上呈現清楚。

⑾財務預測：用 2～3 頁幻燈片闡明企業的未來價值。

⑿融資計劃：用 1～2 頁幻燈片說明交易的需求信息。

PPT 演示文件的內容結構上基本跟執行摘要和完整版商業計劃書一樣，總體篇幅控制在 20 頁左右，各個企業可以根據自己的具體情況適當調整。但是幻燈演示文件應該是脈絡清晰、文字精簡得當、重點突出，注意不要把商業計劃書中的整段文字貼到幻燈片上。儘量多使用數字、表格和圖片，要有幾張吸引注意力的圖片，但又不能太花哨。如果加進一小段錄影就更好了。

演示文件內容的次序可以調整，不一定要完全與上面說的一樣，但需要講出一個精彩的故事，這也是風險投資家願意讓創業者本人面對面演講的目的。一旦創業者知道故事怎麼講，面對風險投資家的時候你也就能拋開電腦、拋開 PPT 文件，應付自如了。創業者在演講時除了按照順序講解幻燈演示外，還需要注意以下問題：

⑴重點講清楚機會的存在和你們把握機會的能力。

⑵在講到市場機會時，不要強調你發現了某種需求，然後將滿足這種需求，而是要強調是你預測到需要，並將創造市場。因為如果市場需求是顯然可見並且非常重要，那麼肯定有人會比你反應還快。

⑶如果創業企業已經有了很好的業績，或者已經與業內知名公司

建立起了合作關係，也應該讓投資商知道。

⑷可能的話要準備一兩個簡短的實例，說明客戶對你們的技術的需求和你們如何成功解決客戶的問題。

⑸投資商都很重視投資回報和退出途徑，但這個問題由創業者來設計往往顯得很幼稚和不夠專業，建議只在問到時才講這個問題。

演講一般由一張幻燈片開始，它在正式陳述前等待觀眾的準備階段用於投影播放，這張幻燈片必須醒目、整齊，務必至少包含有一位創始人的聯繫方式。必須在首頁幻燈片標記上正確的日期以及致謝人，使得演講更加人性化。

從投資商看到你的商業計劃書到你的企業獲得投資，一般需要 1 個月到 1 年時間，最常見的週期是 3～6 個月。融資談判的準備工作做得越充分、越專業，投資的進程就會越快。

演示過後投資人將會問一些問題。投資商希望在簡短的時間內，用最少的問題來發現項目的價值和隱藏的風險。創業人為了打動投資商，要預先準備好那些投資人常問問題的答案，不要簡單地回答「是」或「不是」，不用迴避那些難回答的問題，也不要隱瞞你的弱點，要積極地面對困難，對自己的產品和服務充滿熱情。關鍵要顯示你已經很認真地考慮過這些困難和弱點，談談你準備怎樣應付存在的挑戰。回答投資商的提問一定要認真準備，但你也要準備一些問題問投資商，特別要問的是他們提供什麼樣的增值服務（要求舉例）和他們投資了那些行業相關企業。

七、我公司的融資計劃

XXX 公司為獲得發展所需資金，同意以出讓部份股權的方式接受外部注資。同時，XXX 公司更看重的是新投資者擁有的資金以外的價

值，例如擁有市場或企業管理方面的優勢，或者是具有融通資金、資本運作方面的經驗及實際操作能力。

增資方案：

融資需求總額：2500 萬元。

出讓股權比例：25%。

透過本次增資，使 XXX 公司總股本增加至 5500 萬元，原股東與新股東所佔股份比例分別為。

· 原股東：佔公司 65%的股份。

· 新股東：以現金投入，佔公司 25%的股份。

· 預留期權池：10%。

資金用途說明：

投資人的資金可分批到位：

· 第一期 1500 萬元於 3 個月內到位。

· 第二期 1000 萬元於 1 年內到位。

融資主要用途：

· 批量投產前所需資金：

XXX 晶片：XXX 萬元。　資料、宣傳廣告、發佈會：XXX 萬元。

市場費、培訓費：XXX 萬元。　最小批量訂貨款：XXX 萬元。

演示環境：XXX 萬元。　設備：XXX 萬元。

軟體租用：XXX 萬元/年(後兩年應再適當購買)。

新品開發費：XXX 萬元。　人員薪資及管理費：XXX 萬元。

市場體系建設費：XXX 萬元。　市場費：XXX 萬元。

第 *21* 章

範例：汽車增光劑的商業計劃書

一、概述

1. 背景

(1)廣闊的市場

研究表明：2010 年汽車的保有量將超過 2000 萬輛。其中城市家庭汽車保有量將超過 400 萬輛。

研究表明：在未來十幾年裏，隨著汽車保有量的飛速增長，相關的服務市場將會空前地繁榮壯大。

(2)愛美之心，人皆有之

為了讓自己的汽車更加靚麗，汽車擁有者提出了汽車美容的要求。1994 年起，汽車美容護理服務在大中城市如雨後春筍般崛起。2010年後，國內汽車美容護理用品的需求量將超過 4000 噸/年。

(3)把握商機，贏得市場

目前汽車美容增光護理劑絕大多數是含蠟產品。實踐表明，含蠟產品存在許多缺點。無蠟水性乳液產品是汽車增光護理劑的發展趨

勢,而含蠟產品終將被淘汰。國內汽車美容增光護理用品絕大部份來自國外,價格昂貴。

2.公司

在廣泛考察了國內外產品的基礎上,我們研製開發出了綠色汽車增光護理劑,追隨世界塗料領域水性化、無毒性的趨勢,將「營養護理」的新概念引入汽車美容業。

新創公司由 3 名大學研究生髮起創立。綠色汽車增光護理劑是我公司獨立研製開發的產品。該產品生產技術流程簡單、技術先進、生產成本低、性能優越。

我們已經生產出少量產品,並在十幾家汽車美容店做過試用,受到專業汽車美容員的好評,均表示願與我們進一步合作。

我們的發展目標是:以生產經營綠色汽車增光護理劑為主,同時發展其他汽車護理用品。我們力爭在 5 年後將公司辦成生產汽車護理用品的大型企業,並逐步將產品打入國際市場。

3.產品

(1)綠色汽車增光護理劑

綠色汽車增光護理劑為無蠟水性乳液產品,用於汽車的增光護理,從而實現汽車外部美容,光亮如新。

綠色汽車增光護理劑主要成分是高分子材料,易在車漆表面很快地生成高分子護膜。

綠色汽車增光護理劑完全替代了傳統美容護理的固體蠟和液體蠟,在許多方面尤其是在環境保護和汽車表面油漆防護方面更具優勢。

(2)綠色汽車增光護理劑的主要功能

養護漆膜、增加汽車表面的光潔度,使汽車光亮如新。

防紫外線、酸鹼以及腐蝕性物質破壞汽車表面油漆。

清除汽車表面的汙物。

塗在汽車玻璃和反光鏡上可起到防霧作用。

提高汽車外觀品質，延長汽車使用期。

防止火星損傷車漆。

4.市場與競爭

(1)市場

汽車美容業市場還有很大的潛力可以開發。根據市場細分，我們將選擇全國各主要大城市的汽車美容用品消費市場作為我們的目標市場。汽車美容店和汽車護理用品專賣店是我們最主要的兩類客戶，這裏集中了市場上汽車美容護理品 90%以上的銷售量。由於我們產品獨有的競爭優勢和大城市興起的汽車美容熱，這個市場對我們的產品具有強大的吸引力，但我們也清楚地看到了其中激烈的競爭。

(2)競爭

我們的競爭對手主要來自國外產品，它們是美國的「3M」和「龜博士」；英國的「多寶」，「尼爾森」和「萊斯豪」；日本的「99 麗彩」和德國的「施矽國寶」等。由於這些廠家的生產和經營歷史早，生產技術成熟，資金雄厚，加上他們的產品打入市場較早，已有了相當的市場佔有率，因而競爭將十分激烈。

(3)競爭優勢

潮流性：我們的產品是無蠟水性乳液產品，代表著汽車美容護理品發展趨勢。

獨有性：我們是國內惟一擁有無蠟水性乳液汽車美容產品的廠家，並且在國際上也居於領先地位。

低價格：我們的產品生產流程簡單，生產成本低。

高品質：綠色汽車增光護理劑為化學惰性，粘附力強，耐老化和光照輻射，無「出汗」和「結晶粒」等不良現象，尤其是不粉化，從而減少了車體刻痕的機會；同時，它又為化學中性，不損傷車體。

統一性：我們的產品對所有車漆均可統一使用，這就免除了因選擇產品不當而導致車漆損壞的後顧之憂。同時，可適應較大氣候溫差，能在南北兩地一年四季使用。

易操作：噴塗均可，操作簡單，比現有打蠟技術省時 1/2。

多功能：我們的產品具有防霧和防火功能。只要往車窗上打上我們的產品，就不用擔心車窗起霧。倘若不小心有火星掉在車漆上，只要使用了我們產品，也不用擔心火星會損壞車漆。

無污染：我們的產品不但在生產過程中無「三廢」產生，而且在使用過程中不會污染環境，更不會對人身健康造成毒害。

(4)競爭策略

堅持「以人為本、以誠取信」的經營管理理念。

堅持「高品質、高性能、低價格」的市場競爭策略。

堅持「系列化、多樣化、大眾化」的產品發展道路。

堅持「自主開發、勇於創新」的科研方向。

5.市場行銷

為了能夠迅速有效地打開我們產品的市場，並獲得長久的發展，我們將以公司上述發展戰略為核心，從樹立鮮明的產品形象、建立廣闊的市場行銷網路、嚴格控制生產成本與產品品質、持續的技術發展等四個方面系統規劃品牌競爭策略。

我們將從 3 條管道開拓我們的銷售市場：

我們將與國內一家或多家汽車生產企業建立某種「夥伴」關係，實行售車配備汽車美容護理品銷售方式，在促進汽車生產廠家汽車銷售的同時，確保我們產品的基本銷售量，並迅速有效地佔領市場。

汽車美容店是汽車美容護理品的主要消費市場之一。近兩、三年來，汽車美容紅遍全國大中城市。目前汽車美容基本上都是在汽車美容店來完成的。我們已到十幾家汽車美容店進行了產品試用。專業人

員對我們的產品一致反映很好，都希望能與我們進一步合作。

　　汽車護理用品銷售店將是我們產品的另一個銷售市場。汽車美容店的汽車外部美容價格過高，一次美容的花費要 300 元左右。因此，有相當一部份車主更願意自己動手對汽車進行美容。我們將在各大城市建立獨家產品代理商，以優惠的價格把產品直接送到各汽車美容店和汽車護理用品銷售店。

6.公司組織與人力資源

　⑴公司初期規模較小，我們將採用職能式的組織結構，充分發揮個人的特長。主要核心管理人員構成如下：

　　總經理──全面負責公司的經營管理；

　　生產副總經理──主要負責生產和技術管理；

　　銷售副總經理──主要負責行銷與財務管理。

　⑵我們將招聘一批有相關工作經驗和專業知識、並有志合作的中青年來加強和充實我們公司的管理隊伍；我們還將招聘 18～20 名生產人員和部份工作人員。

　⑶我們將積極弘揚企業文化來全面提高公司員工素質，培養每個職工的企業榮譽感，同時引進企業 CIS（企業形象系統）。

　⑷不斷學習新的管理技巧，減少錯誤的管理理念，逐步建立從生產到銷售的企業核心程序，努力創建一支高水準的管理團隊，實現公司的持續發展。

7.風險及對策

(1)風險

①行業風險

汽車美容服務業的自身發展的局限；

行業內部競爭激烈。

②經營風險

對主要客戶的依賴；

人們消費觀念的影響；

重要原材料供應風險；

人力成本上升和高素質人才不足。

③市場風險

市場價格競爭激烈；

市場銷售不暢。

(2)對策

充分發揮在生產技術、產品品質、管理水準、科研水準方面的優勢，加快新產品的研製、開發和生產，擴大生產規模。

堅持質優價廉和優質服務方針。

在加強產品銷售的同時，建立一套完善的市場信息回饋體系，制定合理的產品銷售價格，增加公司的盈利能力。

加快新產品的開發速度，增加市場應變能力，適時調整產品結構，增加適銷對路產品的產量。

實行創名牌戰略，以優質的產品穩定客戶，穩定價格，以消除市場波動對本公司產品價格的影響。

8.財務分析

初步估算我們的產品開發第一年需要固定資產投資 1000 萬元。第二年流動資金貸款 400 萬元，用於公司生產和銷售工作的啟動費用。經營成本 3.9 萬元/噸，銷售價格（批發）5.9 萬元/噸，平均稅後利潤 1.3 萬元/噸。

NPV＝5302.0 萬元，遠遠大於 0，經濟效果良好。

產品投資回收期短，3 年內即可收回全部投資，銀行貸款可在 4 年內全部還清。

不確定性分析表明：當投資增加 87%以上、或經營成本增加 102%

以上、或銷售收入降低 47%以上時，該計劃變得不可行。

總體上看，本產品是一個投資少、利潤高的產品，並且，我們的發展計劃具有相當強的抵抗市場風險能力。

我們相信，在巨大的迅速發展的汽車美容服務用品行業中，我們的公司，我們的產品必將擁有一個光明美好的前景！

二、公司

1.公司成立與目標
新創公司由三名大學研究生組建。面對汽車服務用品領域的廣闊市場潛力，我們的目標是：用 5 年時間，以生產綠色汽車增光護理劑為核心，將我們公司發展成為國內最大的汽車美容用品生產企業。

2.發展規劃
第 1 年，成立公司，建立生產、辦公和銷售基地，生產設備的安裝、調試與試生產，初步建立市場行銷體系。

第 2～3 年，樹立產品形象，打開市場銷售管道；實現生產規模 500 噸/年，初步達到 10%的市場佔有率，為進一步擴大生產、佔領市場奠定基礎。

第 4～5 年，廣泛開拓市場，實現生產規模 800 噸/年，利潤 1000 萬元/年，力爭取得汽車美容增光劑市場 20%的佔有率，並還清各項貸款。

第 6～10 年，保持國內市場佔有率，實現利潤 1500 萬元/年；進一步開發其他產品，努力使我們的產品打入國際市場。

3.公司現狀
組織：目前公司正處於籌備階段，尚無外來投資者。公司的所有權由三位創始人平均擁有。今後公司將採用有限責任公司的組織形式。

　　生產：我們綠色汽車增光護理劑的生產技術已經完全成熟，現在已經小規模生產出一批產品，在十幾家汽車美容店進行了產品試用，效果極佳。

　　銷售：我們已經與一些汽車美容店建立了聯繫，他們均表示願意銷售我們的產品。

　　4. 發展戰略

　　堅持「以人為本、以誠取信」的經營管理理念。

　　堅持「高品質、高性能、低價格」的市場競爭策略。

　　堅持「系列化、多樣化、大眾化」的產品發展道路。

　　堅持「自主開發、勇於創新」的科研方向。

　　堅持企業文化建設，實現持續發展。

　　5. 關鍵成功因素

　　提倡團隊精神，積極開拓進取。

　　設計有效可行的市場行銷方案，逐步建立廣闊的行銷體系。

　　對世界汽車美容護理用品的現狀、發展趨勢有深入的研究。

　　有獨立的產品開發能力，能夠隨時根據市場和顧客需要不斷設計出新產品。

三、產品

1. 產品

(1)產品內容

　　綠色汽車增光護理劑為無蠟水性乳液產品，它能使汽車、摩托車等機動車表面光亮如新，實現增光護理；並且，它還可廣泛用於皮革、高檔傢俱、樂器、玻璃和經過拋光的大理石等產品的增光護理。

　　綠色汽車增光護理劑的主要成分是一些高分子材料，易在車漆表

面快速地生成高分子保護膜，從而實現增光護理效果。

　　綠色汽車增光護理劑為瓶式包裝，每瓶為 450ml，可進行 7～8 次美容護理，同時，我們將提供相應的汽車美容護理工具。

　　(2)產品功能

　　汽車在使用過程中，其表面漆膜會由於自然因素和人為因素不可避免地造成損傷、老化和失去光澤。因此，要維持汽車外觀的光亮及延長汽車使用年限，車主就應當定期對汽車進行表面油漆護理。綠色汽車增光護理劑的主要功能有以下方面：

　　養護漆膜、增加汽車表面的光潔度，使汽車光亮如新。

　　防紫外線、酸鹼及腐蝕破壞汽車表面油漆。

　　提高汽車外觀品質，延長汽車使用期。

　　清除汽車表面的汙物。

　　塗在汽車玻璃和反光鏡土可起到防霧作用。

　　防止火星損傷車漆。

　　2.生產

　　生產技術：綠色汽車增光護理劑的生產採用世界先進的特殊乳化技術，該技術已經完全成型，可直接用於市場生產。

　　生產成本：綠色汽車增光護理劑的生產成本與市場同類產品相比平均低 1/3。

　　生產設備：綠色汽車增光護理劑的生產設備採用高剪切乳化機，易於操作與管理。

　　生產原料：綠色汽車增光護理劑的生產原料(具體名稱暫略)易於從市場上購買。

　　生產能力：綠色汽車增光護理劑的生產流程簡單，一個生產週期僅需 3 個小時，安裝一套設備生產量最多可達 2 噸/天。

　　生產條件：根據我們的目標，100 平方米生產工廠和 200 平方米

庫房即可滿足 800 噸/年的最終生產目標。初期先安裝一套生產設備，3 年後再安裝另一套。

生產人員：綠色汽車增光護理劑對生產人員的要求不高，具有高中以上學歷的人員經過一定的培訓後均可上崗進行生產。18～20 人即可滿足我們最終的生產要求。

四、市場分析

1.市場需求

⑴人們對汽車美容的青睞極大地刺激了汽車美容市場的發展。愛美之心，人皆有之。汽車作為現代城市人社會地位的某種象徵，其外表也就成為車主的「臉面」。20 世紀 80 年代，汽車美容首先興起，據統計，僅現在就有汽車美容店 300 家之多，而且還不斷有新的汽車美容店開業。我們的初步市場調查表明：

60%以上的個人高檔汽車車主有給汽車做外部美容的習慣。

30%以上的個人低檔車車主也形成了給汽車美容的習慣。

50%以上的公用高檔汽車定時進行外部美容。

50%以上的個人車主願意在掌握基本技術的情況下自己進行汽車美容。

由此可見，人們對汽車美容的熱情日益增長。

⑵全國各大城市汽車保有量迅速增加也極大地刺激了汽車美容市場的發展。

《汽車報》中的一份調查報告表明：1992 年以來，國內家庭購車市場全面啟動，購車率逐年上升，增長速度平均達48%。其中：計劃單列市達到 154%，直轄市達 41%，省、地、縣城市均為 39%。

預計 1998～2010 年，全國城市家庭購車量將分別突破 70 萬、90

萬、100 萬輛。大城市家庭汽車擁有率將突破 5%。顯然，家庭轎車擁有量的迅速增加將加大對汽車美容護理品的需求。

⑶資料分析表明，汽車美容護理品的市場容量尚有很大的開發潛力。現有市場容量約為：2500 噸/年，2010 年後市場容量估計：4000 噸/年，尚有 40%的市場潛力有待開發。

2.市場細分

⑴按地理位置細分

①主要集中在各大城市≈90%；

②中小城鎮有少量市場≈10%；

③農村市場≈0%。

⑵按汽車所有權細分

①公用車≈40%；

②個人用車≈60%。

⑶按心理和行為細分

①追求時尚，追求汽車靚麗的外表≈50%；

②追求內在利益，保養汽車≈50%。

3.市場內部結構的吸引力

從經營的角度看，通常有 5 種力量決定著某個市場長期的內在吸引力。我們對汽車增光美容護理品市場這 5 種力量的初步評估如下表。

表 21-1　5 種力量的初步評估

序號	細分市場內部結構	基本狀況	吸引力大小
1	細分市場內的競爭	激烈	一般
2	新參加品牌的威脅	小	大
3	替代品牌的威脅	小	大
4	顧客購買力	高	大
5	供應商供應能力	局	大

結論：

汽車美容增光用品市場對我們的產品具有強大的吸引力。

根據我們產品的優勢，汽車美容增光用品市場對我們而言是一個進入的壁壘高(市場競爭激烈)，退出的壁壘低(硬體設施投入少)的市場，因此，如經營得好則會有高而穩定的收益。

4.目標市場的選擇

根據上面的市場需求、市場細分及本產品的特點，我們將選擇全國各大城市的汽車美容用品消費市場作為我們的目標市場，並以積極的汽車養護概念、優質的產品和優惠的價格來吸引各方面的消費群體，力爭用 5 年時間佔領這一市場的 20%。我們的目標市場主要由兩部份組成。

(1)汽車美容店

汽車美容店是我們產品的第一個主要客戶。近三、四年來，汽車美容店遍及了全國各大中城市，各種汽車美容業務基本上都是由汽車美容店來完成的，原因如下：

①汽車美容在國內剛剛興起，許多車主還未能掌握汽車美容的一般技術，加之汽車價格昂貴，車主們擔心自己美容不當會有損車漆。

②國內最先購買汽車的往往是先富起來的階層，他們的收入和消費水準比較高，因而寧願花錢讓汽車美容店來給汽車美容，圖個輕鬆方便。

③公用車司機當然不會自己動手來給汽車美容。

(2)汽車護理用品銷售店

我們另一個主要客戶就是汽車護理用品銷售店。隨著城市居民生活水準的提高和消費觀念的改變，部份中檔收入家庭也紛紛開始購買汽車，現在城市家庭私人汽車佔全國汽車總保有量的 6～8%。他們購買的汽車大部份為中、低檔車(5～20 萬元)。

對這些車主來說，我國汽車美容店的汽車外部美容價格相對過高，一次美容的花費平均要 300 元左右。因此，大部份車主更願意自己動手給汽車美容。毫無疑問，汽車護理用品銷售店裏質優價廉，簡單易用的汽車美容護理用品將是他們的首選。

五、品牌競爭策略

1.行業發展現狀

根據我們的市場調查分析，當前我國汽車美容護理業市場具有以下幾個特點：

汽車美容業處於剛剛興起階段，人們對汽車美容的認識還不夠全面，有不少人還只認為汽車美容不過是給汽車一個漂亮的外表而已。

市場上雖有不少外國產品打進來，但現在還沒有一個產品取得絕對的市場優勢。根據我們掌握的資料和市場調查，初步估計幾個主要品牌的市場佔有率如表 21-2 所示。

表 21-2　現有汽車美容產品的市場佔有率

品牌	3M	99 麗彩	龜博士	多寶	尼爾森	壁麗珠	施矽國寶	其他
佔有率	15%	18%	10%	8%	8%	18%	8%	15%

現有品牌絕大多數是含蠟產品。由於含蠟產品存在許多不足，終將被無蠟產品取代。

市場運作還很不規範。

⑴約 99%的汽車美容店達不到相應的專業技術要求。

⑵大量劣質汽車美容產品充斥市場。

⑶汽車美容價格不統一，且普遍偏高。

2010 年後，汽車美容護理用品的市場容量將達 4000 噸/年以上，

市場價值超過 10 億元。為了更多地佔領市場，各商家的「價格戰」已經逐步打響。

2.競爭分析

(1)對手的優勢和劣勢

在汽車美容護理用品領域，我們的競爭對手主要來自國外產品，它們是美國的「3M」和「龜博士」，英國的「多寶」、「尼爾森」和「萊斯豪」，日本的「99 麗彩」和德國的「施矽國寶」等。由於國外這些廠家的生產和經營歷史早，生產技術和技術也很成熟，其產品品質普遍較高，性能優良，提供的服務也令顧客滿意，因而已有相當的市場佔有率。

但是，這些國外產品基本上是含蠟產品，實踐表明，含蠟產品存在以下缺點：

①容易被氧化而黏附空氣中的灰塵造成表面永久性污染。

②使用的油性溶劑帶來有機溶劑的揮發而造成環境污染。

③耐候性差，高溫、低溫下會產生「出汗」和「結晶粒」等不良現象。

④使用時要選擇與車漆的性能相符合的蠟產品，否則會使車漆變色。

⑤價格較高，平均在 200 元/(450～500)ml 以上。

國內也有競爭對手，如「璧麗珠」，「999 集團」的「車僕」等。這些產品由於價格便宜也佔據了一定市場。但是，由於國內還沒有相應的汽車美容用品生產技術，這些廠家基本上是與國外廠家合資生產，其生產技術基本上是國外淘汰十幾年的技術，因而產品品質和性能還不近人意。除存在上述含蠟產品的問題外，還表現在：光澤維持時間短，靚麗程度差等。

(2)我們的競爭優勢

潮流性：綠色汽車增光護理劑是水性乳液產品，代表著汽車美容護理品發展潮流。

獨有性：我們是國內惟一擁有無蠟水性乳液汽車美容產品的廠家，並且在國際上也居於領先地位。

低價格：綠色汽車增光護理劑的生產技術簡單，成本低，因此可相應降低市場價格。

高品質：綠色汽車增光護理劑為化學惰性材料，黏附力強，耐老化和光照輻射，無「出汗」和「結晶粒」等不良現象，尤其是不粉化，從而減少了車體刻痕的機會。同時，它又為化學中性，不損傷車體。

統一性：我們的產品對所有車漆均可統一使用，這就免除了因選擇產品不當而導致車漆損壞的後顧之憂。同時，可適應較大的氣候溫差，能在一年四季使用。

易操作：噴塗均可，操作省時，比現有打蠟技術省時 1/2。

無污染：我們的產品不但在生產過程中無「三廢」產生，而且在使用過程中不會污染環境，更不會對人造成身心健康的毒害。

多功能：我們的產品具有防霧和防火功能。只要往車窗上打上我們的產品，就不用擔心車窗起霧。倘若不小心有火星掉在車漆上，只要使用了我們產品，也不用擔心火星會損傷車漆。

3.我們的競爭策略

為了能夠迅速有效的打開我們產品的市場，並獲得長久的發展，我們將以公司的發展戰略為核心，從產品形象、市場銷售、生產與品質、技術發展等四個方面系統規劃品牌競爭策略。

(1)樹立鮮明的品牌形象

鮮明的產品形象是創建成功品牌，打開市場的基礎，為此，我們將努力做好以下工作。

①簡明、形象、實用的產品設計

品名：我們初步決定將產品取名為車麗寶，英文 Celibo。

商標：我們正在著手設計一個新穎、獨特的商標。

價格：我們將採用低價位市場策略，並將產品分為精品型和普通型兩種(450ml/瓶)，其中精品型 98 元/瓶，普通型 48 元/瓶。批發價平均 18 元/瓶。

包裝：除了要外觀精美、突出產品特點外，我們還將配套功能齊全的美容工具。

②有針對性的廣告宣傳

針對各大城市報紙閱讀率排在第一位的都是地方報的特點，並結合我們將各大城市作為目標市場的戰略，通過地方性報紙的宣傳將是我們的廣告宣傳的重點之一。

通過汽車類報紙、雜誌、畫報和廣播中交通台節目的廣告宣傳是我們廣告工作的重點之二。

針對電視廣告效果最佳的特點，我們也將根據時機和資金運作情況，有針對性地選擇電視媒體進行廣告宣傳。

根據不同情況考慮製作一些 Internet 廣告和 POP 廣告。

③積極的公共關係活動

定期舉辦以「營養護理」為核心的免費汽車美容知識講座。

定期舉辦以宣傳我們產品優良性能為核心的汽車美容諮詢、培訓和有獎銷售活動。

積極參加相關的行業博覽會，增強我們產品的市場影響力。

(2)建立廣泛的市場行銷網路

歸根結底，只有實現一定數量的銷售才能是一個成功的商業計劃，因此，建立廣泛的市場行銷網路是我們綠色汽車增光護理劑市場發展計劃最最核心的內容。我們初步計劃這一網路由以下兩部份組成。

①與汽車生產企業建立夥伴關係。

值得思考的一點啟示：西方國家雖早有完整的汽車美容概念，卻並沒有在其國內作為一種行業發展起來，也沒興起這方面的熱潮。這是因為，在發達國家購車是一次性到位的，並延伸到汽車售後服務中。

據我們掌握的資料：當前轎車市場上只有一汽轎車集團在售車時配備了部份有關汽車養護用品，包括部份汽車美容用品。因此，我們認為，這是一個與其他汽車生產廠家建立合作夥伴關係，共同經營汽車美容護理用品的良好時機。近年來的轎車行業得到了迅猛發展，表21-3給出了一些廠家的生產情況。

表 21-3　幾個主要轎車產量的現狀和發展

轎車車型	A 牌	B 牌	C 牌	D 牌	E 牌	F 牌	G 牌
一期(萬輛)	15	15	15	3	15	5	3
二期(萬輛)	20	—	30	—	—	10	15

我們將選擇上面的一家或多家生產企業建立夥伴型關係。其核心內容是與廠家建立以汽車美容用品為核心的汽車配套護理用品的供應關係，在促進廠家汽車銷售的同時打開我們的產品市場。我們以批發價格或其他商定的價格將我們的產品銷售給汽車生產企業，作為其汽車銷售時的配備用品之一。這一點每年只增加廠家 500 萬元左右的成本，可行性很大。

如果能成功地建立這種夥伴關係，將使雙方受益。

我方：

· 迅速使產品打入市場並提高市場佔有率；

· 確保了產品的銷售，這一部份銷售量佔總銷售額的 25%，甚至更高；

· 大大降低了銷售成本。

廠方：

· 建立完善了自身的售後服務體系；

· 樹立了嶄新的企業形象；

· 促進了汽車銷售。

②建立全面有效的公司－客戶、公司－代理商－客戶的銷售體系。

來自我們產品主要客戶(汽車美容店和汽車護理用品銷售店)的需求將佔我們產品銷售總量的 75%左右。為了更加有效地瞭解他們的需求，對市場變化做出及時的回應，我們將建立兩套體系來實施我們的產品銷售。

我們將根據市場需求的大小和地理位置的劃分選出 3～5 個大城市，在當地建立我們自己的銷售網站，負責開發當地和週圍鄰近地區的市場。主要工作包括：廣告及各種促銷活動、對汽車美容店和汽車護理用品銷售店的產品批發、零售業務等。

對於我們自己的銷售網站負責區域之外的城市和地區，我們將徵聘部份代理商，通過他們把我們的產品送到客戶的手中。如果合作愉快順利，我們也可與之開展進一步的合作，如廣告代理等。

⑶嚴格控制生產成本和產品品質

低成本、高品質是我們公司的整體戰略之一，同時也將是我們獲得競爭優勢、贏得市場的重要保障。

①嚴格控制生產成本

綠色汽車增光護理劑的生產採用的是特殊乳化技術，生產技術流程簡單，生產設備少，生產人員要求也少，因而大大減低了生產成本。我們每噸產品各類成本總和(含現在預期的經營成本)還不足 4 萬元，大大低於同行業的平均生產成本，約 6 萬元/噸。因此，嚴格控制生產成本必將帶給我們巨大的收益。

②嚴格控制產品品質

「品質是產品的生命」。我們將實行全面品質管制，建立並完善相應的品質保證體系，主要包括：

- 建立明確的品質計劃和品質目標。
- 建立一個綜合品質管制機構，並將產品品質落實到個人。
- 建立一套靈敏的品質核對總和回饋體系，嚴格品質控制。
- 建立品質管制工作的標準化程序。

同時，我們計劃在 4～5 年內通過 ISO 9000 國際品質認證。這將有利於我們最終市場目標的實現。我們為此將在以下幾方面受益：

- 提高產品品質；
- 提高企業的知名度；
- 增加產品的銷售；
- 增強企業的競爭力。

⑷持續的技術發展

沒有創新的企業是難以保持長期的發展的。在我們的發展過程中，我們將注意積極開發新產品，發展多種服務。事實上，在我們選擇以汽車增光護理劑為核心的發展道路時，我們已經對企業的長期發展在技術方面做了充分的考慮。

①我們將在國內為綠色汽車增光護理劑的生產技術申請專利，考慮到將來的發展，專利的期限定在 5～8 年，以確保在這一期間我們對國內其他同行企業的技術優勢。

②我們在以下 5 項技術方面已經取得了令人滿意的結果，即防霧劑、防凍液、儲熱材料、去汙膜、空氣清新劑。

他們都較現有的生產技術有所突破，經過進一步開發都將成為極具市場潛力的產品。因此，我們完全有能力在汽車服務用品方面開發出一系列有價值的產品，配合增光劑產品的生產和銷售，取得企業的

持久發展。

我們重點從生產技術方面不斷進行技術創新，在降低生產成本，提高產品品質和性能的同時，提高產品的文化藝術含量，從而創造產品的高附加值，使產品更具有競爭優勢。

我們已積累了大量的科研資料和科研經驗，並將以大學的人力資源和科研條件做後盾，建立自己的科研隊伍和研究體系，為進一步的市場開發奠定堅實的基礎。

六、公司組織與人力資源管理

1.組織結構

考慮到初期公司的規模較小，我們將採用職能式的組織結構，主要包括以下部門。

⑴辦公室：協助公司經理和副經理的各項工作。

⑵行政部：負責公司的行政、人事和後勤工作。

⑶生產部：負責與公司產品生產有關的各項工作，如原料採購、品質管制、新產品開發等。

⑷銷售部：負責公司的各項行銷工作，包括廣告業務和外地銷售中心的管理。

⑸財務部：負責公司的財務管理。

2.人力資源配置

(1)主要管理人員構成及其職能

公司的高層管理決策機構初步由公司的三位創始人擔任，如果有投資商願意為我們的計劃投資，那麼，我們將根據他的投資數額來構成新的高層管理決策機構。這一機構現在由公司總經理和兩名副總經理組成。他們的背景和職能安排如下：

公司總經理——大學研究生，學習成績優秀，熱衷於科學技術的生產應用開發，在學習期間多次參加了有關的社會實踐活動，並參與了多家公司的市場調查與分析活動，對科技市場的發展有深入的瞭解。他將全面負責公司發展戰略的實施、統籌各項管理工作。

生產副總經理——大學研究生，學習成績優秀，具有極其優秀的科研開發能力。在學習期間曾三次榮獲大學學生「挑戰杯」科技一等獎，一次全國三等獎，並發表了三篇專業學術論文。綠色汽車增光護理劑就是他獨立開發的。他將全面負責生產、技術開發，以及生產人員的培訓工作。

銷售副總經理——大學研究生，學習成績優秀，項目管理專業方面的高才生，曾在供水工程中做過用水需求等工作，有大量的實際工作經驗；此外，還對市場開發有深入的研究，具有良好的市場行銷和公共關係意識。他將全面負責公司的市場行銷和財務管理工作。

(2)其他人員配置

公司運作還需要一批中層管理人員負責生產、財務、銷售等工作。因此，我們將面向社會招聘一批有相關經驗和專業知識，並有志合作的中青年人員來加強和充實公司的管理隊伍。我們計劃招聘以下主要部門負責人：

1名企業會計師，1名辦公室主管，2名生產技術工程師，3～5名外地行銷主管，1名廣告主管等人員。

我們還將根據公司的發展，逐步招收18～20名生產人員，15～18名管理工作人員。這批人員除了要嚴格選拔外，還要進行嚴格正規的業務培訓，做到科學培養、合理使用。我們還將通過弘揚企業文化增強公司員工職業素質和凝聚力。

3.組織管理戰略

(1)逐步建立從生產到銷售的企業核心程序

在過去的十幾年中，不少國內創業公司的經營效益在經歷了短暫的曇花一現後一蹶不振。其中許多公司都是因沒能事先制定出企業強有力的核心運作程序而失去了生命力。因此，我們公司將努力建立一套完善的、貫穿於從生產到銷售的企業每個環節的核心程序，通過不斷總結經驗、分析市場變化，作出及時的決策，最大限度地增強我們產品的競爭力和應變能力。

這個核心程序包括生產程序、銷售程序和決策程序三個組成部份，他們是一個相輔相成的有機整體，相互影響，相互作用，以確保公司各項職能的有效運作、實現公司的長遠發展為最終目標。其中，每一部份都包括明確的工作內容。其基本結構如下圖所示。

(2)不斷學習新的管理方法，降低不當的管理

面對當前經濟發展中的激烈競爭和知識經濟的挑戰，惟有不斷學習新管理、減少錯誤管理觀念才能把握企業發展的命脈。

圖 21-1　核心程序圖

```
                    ┌─────────────┐
                    │  決策程序    │
                    │ ・信息回饋   │
            ┌──────→│ ・問題分析   │←──────┐
            │        │ ・決策      │        │
            │        │ ・執行      │        │
            │        └─────────────┘        │
            ↓                                ↓
    ┌─────────────┐              ┌─────────────┐
    │  生產程序    │              │  銷售程序    │
    │ ・研究開發   │              │ ・訂貨      │
    │ ・購買原料   │←────────────→│ ・送貨      │
    │ ・生產準備   │              │ ・付款      │
    │ ・產品生產   │              │ ・售後服務   │
    │ ・品質檢驗   │              │ ・市場分析   │
    │ ・包裝出廠   │              └─────────────┘
    └─────────────┘
```

許多陳舊的管理觀念，如：不講究企業發展規律，盲目追求高利潤、不注重企業文化建設和團隊建設、缺少嚴格的公司組織紀律和公司民主制度等都給我們敲響了警鐘。管理不僅是一門科學，更是一門藝術。我們將以市場發展為準繩，以先進的管理為武器，努力創建一隻高水準的管理團隊，實現公司的持續發展。

七、風險及對策

1. 風險
(1)行業風險
①汽車美容服務業的自身發展的局限

儘管汽車美容服務業近兩三年來有很大發展，但由於在國內剛剛起步，各種設備和技術手段還未完全專業化，加上汽車美容價格偏高，人們的消費觀念還未完全跟上，從而影響了汽車美容服務業的發展，進而影響了對汽車美容護理品的需求。

②行業內部競爭

中國是未來的汽車消費大國，因而也是汽車美容護理用品的消費大國，國外產品已先打入國內市場，形成眾多產品分割市場的激烈競爭局面，國內一些相關廠家也紛紛加入競爭行列。

(2)經營風險
①對主要客戶的依賴

目前，我們公司的主要客戶是汽車美容店，因而，汽車美容店對產品的選擇使用將直接影響我們公司產品的銷售。

②人們消費觀念的影響

目前，有相當一部份人有只認「外國牌」的心態，因此會優先選擇國外產品。

③人力成本上升和高素質人才不足

公司為穩定科技人員和吸引外部人才，必將採取一些必要的獎勵措施，因此人力成本的投入必然會增加。同時，由於公司屬新成立的公司，工作環境、福利待遇在開始會存在一定差距，從而增加了引進高素質人才的難度。

④重要原材料供應風險

若原材料市場出現供不應求，或者原材料價格漲幅過高、過快，而產品價格又不能相應調整時，將影響公司效益。

(3)市場風險

①市場價格波動

由於市場競爭激烈，各廠家會採取打「價格戰」的策略來打擊競爭對手。因而會引起本公司產品價格的波動，進而影響公司效益。

②產品銷售不足

新型產品和新品牌往往在初期不被市場認同。

2.對策

(1)行業風險對策

充分發揮本公司在生產技術、產品品質、管理水準、科研水準方面的優勢，加快新產品的研製、開發和生產，擴大規模。

堅持質優價廉和優質服務方針。

發揮系列產品的集約優勢，增加產品的競爭力，提高產品市場佔有率。

(2)經營風險對策

充分利用各廣告媒體，加強公司和產品宣傳。

強化銷售隊伍和售後服務，保持與汽車美容店的良好合作關係。

快速推進其他汽車系列用品的開發，從而相對減少對汽車美容店的依賴。

利用一切優勢使用本產品成為國內知名品牌，力爭將產品打入國際市場。

積極營造良好的工作環境和科研環境，改善福利待遇，吸引更多科技人員和高素質人才來公司工作。

(3)市場風險對策

在加強產品銷售的同時，建立一套完善的市場信息回饋體系，制定合理的產品銷售價格，增加公司的盈利能力。

加快新產品的開發速度，增加市場應變能力，適時調整產品結構，增加適銷對路產品的產量。

實行創名牌戰略，以優質的產品穩定客戶，穩定價格，以消除市場波動對本公司產品價格的影響。

進一步提高產品品質，降低產品成本，提高產品的綜合競爭能力，增強產品適應市場變化的能力。

進一步轉變觀念，拓寬思路，緊跟市場發展方向。

八、財務評價

1.現金流量的估算與經濟效果評價

(1)資金需求

初步估算我們的產品開發第一年需固定資產投資 1000 萬元，主要用於公司成立、建立生產基地、初步建立銷售網路等，詳見表 21-4 固定資產投資估算表。第二年需流動資金貸款 400 萬元，用於公司生產和銷售工作的啟動費用。初步計劃在 5 年內還清這兩項貸款。

(2)財務計劃簡述

根據我們的發展計劃，我們計劃在財務方面實現以下目標，見表 21-5。財務計劃的計算是以產品平均批發價格 5.94 萬元/噸為基礎。

表 21-4　固定資產投資及試生產費用估算表

投 資 項	金額(萬元)
公司成立	80
建立外地銷售網	120
生產及輔助設備費	80
安裝施工費	40
廠房、倉庫及辦公地點	200
水電等基礎設施	60
車　　　輛	60
辦公設備	40
試生產費用	100
其　　　他	220
總　　　計	1000

表 21-5　財務計劃目標

年　份	目標產量(噸)	銷售收入(萬元)	稅後利潤(萬元)
第 1 年	公　司　成　立		
第 2 年	400	2376	316
第 3 年	500	2970	660
第 4 年	600	3564	1191
第 5 年	600	3564	1191
第 6～10 年	800	4752	1560

(3)主要財務報表

表 21-6～表 21-11 列出了主要財務報表及主要財務項目。

表 21-6　第一年建設期資金使用計劃表　（萬元/月）

項目	1	2	3	4	5	6	7	8	9	10	11	12
1. 特殊項目												
公司成立與註冊	29	60										
購置與租賃廠房			50	100	50							
供電、供水等						60						
購置生產設備							80					
生產設備安裝								40				
購置機動車輛		30				30						
購置辦公設備	10						15					15
建立外地銷售網									30	30	30	30
試生產準備									10	20	35	35
人員招聘			3			5						
2. 一般項目												
薪資及福利	2	2	4	4	4	5	6	6	6	6	7	7
管理費用	5	5	5	7	7	7	7	10	10	10	10	10
不可預見費	5	5	5	5	5	5	5	5	5	5	5	5
總　　計	42	102	67	116	66	107	118	61	61	71	87	102

表 21-7　投產期(第 2～3 年)資金投入

(萬元/季)

項　目	1	2	3	4	5	6	7	8
1. 生產材料費	87.5	87.5	87.5	87.5	112.5	112.5	112.5	112.5
2. 薪資及福利	30	30	30	30	35	35	35	35
3. 生產製造費	35	35	35	35	42.5	42.5	42.5	42.5
4. 管 理 費	10	10	10	10	10	10	12.5	12.5
5. 銷售及廣告	350	200	150	150	350	150	150	150
6. 其　他	12.5	12.5	12.5	12.5	15	15	15	15
7. 總　計	525	375	325	325	565	365	367.5	367.5

表 21-8　借款還本付息表

(萬元/年)

項　目	類別	建設期 1	投產期 2	投產期 3	達到設計生產能力期 4	達到設計生產能力期 5	達到設計生產能力期 6
1. 借款及還本付息							
(1)年初借款累計	長期借款	1000	1000	600			
	流動資金		400	400	400		
(2)本年借款	長期借款	1000					
	流動資金		400				
(3)本年付息	長期借款		100	60			
	流動資金		32	32	32		
(4)本年還本	長期借款		400	600			
	流動資金				400		
2. 還款來源							
(1)利潤			250	500	400		
(2)折舊			150	100			

表 21-9　成本費用表

（萬元/年）

項　　目	投產期		達到設計能力生產期						
	2	3	4	5	6	7	8	9	10
1. 材 料 費	350	450	550	550	750	750	750	750	750
2. 薪資及福利費	120	140	200	200	300	300	300	300	300
3. 生產製造費	140	170	200	200	270	270	270	270	270
4. 管 理 費	40	45	50	50	60	60	60	60	60
5. 銷售及廣告費	850	800	500	500	800	800	400	400	400
6. 其他費用	50	60	70	70	100	100	100	100	100
7. 折　　舊	200	200	150	150	100	100	50	50	
8. 利息支出	132	92	32						
9. 總 成 本	1882	1957	1752	1720	2380	2380	1930	1930	1930
10. 經營成本	1550	1665	1570	1570	2280	2280	1880	1880	1930

表 21-10　損益表

（萬元/年）

項　　目	投產期		達到設計能力生產期						
	2	3	4	5	6	7	8	9	10
1. 銷售收入	2376	2970	3564	3564	4752	4752	4752	4752	4752
2. 銷售稅金及附加費	22	27	33	33	43	43	43	43	43
3. 總成本	1882	1957	1752	1720	2380	2380	1930	1930	1930
4. 利潤總額(1-2-3)	472	986	1779	1779	2329	2329	2779	2779	2779
5. 所得稅(4×33%)	156	326	588	588	769	769	918	918	918
6. 稅後利潤(4-5)	316	660	1191	1191	1560	1560	1861	1861	1861

註：銷售收入按產品平均批發價 5.94 萬元/噸計算。

表 21-11 全部投資現金流量表

（萬元/年）

項　　目	建設期 1	投產期 2	3	達到設計能力生產期 4	5	6	7	8	9	10
1. 現金流入										
⑴產品銷售		2376	2970	3564	3564	4752	4752	4752	4752	4752
2. 現金流出										
⑴固定資產投資	1000									
⑵流動資金投資		400								
⑶經營成本		1550	1665	1570	1570	2280	2280	1880	1880	1930
⑷銷售稅金及附加		22	27	33	33	43	43	43	43	43
⑸所得稅		156	326	588	588	769	769	918	918	918
3. 淨現金流（所得稅前）	-1000	404	1278	1961	1961	2429	2429	2829	2829	2829
4. 累計計現金流（稅前）	-1000	-596	682	2643	4604	7033	9462	12291	15120	17949
5. 淨現金流（所得稅後）	-1000	249	952	1373	1373	1660	1660	1911	1911	1911
6. 累計現金流（稅後）	-1000	-752	200	1573	2946	4606	6266	8177	10088	11999
7. P/F，0.12，t	0.8929	0.7972	0.7118	0.6355	0.5674	0.5066	0.4523	0.4039	0.3606	0.3220
8. 淨現金流現值（稅後）	829.9	197.7	677.6	872.5	779.0	841.0	750.8	771.9	689.1	515.3
9. 累計淨現金流現值	-829.9	-695.2	-17.6	854.9	1633.9	2474.9	3225.7	3997.6	4686.7	5302.0

(4)經濟效果分析

①NPV＝5302.0萬元，遠遠大於0，經濟效果良好。

②產品投資回收期短，3年內即可收回全部投資。

③銀行貸款可在4年內全部還清。

④該產品是一個投資少、利潤高的產品。

2.不確定性分析

將產品銷售和經營成本按十年平均值計分別為：產品銷售B＝4026萬元/年、經營成本C＝1845萬元/年、投資K＝1400萬元。分別考慮投資額、經營成本和產品銷售三種因素的變動對NPV的影響。

(1)投資額變動的影響

$NPV = -K(1+\chi) + (B-C) \times (P/A, 12\%, 10) \times (P/F, 12\%, 1)$

$0 = -1400(1+\chi) + (4026-1845) \times 5.328 \times 0.8929$

$\chi = 0.87$

計算表明當投資增加87%以上時該計劃變得不可行。

(2)經營成本變動的影響

$NPV = -K + [B-C(1+y)] \times (P/A, 12\%, 10) \times (P/F, 12\%, 1)$

$0 = -1400 + [4026-1845(1+y)] \times 5.328 \times 0.8929$

$y = 1.02$

計算表明當經營成本增加102%以上時該計劃變得不可行。

(3)銷售收入變動的影響

$NPV = -K + [B(1+z)-C] \times (P/A, 12\%, 10) \times (P/F, 12\%, 1)$

$0 = -1400 + [4026(1+z)-1845] \times 5.328 \times 0.8929$

$z = -0.47$

計算表明當銷售收入降低47%以上時該計劃變得不可行。

(4)結論

通過上面的計算可以看出，該計劃具有很高的抗風險能力。

總之，我們的市場分析表明，我們的新科技產品綠色汽車增光護理劑在大城市裏有很大的市場。我們與汽車美容店的經營者們的會談和初步的市場調查已證實了這一預測。我們已經與他們建立了良好的合作關係。我們已小規模生產出該產品，並做了前期試用，得到了一致好評。

我們計劃一期投資 1000 萬元,力爭在 5 年內將我們的公司發展為國內最大的汽車美容用品生產企業,達到 20%的國內市場佔有率。

我們相信,在我們的努力下,我們的公司、我們的產品將擁有一個光明美好的前景。

心得欄 ---------------------------------

第 22 章

商業計劃書標準範例

收到商業計劃書 日期					項目 編號		項目 經理	

商 業 計 劃 書

項目名稱

項目單位（蓋章）

地址

電話

傳真

電子郵件

聯繫人

XXX 投資集團有限公司

保密承諾

本商業計劃書內容涉及本公司商業秘密，僅對有投資意向的投資者公開。本公司要求投資公司項目經理收到本商業計劃書時作出以下承諾：

妥善保管本商業計劃書，未經本公司同意，不得向第三方公開本商業計劃書涉及的本公司的商業秘密。

項目經理簽字：

接收日期：　　　年　　月　　日

摘　要

說明：在兩頁紙內完成本摘要。

【摘要內容參考】

1.公司基本情況(公司名稱、成立時間、註冊地區、註冊資本、主要股東、股份比例、主營業務、過去 3 年的銷售收入、毛利潤、純利潤、公司地點、電話、傳真、聯繫人)。

2.主要管理者情況(姓名、性別、年齡、籍貫、學歷/學位、畢業院校、行業從業年限、主要經歷和經營業績)。

3.產品/服務描述(產品/服務介紹、產品技術水準、產品的新穎性、先進性和獨特性、產品的競爭優勢)。

4.研究與開發(已有的技術成果及技術水準、研發隊伍技術水準、競爭力及對外合作情況、已經投入的研發經費及今後投入計劃、對研發人員的激勵機制)。

5. 行業及市場(行業歷史與前景、市場規模及增長趨勢、行業競爭對手及本公司競爭優勢、未來 3 年市場銷售預測)。

6. 行銷策略(在價格、促銷、建立銷售網路等各方面擬採取的策略及其可操作性和有效性,對銷售人員的激勵機制)。

7. 產品製造(生產方式、生產設備、品質保證、成本控制)。

8. 管理(機構設置、員工持股、員工合約、知識產權管理、人事計劃)。

9. 融資說明(資金需求量、用途、使用計劃,擬出讓股份,投資者權利,退出方式)。

10. 財務預測(未來 3～5 年的銷售收入、利潤、資產報酬率等)。

11. 風險控制(項目實施可能出現的風險及擬採取的控制措施)。

目　錄

第十三部份　其他

後　記
第一部份　公司基本情況

公司名稱＿＿＿＿＿＿＿＿　　成立時間＿＿＿＿＿＿

註冊資本＿＿＿＿＿＿＿＿　　實際到位資本＿＿＿＿＿＿

其中現金到位＿＿＿＿＿＿　　無形資產佔股份比例＿＿＿＿％

註冊地點＿＿＿＿＿＿＿＿＿＿＿＿＿＿＿＿＿＿

公司性質為：請填寫公司性質，如有限公司、股份有限公司、合夥企業、個人獨資等，並說明其中成分比例、私有成分比例和外資比例。

公司沿革：說明自公司成立以來主營業務、股權、註冊資本等公司基本情況的變動，並說明這些變動的原因。

＿＿＿＿＿＿＿＿＿＿＿＿＿＿＿＿＿＿＿＿＿

＿＿＿＿＿＿＿＿＿＿＿＿＿＿＿＿＿＿＿＿＿

目前公司主要股東情況：列表說明目前股東的名稱及其出資情況。如表 21-1 所示。

表 21-1　公司主要股東情況

股東名稱	出資額	出資形式	股份比例	聯繫人	聯繫電話
甲方					
乙方					
丙方					
丁方					
戊方					

公司曾經營過的業務有＿＿＿＿＿＿＿、＿＿＿＿＿＿、

＿＿＿＿＿＿＿＿＿＿、＿＿＿＿＿＿＿＿＿、＿＿＿＿＿＿＿＿＿。

公司目前經營的業務為＿＿＿＿＿＿＿＿、＿＿＿＿＿＿＿＿、

＿＿＿＿＿＿＿＿、＿＿＿＿＿＿＿＿、＿＿＿＿＿＿＿＿。

主營業務為＿＿＿＿＿＿＿＿＿＿＿＿＿＿＿＿＿＿＿＿。

公司目前職工情況：如擁有員工＿＿＿＿人。其中大專以上文化程度
的有＿＿＿＿人，佔員工總數＿＿＿＿%；大學本科以上的有
＿＿＿＿人，佔員工總數＿＿＿＿%；碩士學位（含中級職稱）以上的有＿＿＿＿，
佔員工總數＿＿＿＿%；博士學位（含高級職稱）以上的有
＿＿＿＿人，佔員工總數＿＿＿＿%。最好列表說明，如表所示。

表 21-2　公司目前職工情況

員工人數	大專以上文化程度		大學本科		碩士（中級職稱）		博士（高級職稱）	
	人數	比例%	人數%	比例%	人數%	比例%	人數%	比例%

公司經營財務歷史：列表說明，如表所示。

表 21-3　公司經營財務歷史

單位：萬元

項目	本年度	前1年	前2年	前3年
銷售收入				
毛利潤				
純利潤				
總資產				
總負債				
淨資產				

公司近期及未來 3～5 年要實現的目標：(行業地位、銷售收入、市場佔有率、產品品牌以及公司股票上市等。)

_____

_____

_____

公司近期及未來 3～5 年的發展方向、發展戰略和要實現的目標：

_____

_____

_____

第二部份 公司管理層

董事會成員名單

董事會成員名單見表 21-4。

表 21-4 董事會成員名單

序號	職務	姓名	工作單位	聯繫電話
1	董事長			
2	副董事長			
3	董事			
4	董事			
5	董事			
6	董事			
7	董事			
8	董事			
9	董事			

董事長

姓名＿＿＿＿＿＿＿性別＿＿＿＿年齡＿＿＿＿籍貫＿＿＿＿＿

學歷＿＿＿＿＿學位＿＿＿＿所學專業＿＿＿＿職稱＿＿＿＿

畢業院校＿＿＿＿戶口所在地＿＿＿聯繫電話＿＿＿＿

主要經歷和業績：著重描述在本行業內的技術和管理經驗、成功事例。

＿＿＿＿＿＿＿＿＿＿＿＿＿＿＿＿＿＿＿＿＿＿＿＿＿＿

＿＿＿＿＿＿＿＿＿＿＿＿＿＿＿＿＿＿＿＿＿＿＿＿＿＿

總經理

姓名＿＿＿＿＿＿＿性別＿＿＿＿年齡＿＿＿＿籍貫＿＿＿＿＿

學歷＿＿＿＿＿學位＿＿＿＿所學專業＿＿＿＿職稱＿＿＿＿

畢業院校＿＿＿＿戶口所在地＿＿＿聯繫電話＿＿＿＿

主要經歷和業績：著重描述在本行業內的技術和管理經驗、成功事例。

＿＿＿＿＿＿＿＿＿＿＿＿＿＿＿＿＿＿＿＿＿＿＿＿＿＿

＿＿＿＿＿＿＿＿＿＿＿＿＿＿＿＿＿＿＿＿＿＿＿＿＿＿

技術開發負責人

姓名＿＿＿＿＿＿＿性別＿＿＿＿年齡＿＿＿＿籍貫＿＿＿＿＿

學歷＿＿＿＿＿學位＿＿＿＿所學專業＿＿＿＿職稱＿＿＿＿

畢業院校＿＿＿＿戶口所在地＿＿＿聯繫電話＿＿＿＿

主要經歷和業績：著重描述在本行業內的技術和管理經驗、成功事例。

＿＿＿＿＿＿＿＿＿＿＿＿＿＿＿＿＿＿＿＿＿＿＿＿＿＿

＿＿＿＿＿＿＿＿＿＿＿＿＿＿＿＿＿＿＿＿＿＿＿＿＿＿

市場行銷負責人

姓名＿＿＿＿＿＿＿性別＿＿＿＿年齡＿＿＿＿籍貫＿＿＿＿＿

學歷＿＿＿＿＿＿＿學位＿＿＿＿所學專業＿＿＿＿＿＿＿＿

畢業院校＿＿＿＿＿戶口所在地＿＿＿＿聯繫電話＿＿＿＿＿

主要經歷和業績：著重描述在本行業內的行銷經驗和成功事例。

＿＿＿＿＿＿＿＿＿＿＿＿＿＿＿＿＿＿＿＿＿＿＿＿＿＿＿＿

＿＿＿＿＿＿＿＿＿＿＿＿＿＿＿＿＿＿＿＿＿＿＿＿＿＿＿＿

財務負責人

姓名＿＿＿＿＿＿＿＿性別＿＿＿＿年齡＿＿＿＿＿籍貫＿＿＿＿＿

學歷＿＿＿＿＿＿＿學位＿＿＿＿所學專業＿＿＿＿＿＿＿＿

畢業院校＿＿＿＿＿戶口所在地＿＿＿＿聯繫電話＿＿＿＿＿

主要經歷和業績：著重描述在財務、金融、籌資、投資等方面的
背景、經驗和業績。

＿＿＿＿＿＿＿＿＿＿＿＿＿＿＿＿＿＿＿＿＿＿＿＿＿＿＿＿

＿＿＿＿＿＿＿＿＿＿＿＿＿＿＿＿＿＿＿＿＿＿＿＿＿＿＿＿

其他對公司發展負有重要責任的人員(叫增加附頁)

姓名＿＿＿＿＿＿＿＿性別＿＿＿＿年齡＿＿＿＿＿籍貫＿＿＿＿＿

學歷＿＿＿＿＿＿＿學位＿＿＿＿所學專業＿＿＿＿＿＿＿＿

畢業院校＿＿＿＿＿戶口所在地＿＿＿＿聯繫電話＿＿＿＿＿

主要經歷和業績：根據公司的需要，來描述不同人員在特定方面
的專長。

＿＿＿＿＿＿＿＿＿＿＿＿＿＿＿＿＿＿＿＿＿＿＿＿＿＿＿＿

＿＿＿＿＿＿＿＿＿＿＿＿＿＿＿＿＿＿＿＿＿＿＿＿＿＿＿＿

第三部份　產品/服務

產品/服務描述：(這裏主要介紹擬投資的產品/服務的背景、目前
所處發展階段、與同行業其他公司同類產品/服務的比較，本公司產品
服務的新穎性、先進性和獨特性，如擁有的專門技術、版權、配方、

品牌、銷售網路、許可證、專營權、特許經營權等）。

公司現有的和正在申請的知識產權：（專利、商標、版權等。）

專利申請情況：

產品商標註冊情況：

公司是否已簽署了有關專利權及其他知識產權轉讓或授權許可的協議等？如果有，請說明，並附主要條款。

目標市場：（這裏對產品面向的用戶種類要進行詳細說明）

產品更新換代週期：（更新換代週期的確定要有資料來源）

產品標準：（詳細列明產品執行的標準）

詳細描述本公司產品/服務的競爭優勢。（包括性能、價格、服務

等方面)

產品的售後服務網路和用戶技術支援：

第四部份　研究與開發

公司以往的研究與開發成果及其技術先進性：(包括技術鑑定情況，獲國際及有關部門和機構獎勵情況)

公司參與制訂產品或技術的行業標準和品質檢測標準情況：

國內外情況，公司在技術與產品開發方面的國內外競爭對手(5 家)情況，以及公司為提高競爭力擬採取的措施。

到目前為止，公司在技術開發方面的資金總投入是多少？計劃再投入的開發資金是多少？(列表說明每年購置開發設備、開發人員薪資、試驗檢測費用以及與開發有關的其他費用)

請說明，今後為保證產品品質、產品升級換代和保持技術先進水準，公司的開發方向、開發重點和正在開發的技術和產品。

公司現有技術開發資源以及技術儲備情況：

公司尋求技術開發依託（如大學、研究所等）的情況，以及合作方式。

公司將採取怎樣的激勵機制和措施，保持關鍵技術人員和技術隊伍的穩定？

公司未來 3～5 年研發資金投入和人員投入計劃。

表 21-5　公司未來 3～5 年研發資金投入和人員投入計劃

單位：萬元

年份	第1年	第2年	第3年	第4年	第5年
資金投入					
人員（個）					

第五部份　行業及市場情況

行業情況：（行業發展歷史及趨勢，那些行業的變化對產品利潤、利潤率影響較大，進入該行業的技術壁壘、貿易壁壘、政策限制等，行業市場前景分析與預測）

過去 3～5 年各年全行業銷售總額：（一定要列明資料來源）見表 21-6。

表 21-6　過去 3～5 年各年全行業銷售總額

單位：萬元

年份	前5年	前4年	前3年	前2年	前1年
銷售收入					
銷售增長率%					

未來 3～5 年各年全行業銷售收入預測（一定要列明資料來源），見表 21-7。

表 21-7　未來 3～5 年各年全行業銷售收入預測

單位：萬元

年份	第1年	第2年	第3年	第4年	第5年
銷售收入					

本公司與行業內 5 個主要競爭對手的比較（主要描述在主要銷售市場中的競爭對手）。見表 21-8。

表 21-8　公司主要競爭對手情況

競爭對手	市場佔有率	競爭優勢	競爭劣勢
本公司			

市場銷售有無行業管制，公司產品進入市場的難度分析。

公司未來 3～5 年的銷售收入預測（融資不成功情況下），見表 21-9。

表 21-9　公司未來 3～5 年銷售收入預測（融資不成功）

單位：萬元

年份	第1年	第2年	第3年	第4年	第5年
銷售收入					
市場佔有率					

公司未來 3～5 年的銷售收入預測（融資成功情況下），見表 21-10。

表 21-10　公司未來 3～5 年銷售收入預測（融資成功）

單位：萬元

年份	第1年	第2年	第3年	第4年	第5年
銷售收入					
市場佔有率					

第六部份　行銷策略

產品銷售成本的構成及銷售價格制定的依據：

如果產品已經在市場上形成了競爭優勢，請說明與那些因素有關。（如成本相同但銷售價格低，成本低形成銷售價格優勢，以及產品性能、品牌、銷售管道優於競爭對手產品，等等）

在建立銷售網路、銷售管道，設立代理商、分銷商方面的策略與實施：

在廣告促銷方面的策略與實施：

在產品銷售價格方面的策略與實施：

在建立良好銷售隊伍方面的策略與實施：

產品售後服務方面的策略與實施：

其他方面的策略與實施：

對銷售隊伍採取什麼樣的激勵機制：

第七部份　產品製造

產品生產製造方式：(公司自建廠生產產品，還是委託生產或其他方式，請說明原因)

_____

_____

公司自建廠情況下，購買廠房還是租用廠房，廠房面積是多少，生產面積是多少，廠房地點在那裏，交通、運輸、通信是否方便？

_____

現有生產設備情況：(專用設備還是通用設備，先進程度如何，價值是多少，是否投保，最大生產能力是多少，能否滿足公司產品銷售增長的要求。如果需要增加設備，採購計劃、採購週期及安裝調試週期。如果需要大規模建設，是否選擇「交鑰匙」方式進行，「交鑰匙」工程的承包機構是否提供工期、品質方面的保證，如何對這些保證加以實施。)

_____

_____

請說明，如果設備操作需要特殊技能的員工，如何解決這一問題？

_____

簡述產品的生產製造過程、技術流程。

_____

_____

如何保證主要原材料、元器件、配件以及關鍵零件等生產必需品進貨管道的穩定性、可靠性、品質及進貨週期？列出 3 家主要供應商名單及聯繫電話。

主要供應商 1：

主要供應商 2：

主要供應商 3：

正常生產狀態下，成品率、返修率、廢品率控制在怎樣的範圍內，描述生產過程中產品的品質保證體系以及關鍵品質檢測設備。

產品成本和生產成本如何控制，有怎樣的具體措施？

產品批量銷售價格的制定，產品毛利潤率是多少，純利潤率是多少？

第八部份　管理

請說明，為保證所融資項目按計劃實施，公司準備今後各年陸續設立那些機構，各機構配備多少人員，人員年收入情況。請用圖表統

計表示出來，附在本計劃中。

公司是否透過國內外管理體系認證？

_____

_____

公司對管理層及關鍵人員將採取怎樣的激勵機制？

_____

_____

公司是否考慮員工持股問題，請說明。

_____

_____

公司是否與掌握公司關鍵技術及其他重要信息的人員簽訂有競業禁止協議？

_____

_____

若有，請說明協定主要內容。

_____

_____

公司是否與每個僱員簽訂有合約？

_____

_____

公司是否與相關員工簽訂有公司技術秘密和商業秘密的保密合約？

_____

_____

公司是否為每位員工購買保險？若有，請說明保險險種。

_____

公司是否存在關聯經營和家族管理問題？若有，請說明。

_____

_____

公司與董事會、董事、主要管理者、關鍵僱員之間是否有實際存在或潛在的利益衝突？如果有，請說明解決辦法。

_____

_____

請說明，公司對知識產權、技術秘密和商業秘密的保護措施。

_____

_____

請說明，項目實施過程中，公司需要那些外部支援，如何獲得這些支持？

_____

_____

第九部份　融資說明

為保證項目實施，需要新增投資多少？

_____

新增投資中，需投資方投入_____，對外借貸_____
公司自身投入_____。如果有對外借貸，抵押或擔保措施是什麼？

_____

_____

請說明投入資金的用途和使用計劃。

_____

_____

是否希望讓投資方參股本公司或與投資方成立新公司？請說明原

因。

擬向投資方出讓多少權益？計算依據是什麼？

預計未來 3～5 年平均每年淨資產報酬率是多少？

投資方可享有那些監督和管理權利？

如果公司沒有實現項目發展計劃，公司與管理層向投資方承擔那些責任？

投資方以何種方式收回投資，具體方式和執行時間？

與公司業務有關的稅種和稅率，公司享受那些政府提供的優惠政策及未來可能的情況，特別是市場准入、減免稅等方面的優惠政策？

需要對投資方說明的其他情況。

第十部份　財務計劃

產品形成規模銷售時，毛利潤率為＿＿%，純利潤率為＿＿%。請提供：

未來 3～5 年項目盈虧平衡表。

未來 3～5 年項目資產負債表。

未來 3～5 年項目損益表。

未來 3～5 年項目現金流量表。

未來 3～5 年項目銷售計劃表。

未來 3～5 年項目產品成本表。

（第一年每個月計算現金流量，共 12 個月；第二年每季計算現金流量，共 4 個季；第三、四、五年每年計算現金流量，共 3 年。）

每一項財務數據要有依據，要進行財務數據說明。

第十一部份　風險控制

請詳細說明該項目實施過程中可能遇到的風險。（包括政策風險、加入 WTO 的風險、技術開發風險、經營管理風險、市場開拓風險、生產風險、財務風險、匯率風險、投資風險、股票風險、對公司關鍵人員依賴的風險等。以上風險如適用，每項要單獨敍述控制和防範手段。）

第十二部份　項目實施進度

詳細列明項目實施計劃和進度，註明起止時間。

第十三部份　其他

　　為補充本計劃書內容，進一步說明項目情況，請把有關問題在此描述。（如公司或公司主要管理人員和關鍵人員過去、現在是否曾捲入法律訴訟及仲裁事件中，對公司有何影響。）

_____

_____

　　請將產品彩頁、公司介紹冊、證書等作為附件附於本調查表後。清單如下：

_____

_____

心得欄

- -

- -

- -

- -

- -

- -

臺灣的核心競爭力，就在這裏！

圖 書 出 版 目 錄

憲業企管顧問（集團）公司為企業界提供診斷、輔導、培訓等專項工作。下列圖書是由臺灣的憲業企管顧問(集團)公司所出版，自 1993 年秉持專業立場，特別注重實務應用，50 餘位顧問師為企業界提供最專業的經營管理類圖書。

選購企管書，敬請認明品牌：憲業企管公司。

1. 傳播書香社會，直接向本出版社購買，一律 9 折優惠，郵遞費用由本公司負擔。服務電話(02)27622241　(03)9310960　　傳真(03)9310961

2. 付款方式：請將書款轉帳到我公司下列的銀行帳戶。
　・銀行名稱：合作金庫銀行（敦南分行）　帳號：**5034-717-347447**
　公司名稱：憲業企管顧問有限公司
　・郵局劃撥號碼：**18410591**　　郵局劃撥戶名：憲業企管顧問公司

3. 圖書出版資料每週隨時更新，請見網站 www.bookstore99.com

146	主管階層績效考核手冊	360 元
147	六步打造績效考核體系	360 元
148	六步打造培訓體系	360 元
149	展覽會行銷技巧	360 元
150	企業流程管理技巧	360 元
152	向西點軍校學管理	360 元
154	領導你的成功團隊	360 元
155	頂尖傳銷術	360 元
160	各部門編制預算工作	360 元
163	只為成功找方法，不為失敗找藉口	360 元
167	網路商店管理手冊	360 元
168	生氣不如爭氣	360 元
170	模仿就能成功	350 元
176	每天進步一點點	350 元
181	速度是贏利關鍵	360 元
183	如何識別人才	360 元
184	找方法解決問題	360 元
185	不景氣時期，如何降低成本	360 元
186	營業管理疑難雜症與對策	360 元
187	廠商掌握零售賣場的竅門	360 元
188	推銷之神傳世技巧	360 元
189	企業經營案例解析	360 元
191	豐田汽車管理模式	360 元
192	企業執行力（技巧篇）	360 元
193	領導魅力	360 元
198	銷售說服技巧	360 元
199	促銷工具疑難雜症與對策	360 元
200	如何推動目標管理（第三版）	390 元
201	網路行銷技巧	360 元
204	客戶服務部工作流程	360 元
206	如何鞏固客戶（增訂二版）	360 元
208	經濟大崩潰	360 元
215	行銷計劃書的撰寫與執行	360 元
216	內部控制實務與案例	360 元
217	透視財務分析內幕	360 元
219	總經理如何管理公司	360 元
222	確保新產品銷售成功	360 元
223	品牌成功關鍵步驟	360 元
224	客戶服務部門績效量化指標	360 元

226	商業網站成功密碼	360 元
228	經營分析	360 元
229	產品經理手冊	360 元
230	診斷改善你的企業	360 元
232	電子郵件成功技巧	360 元
234	銷售通路管理實務〈增訂二版〉	360 元
235	求職面試一定成功	360 元
236	客戶管理操作實務（增訂二版）	360 元
237	總經理如何領導成功團隊	360 元
238	總經理如何熟悉財務控制	360 元
239	總經理如何靈活調動資金	360 元
240	有趣的生活經濟學	360 元
241	業務員經營轄區市場（增訂二版）	360 元
242	搜索引擎行銷	360 元
243	如何推動利潤中心制度（增訂二版）	360 元
244	經營智慧	360 元
245	企業危機應對實戰技巧	360 元
246	行銷總監工作指引	360 元
247	行銷總監實戰案例	360 元
248	企業戰略執行手冊	360 元
249	大客戶搖錢樹	360 元
250	企業經營計劃〈增訂二版〉	360 元
252	營業管理實務（增訂二版）	360 元
253	銷售部門績效考核量化指標	360 元
254	員工招聘操作手冊	360 元
256	有效溝通技巧	360 元
257	會議手冊	360 元
258	如何處理員工離職問題	360 元
259	提高工作效率	360 元
261	員工招聘性向測試方法	360 元
262	解決問題	360 元
263	微利時代制勝法寶	360 元
264	如何拿到VC（風險投資）的錢	360 元
267	促銷管理實務〈增訂五版〉	360 元
268	顧客情報管理技巧	360 元

269	如何改善企業組織績效〈增訂二版〉	360 元
270	低調才是大智慧	360 元
272	主管必備的授權技巧	360 元
275	主管如何激勵部屬	360 元
276	輕鬆擁有幽默口才	360 元
277	各部門年度計劃工作（增訂二版）	360 元
278	面試主考官工作實務	360 元
279	總經理重點工作（增訂二版）	360 元
282	如何提高市場佔有率（增訂二版）	360 元
283	財務部流程規範化管理（增訂二版）	360 元
284	時間管理手冊	360 元
285	人事經理操作手冊（增訂二版）	360 元
286	贏得競爭優勢的模仿戰略	360 元
287	電話推銷培訓教材（增訂三版）	360 元
288	贏在細節管理（增訂二版）	360 元
289	企業識別系統 CIS（增訂二版）	360 元
290	部門主管手冊（增訂五版）	360 元
291	財務查帳技巧（增訂二版）	360 元
292	商業簡報技巧	360 元
293	業務員疑難雜症與對策（增訂二版）	360 元
294	內部控制規範手冊	360 元
295	哈佛領導力課程	360 元
296	如何診斷企業財務狀況	360 元
297	營業部轄區管理規範工具書	360 元
298	售後服務手冊	360 元
299	業績倍增的銷售技巧	400 元
300	行政部流程規範化管理（增訂二版）	400 元
302	行銷部流程規範化管理（增訂二版）	400 元
303	人力資源部流程規範化管理（增訂四版）	420 元

304	生產部流程規範化管理（增訂二版）	400 元
305	績效考核手冊(增訂二版)	400 元
306	經銷商管理手冊(增訂四版)	420 元
307	招聘作業規範手冊	420 元
308	喬·吉拉德銷售智慧	400 元
309	商品鋪貨規範工具書	400 元
310	企業併購案例精華（增訂二版）	420 元
311	客戶抱怨手冊	400 元
312	如何撰寫職位說明書(增訂二版)	400 元
313	總務部門重點工作（增訂三版）	400 元
314	客戶拒絕就是銷售成功的開始	400 元
315	如何選人、育人、用人、留人、辭人	400 元
316	危機管理案例精華	400 元
317	節約的都是利潤	400 元
318	企業盈利模式	400 元
319	應收帳款的管理與催收	420 元
320	總經理手冊	420 元
321	新產品銷售一定成功	420 元
322	銷售獎勵辦法	420 元
323	財務主管工作手冊	420 元
324	降低人力成本	420 元
325	企業如何制度化	420 元
326	終端零售店管理手冊	420 元
327	客戶管理應用技巧	420 元
328	如何撰寫商業計畫書（增訂二版）	420 元

《商店叢書》

18	店員推銷技巧	360 元
30	特許連鎖業經營技巧	360 元
35	商店標準操作流程	360 元
36	商店導購口才專業培訓	360 元
37	速食店操作手冊〈增訂二版〉	360 元
38	網路商店創業手冊〈增訂二版〉	360 元
40	商店診斷實務	360 元

41	店鋪商品管理手冊	360 元
42	店員操作手冊（增訂三版）	360 元
44	店長如何提升業績〈增訂二版〉	360 元
45	向肯德基學習連鎖經營〈增訂二版〉	360 元
47	賣場如何經營會員制俱樂部	360 元
48	賣場銷量神奇交叉分析	360 元
49	商場促銷法寶	360 元
53	餐飲業工作規範	360 元
54	有效的店員銷售技巧	360 元
55	如何開創連鎖體系〈增訂三版〉	360 元
56	開一家穩賺不賠的網路商店	360 元
57	連鎖業開店複製流程	360 元
58	商鋪業績提升技巧	360 元
59	店員工作規範（增訂二版）	400 元
60	連鎖業加盟合約	400 元
61	架設強大的連鎖總部	400 元
62	餐飲業經營技巧	400 元
63	連鎖店操作手冊（增訂五版）	420 元
64	賣場管理督導手冊	420 元
65	連鎖店督導師手冊（增訂二版）	420 元
67	店長數據化管理技巧	420 元
68	開店創業手冊〈增訂四版〉	420 元
69	連鎖業商品開發與物流配送	420 元
70	連鎖業加盟招商與培訓作法	420 元
71	金牌店員內部培訓手冊	420 元
72	如何撰寫連鎖業營運手冊〈增訂三版〉	420 元
73	店長操作手冊（增訂七版）	420 元
74	連鎖企業如何取得投資公司注入資金	420 元

《工廠叢書》

15	工廠設備維護手冊	380 元
16	品管圈活動指南	380 元
17	品管圈推動實務	380 元
20	如何推動提案制度	380 元
24	六西格瑪管理手冊	380 元
30	生產績效診斷與評估	380 元

32	如何藉助 IE 提升業績	380 元
38	目視管理操作技巧(增訂二版)	380 元
46	降低生產成本	380 元
47	物流配送績效管理	380 元
51	透視流程改善技巧	380 元
55	企業標準化的創建與推動	380 元
56	精細化生產管理	380 元
57	品質管制手法〈增訂二版〉	380 元
58	如何改善生產績效〈增訂二版〉	380 元
68	打造一流的生產作業廠區	380 元
70	如何控制不良品〈增訂二版〉	380 元
71	全面消除生產浪費	380 元
72	現場工程改善應用手冊	380 元
77	確保新產品開發成功（增訂四版）	380 元
79	6S 管理運作技巧	380 元
83	品管部經理操作規範〈增訂二版〉	380 元
84	供應商管理手冊	380 元
85	採購管理工作細則〈增訂二版〉	380 元
87	物料管理控制實務〈增訂二版〉	380 元
88	豐田現場管理技巧	380 元
89	生產現場管理實戰案例〈增訂三版〉	380 元
90	如何推動 5S 管理（增訂五版）	420 元
92	生產主管操作手冊(增訂五版)	420 元
93	機器設備維護管理工具書	420 元
94	如何解決工廠問題	420 元
96	生產訂單運作方式與變更管理	420 元
97	商品管理流程控制(增訂四版)	420 元
98	採購管理實務〈增訂六版〉	420 元
99	如何管理倉庫〈增訂八版〉	420 元
100	部門績效考核的量化管理（增訂六版）	420 元
101	如何預防採購舞弊	420 元
102	生產主管工作技巧	420 元

103	工廠管理標準作業流程〈增訂三版〉	420 元
104	採購談判與議價技巧〈增訂三版〉	420 元
105	生產計劃的規劃與執行（增訂二版）	420 元

《醫學保健叢書》

1	9 週加強免疫能力	320 元
3	如何克服失眠	320 元
4	美麗肌膚有妙方	320 元
5	減肥瘦身一定成功	360 元
6	輕鬆懷孕手冊	360 元
7	育兒保健手冊	360 元
8	輕鬆坐月子	360 元
11	排毒養生方法	360 元
13	排除體內毒素	360 元
14	排除便秘困擾	360 元
15	維生素保健全書	360 元
16	腎臟病患者的治療與保健	360 元
17	肝病患者的治療與保健	360 元
18	糖尿病患者的治療與保健	360 元
19	高血壓患者的治療與保健	360 元
22	給老爸老媽的保健全書	360 元
23	如何降低高血壓	360 元
24	如何治療糖尿病	360 元
25	如何降低膽固醇	360 元
26	人體器官使用說明書	360 元
27	這樣喝水最健康	360 元
28	輕鬆排毒方法	360 元
29	中醫養生手冊	360 元
30	孕婦手冊	360 元
31	育兒手冊	360 元
32	幾千年的中醫養生方法	360 元
34	糖尿病治療全書	360 元
35	活到 120 歲的飲食方法	360 元
36	7 天克服便秘	360 元
37	為長壽做準備	360 元
39	拒絕三高有方法	360 元
40	一定要懷孕	360 元
41	提高免疫力可抵抗癌症	360 元

42	生男生女有技巧〈增訂三版〉	360 元

《培訓叢書》

11	培訓師的現場培訓技巧	360 元
12	培訓師的演講技巧	360 元
15	戶外培訓活動實施技巧	360 元
17	針對部門主管的培訓遊戲	360 元
21	培訓部門經理操作手冊（增訂三版）	360 元
23	培訓部門流程規範化管理	360 元
24	領導技巧培訓遊戲	360 元
26	提升服務品質培訓遊戲	360 元
27	執行能力培訓遊戲	360 元
28	企業如何培訓內部講師	360 元
29	培訓師手冊（增訂五版）	420 元
30	團隊合作培訓遊戲(增訂三版)	420 元
31	激勵員工培訓遊戲	420 元
32	企業培訓活動的破冰遊戲（增訂二版）	420 元
33	解決問題能力培訓遊戲	420 元
34	情商管理培訓遊戲	420 元
35	企業培訓遊戲大全(增訂四版)	420 元
36	銷售部門培訓遊戲綜合本	420 元

《傳銷叢書》

4	傳銷致富	360 元
5	傳銷培訓課程	360 元
10	頂尖傳銷術	360 元
12	現在輪到你成功	350 元
13	鑽石傳銷商培訓手冊	350 元
14	傳銷皇帝的激勵技巧	360 元
15	傳銷皇帝的溝通技巧	360 元
19	傳銷分享會運作範例	360 元
20	傳銷成功技巧（增訂五版）	400 元
21	傳銷領袖（增訂二版）	400 元
22	傳銷話術	400 元
23	如何傳銷邀約	400 元

《幼兒培育叢書》

1	如何培育傑出子女	360 元
2	培育財富子女	360 元
3	如何激發孩子的學習潛能	360 元
4	鼓勵孩子	360 元

5	別溺愛孩子	360 元
6	孩子考第一名	360 元
7	父母要如何與孩子溝通	360 元
8	父母要如何培養孩子的好習慣	360 元
9	父母要如何激發孩子學習潛能	360 元
10	如何讓孩子變得堅強自信	360 元

《成功叢書》

1	猶太富翁經商智慧	360 元
2	致富鑽石法則	360 元
3	發現財富密碼	360 元

《企業傳記叢書》

1	零售巨人沃爾瑪	360 元
2	大型企業失敗啟示錄	360 元
3	企業併購始祖洛克菲勒	360 元
4	透視戴爾經營技巧	360 元
5	亞馬遜網路書店傳奇	360 元
6	動物智慧的企業競爭啟示	320 元
7	CEO 拯救企業	360 元
8	世界首富　宜家王國	360 元
9	航空巨人波音傳奇	360 元
10	傳媒併購大亨	360 元

《智慧叢書》

1	禪的智慧	360 元
2	生活禪	360 元
3	易經的智慧	360 元
4	禪的管理大智慧	360 元
5	改變命運的人生智慧	360 元
6	如何吸取中庸智慧	360 元
7	如何吸取老子智慧	360 元
8	如何吸取易經智慧	360 元
9	經濟大崩潰	360 元
10	有趣的生活經濟學	360 元
11	低調才是大智慧	360 元

《DIY 叢書》

1	居家節約竅門 DIY	360 元
2	愛護汽車 DIY	360 元
3	現代居家風水 DIY	360 元
4	居家收納整理 DIY	360 元
5	廚房竅門 DIY	360 元
6	家庭裝修 DIY	360 元

7	省油大作戰	360 元

《財務管理叢書》

1	如何編制部門年度預算	360 元
2	財務查帳技巧	360 元
3	財務經理手冊	360 元
4	財務診斷技巧	360 元
5	內部控制實務	360 元
6	財務管理制度化	360 元
8	財務部流程規範化管理	360 元
9	如何推動利潤中心制度	360 元

為方便讀者選購，本公司將一部分上述圖書又加以專門分類如下：

《主管叢書》

1	部門主管手冊（增訂五版）	360 元
2	總經理手冊	420 元
4	生產主管操作手冊（增訂五版）	420 元
5	店長操作手冊（增訂六版）	420 元
6	財務經理手冊	360 元
7	人事經理操作手冊	360 元
8	行銷總監工作指引	360 元
9	行銷總監實戰案例	360 元

《總經理叢書》

1	總經理如何經營公司(增訂二版)	360 元
2	總經理如何管理公司	360 元
3	總經理如何領導成功團隊	360 元
4	總經理如何熟悉財務控制	360 元
5	總經理如何靈活調動資金	360 元
6	總經理手冊	420 元

《人事管理叢書》

1	人事經理操作手冊	360 元
2	員工招聘操作手冊	360 元
3	員工招聘性向測試方法	360 元
5	總務部門重點工作（增訂三版）	400 元
6	如何識別人才	360 元
7	如何處理員工離職問題	360 元
8	人力資源部流程規範化管理（增訂四版）	420 元
9	面試主考官工作實務	360 元

10	主管如何激勵部屬	360 元
11	主管必備的授權技巧	360 元
12	部門主管手冊（增訂五版）	360 元

《理財叢書》

1	巴菲特股票投資忠告	360 元
2	受益一生的投資理財	360 元
3	終身理財計劃	360 元
4	如何投資黃金	360 元
5	巴菲特投資必贏技巧	360 元
6	投資基金賺錢方法	360 元
7	索羅斯的基金投資必贏忠告	360 元
8	巴菲特為何投資比亞迪	360 元

《網路行銷叢書》

1	網路商店創業手冊〈增訂二版〉	360 元
2	網路商店管理手冊	360 元
3	網路行銷技巧	360 元
4	商業網站成功密碼	360 元
5	電子郵件成功技巧	360 元
6	搜索引擎行銷	360 元

《企業計劃叢書》

1	企業經營計劃〈增訂二版〉	360 元
2	各部門年度計劃工作	360 元
3	各部門編制預算工作	360 元
4	經營分析	360 元
5	企業戰略執行手冊	360 元

請保留此圖書目錄：

　　　　未來在長遠的工作上，此圖書目錄

可能會對您有幫助！！

敬請參考下列各書，內容保證精彩：
- ‧ 透視流程改善技巧（380 元）
- ‧ 工廠管理標準作業流程（420 元）
- ‧ 商品管理流程控制（420 元）
- ‧ 如何改善企業組織績效（360 元）
- ‧ 診斷改善你的企業（360 元）

上述各書均有在書店陳列販賣，若書店賣完而來不及由庫存書補充上架，請讀者直接向店員詢問、購買，最快速、方便！購買方法如下：

銀行名稱：合作金庫銀行 敦南分行(代碼：006)

帳號：5034-717-347-447

公司名稱：憲業企管顧問有限公司

郵局劃撥帳號：18410591

用培訓、提升企業競爭力是萬無一失、事半功倍的方法。其效果更具有超大的「投資報酬力」！

好消息

最 暢 銷 的 工 廠 叢 書

序　號	名　稱	售　價
47	物流配送績效管理	380 元
51	透視流程改善技巧	380 元
55	企業標準化的創建與推動	380 元
56	精細化生產管理	380 元
57	品質管制手法〈增訂二版〉	380 元
58	如何改善生產績效〈增訂二版〉	380 元
68	打造一流的生產作業廠區	380 元
70	如何控制不良品〈增訂二版〉	380 元
71	全面消除生產浪費	380 元
72	現場工程改善應用手冊	380 元
75	生產計劃的規劃與執行	380 元
77	確保新產品開發成功（增訂四版）	380 元
79	6S 管理運作技巧	380 元
83	品管部經理操作規範〈增訂二版〉	380 元
84	供應商管理手冊	380 元
85	採購管理工作細則〈增訂二版〉	380 元
87	物料管理控制實務〈增訂二版〉	380 元
88	豐田現場管理技巧	380 元
89	生產現場管理實戰案例〈增訂三版〉	380 元
90	如何推動 5S 管理（增訂五版）	420 元
92	生產主管操作手冊（增訂五版）	420 元
93	機器設備維護管理工具書	420 元
94	如何解決工廠問題	420 元
96	生產訂單運作方式與變更管理	420 元
97	商品管理流程控制（增訂四版）	420 元
98	採購管理實務〈增訂六版〉	420 元
99	如何管理倉庫〈增訂八版〉	420 元
100	部門績效考核的量化管理（增訂六版）	420 元
101	如何預防採購舞弊	420 元
102	生產主管工作技巧	420 元
103	工廠管理標準作業流程〈增訂三版〉	420 元

使用培訓、提升企業競爭力是萬無一失、事半功倍的方法。其效果更具有超大的「投資報酬力」！

好消息

最 暢 銷 的 商 店 叢 書

序 號	名 稱	售價
38	網路商店創業手冊〈增訂二版〉	360 元
40	商店診斷實務	360 元
41	店鋪商品管理手冊	360 元
42	店員操作手冊（增訂三版）	360 元
44	店長如何提升業績〈增訂二版〉	360 元
45	向肯德基學習連鎖經營〈增訂二版〉	360 元
47	賣場如何經營會員制俱樂部	360 元
48	賣場銷量神奇交叉分析	360 元
49	商場促銷法寶	360 元
53	餐飲業工作規範	360 元
54	有效的店員銷售技巧	360 元
55	如何開創連鎖體系〈增訂三版〉	360 元
56	開一家穩賺不賠的網路商店	360 元
57	連鎖業開店複製流程	360 元
58	商鋪業績提升技巧	360 元
59	店員工作規範（增訂二版）	400 元
60	連鎖業加盟合約	400 元
61	架設強大的連鎖總部	400 元
62	餐飲業經營技巧	400 元
63	連鎖店操作手冊（增訂五版）	420 元
64	賣場管理督導手冊	420 元
65	連鎖店督導師手冊（增訂二版）	420 元
66	店長操作手冊（增訂六版）	420 元
67	店長數據化管理技巧	420 元
68	開店創業手冊〈增訂四版〉	420 元
69	連鎖業商品開發與物流配送	420 元
70	連鎖業加盟招商與培訓作法	420 元
71	金牌店員內部培訓手冊	420 元
72	如何撰寫連鎖業營運手冊〈增訂三版〉	420 元

使用培訓、提升企業競爭力是萬無一
失、事半功倍的方法。其效果更具有超大的
「投資報酬力」！

最 暢 銷 的 培 訓 叢 書

序號	名　稱	售價
11	培訓師的現場培訓技巧	360 元
12	培訓師的演講技巧	360 元
15	戶外培訓活動實施技巧	360 元
17	針對部門主管的培訓遊戲	360 元
21	培訓部門經理操作手冊（增訂三版）	360 元
23	培訓部門流程規範化管理	360 元
24	領導技巧培訓遊戲	360 元
26	提升服務品質培訓遊戲	360 元
27	執行能力培訓遊戲	360 元
28	企業如何培訓內部講師	360 元
29	培訓師手冊（增訂五版）	420 元
30	團隊合作培訓遊戲(增訂三版)	420 元
31	激勵員工培訓遊戲	420 元
32	企業培訓活動的破冰遊戲（增訂二版）	420 元
33	解決問題能力培訓遊戲	420 元
34	情商管理培訓遊戲	420 元
35	企業培訓遊戲大全（增訂四版）	420 元
36	銷售部門培訓遊戲綜合本	420 元

上述各書均有在書店陳列販賣，若書店賣完而來不及由庫存
書補充上架，請讀者直接向店員詢問、購買，最快速、方便！購
買方法如下：

銀行名稱：合作金庫銀行　敦南分行(代碼：006)

帳號：5034-717-347-447

公司名稱：憲業企管顧問有限公司

郵局劃撥帳號：18410591

使用培訓、提升企業競爭力是萬無一
失、事半功倍的方法。其效果更具有超大的
「投資報酬力」！

好消息

最 暢 銷 的 傳 銷 叢 書

序號	名 稱	售價
4	傳銷致富	360 元
5	傳銷培訓課程	360 元
10	頂尖傳銷術	360 元
12	現在輪到你成功	350 元
13	鑽石傳銷商培訓手冊	350 元
14	傳銷皇帝的激勵技巧	360 元
15	傳銷皇帝的溝通技巧	360 元
19	傳銷分享會運作範例	360 元
20	傳銷成功技巧（增訂五版）	400 元
21	傳銷領袖（增訂二版）	400 元
22	傳銷話術	400 元
23	如何傳銷邀約	400 元

上述各書均有在書店陳列販賣，若書店賣完而來不及由
庫存書補充上架，請讀者直接向店員詢問、購買，最快速、
方便！購買方法如下：

銀行名稱：合作金庫銀行 敦南分行(代碼：006)
帳號：5034-717-347-447
公司名稱：憲業企管顧問有限公司
郵局劃撥帳號：18410591

在海外出差的⋯⋯⋯⋯
臺 灣 上 班 族
不斷學習，持續投資在自己的競爭力，最划得來的⋯⋯

　　愈來愈多的台灣上班族，到海外工作（或海外出差），對工作的努力與敬業，是台灣上班族的核心競爭力；一個明顯的例子，返台休假期間，台灣上班族都會抽空再買書，設法充實自身專業能力。

　　[憲業企管顧問公司]以專業立場,為企業界提供專業咨詢,並提供最專業的各種經營管理類圖書。

　　85%的台灣上班族都曾經有過購買（或閱讀）[憲業企管顧問公司]所出版的各種企管圖書。

　　建議你：工作之餘要多看書，加強競爭力。

建立企業圖書館

當市場競爭激烈時：

培訓員工，強化員工競爭力
是企業最佳對策

「人才」是企業最大的財富。如何提升人才，是企業永續經營、戰勝對手的核心競爭力。積極培訓公司內部員工，是經濟不景氣時期的最佳戰略，而最快速的具體作法，就是「**建立企業內部圖書館，鼓勵員工多閱讀、多進修專業書籍**」

建議您：請一次購足本公司所出版各種經營管理類圖書，作為貴公司內部員工培訓圖書。使用率高的（例如「贏在細節管理」），準備 3 本；使用率低的（例如「工廠設備維護手冊」），只買 1 本。

給 總 經 理 的 話

　　總經理公事繁忙，還要設法擠出時間，赴外上課進修學習，努力不懈，力爭上游。

　　總經理拚命充電，但是員工呢？

　　公司的執行仍然要靠員工，為什麼不要讓員工一起進修學習呢？

　　買幾本好書，交待員工一起讀書，或是買好書送給員工當禮品。簡單、立刻可行，多好的事！

經營顧問叢書 ⑳ 　　　　售價：420 元

如何撰寫商業計劃書（增訂二版）

西元二〇一八年二月	增訂二版一刷
西元二〇一六年九月	初版二刷
西元二〇一四年五月	初版一刷

編輯指導：黃憲仁

編著：陳永翊

策劃：麥可國際出版有限公司（新加坡）

編輯：蕭玲

校對：劉飛娟

發行所：憲業企管顧問有限公司

電話：(02) 2762-2241 　 (03) 9310960 　 0930872873

電子郵件聯絡信箱：huang2838@yahoo.com.tw

銀行 ATM 轉帳：合作金庫銀行 　 帳號：5034-717-347447

郵政劃撥：18410591 　 憲業企管顧問有限公司

江祖平律師顧問：紙品書、數位書著作權與版權均歸本公司所有

登記證：行政業新聞局版台業字第 6380 號

本公司徵求海外版權出版代理商 (0930872873)

圖書編號 ISBN：978-986-369-066-5

4x09)